ヒトは軍用AIを使いこなせるか

新たな米中覇権戦争

ジェームズ・ジョンソン［著］
川村幸城［訳］

並木書房

はじめに

　さて、あなたは今、人工知能（ＡＩ）に関する本を書いているとします。そこでお聞きしたいのですが、あなたはスティーブン・ホーキング（Steven Hawking）博士、ビル・ゲイツ（Bill Gates）、イーロン・マスク（Elon Musk）、ヘンリー・キッシンジャー（Henry Kissinger）らと同様に、超人的なＡＩは人類の生存にとって脅威であるという推論に賛同されますか？

　実は、このような推論は現在のＡＩ技術の現実をまったく反映しておらず、ＡＩについてほとんど何も語っていないに等しいのです。思考実験としては魅力的ですが、こうした推論はＡＩがもたらす平凡に見えますが、はるかに可能性の高いリスクや、技術の成熟にともなう多くの潜在的利益から私たちの目をそらすことになります。

　スピード、自律性、欺騙が重視される軍事分野では、戦略的ライバル国が短期的な戦術的利益を得るために相手を出し抜こうとする誘惑を抱くことはよくあることです。ＡＩと安全保障に関連する文献において、過去にさまざまな憶測が飛び交った後のこの時期に、本書は、ＡＩが軍事大国間の戦略的安定にもたらす潜在的リスクについて、読者に冷静な議論を提供しています。

本書は「軍用ＡＩ」の潜在的な影響について解き明かし、それが第二次核時代において、なぜ、どのように、根本的な不安定化をもたらす技術になるのかということを考察しています。こうした議論から明らかになるのは、ＡＩの軌跡が革命的ではなく漸進的で平凡なものであったとしても、核抑止、軍備管理、危機の安定性に関する従来の仮説に重大なインパクトを与える可能性があるということです。

まず最初に、モントレーにあるジェームズ・マーティン核不拡散研究センターの同僚や友人たちに深い感謝の意を表します。この本のアイデアの多くは、ここで着想され、磨かれました。特にビル・ポッター（Bill Potter）は惜しみない支援と熱意、そしてユニークな知見を与えてくれ、本書を実り豊かなものにしてくれたことに感謝しています。またダブリン市立大学法政学部の新しい同僚、特にイアン・マクメナミン（Iain McMenamin）とジョン・ドイル（John Doyle）らの励まし、友情、支援に感謝したいと思います。

また本書の作成にあたり、アメリカの戦略国際問題研究所とイギリスの王立防衛安全保障研究所が主催する「核問題に関する政策」コミュニティに参加できたことは私にとって非常に有意義でした。本書は、ダブリン市立大学の人文社会科学部書籍出版企画部からの助成金を受けました。また本書執筆中にさまざまな国際フォーラムの場で行なったプレゼンテーションに対し、私の考えに異議を唱え、議論を研ぎ澄ましてくれた多くの専門家の方々に感謝しなければなりません。

そして、ここに名前を掲げる多くの同僚や友人たちから授かった、惜しみない支援、指導、深い知識に感謝しています。ジェームズ・アクトン（James Acton）、ジョン・アンブル（John Amble）、張宝輝（Zhang Baohui）、ジョン・ボリー（John Borrie）、リンドン・バーフォード（Lyndon Burford）、ジェフリー・カミングス（Jeffrey Cummings）、ジェフリー・ディング（Jeffrey Ding）、モナ・ドライサー（Mona Dreicer）、サム・ドゥニン（Sam Dunin）、アンドリュー・フッター（Andrew Futter）、エリック・ガルツク（Erik Gartzke）、アンドレア・ジリ（Andrea Gilli）、ローズ・ゴッテモラー（Rose Gottemoeller）、レベッカ・ハースマン（Rebecca Hersman）、マイケル・ホロビッツ（Michael Horowitz）、パトリック・ハウェル（Patrick Howell）、アレックス・レノン（Alex Lennon）、キール・ライバー（Keir Lieber）、ジョン・リンゼイ（Jon Lindsay）、ジョー・マイオロ（Joe Maiolo）、ギアコモ・ペルシ・パオリ（Giacomo Persi Paoli）、ケネス・ペイン（Kenneth Payne）、トム・プラント（Tom Plant）、ダリル・プレス（Daryl Press）、アダム・クイン（Adam Quinn）、アンドリュー・レディ（Andrew Reddy）、ウィン・リース（Wyn Rees）、ブラッド・ロバーツ（Brad Roberts）、ミック・ライアン（Mick Ryan）、ダニエル・ソールズベリー（Daniel Salisbury）、ジョン・シャナハン（John Shanahan）、ウェス・スペイン（Wes Spain）、ルーベン・ステフ（Reuben Steff）、オリバー・ターナー（Oliver Turner）、クリス・トゥーミー（Chris Twomey）、トリステン・ヴォルペ（Tristen Volpe）、トム・ヤング（Tom Young）、ベンジャミン・ザラ（Benjamin Zala）。

また、マンチェスター大学出版局の優秀でプロフェッショナルな編集チーム——とりわけ編集者のロブ・バイロン（Rob Byron）とジョン・ドゥ・パイエル（Jon de Peyer）——から授かった支援と励まし、そして匿名の校閲者の方々からいただいた貴重なコメントと提言のおかげで、私は自らの慢心を抑え、議論と真摯に向き合うことができました。

この本は、私の愛する妻シンディ（Cindy）に捧げます。彼女の愛情、忍耐力、優しさ——そして、言うまでもなく技術的な専門知識——がなければ、この本の完成はありませんでした。この素晴らしい妻は、金融業から学業へと転身を遂げた私に惜しみない励まし——そして辛いときに泣きつく肩——を授けてくれたのです。

目次

凡例：圏点による強調は原著者、〔　〕内は訳者注

略語表

ＡＩ（artificial intelligence）人工知能
ＡＧＩ（artificial general intelligence）汎用型人工知能
ＡＰＴ（advanced persistent threat）高度で持続的な脅威
ＡＳＷ（anti-submarine warfare）対潜水艦戦
ＡＴＲ（automatic target recognition）自動標的認識
ＢＲＩ（belt-and-road-initiative）一帯一路構想
Ｃ２（command and control）指揮統制
Ｃ３Ｉ（command, control, communications, and intelligence）指揮・統制・通信・情報
ＤＡＲＰＡ（Defense Advanced Research Projects Agency）国防高等研究計画局
ＤＬ（deep learning）ディープラーニング
ＤｏＤ（Department of Defense《US》）アメリカ国防総省
ＧＡＮ（generative adversarial network）敵対的生成ネットワーク
ＨＧＶ（hypersonic guide vehicle）極超音速誘導弾
ＩＣＢＭ（intercontinental ballistic missile）大陸間弾道弾
ＩｏＴ（internet of things）モノのインターネット
ＩＲ（International Relations）国際関係論
ＩＳＲ（intelligence, surveillance, and reconnaissance）情報・監視・偵察

JAIC（Joint Artificial Intelligence Center）統合人工知能センター
LAMs（loitering attack munitions）滞空型攻撃弾
LAWS（lethal autonomous weapon systems）致死性自律型兵器システム
MAD（mutually assured destruction）相互確証破壊
ML（machine learning）マシンラーニング（機械学習）
NC3（nuclear command, control, and communications）核関連の指揮・統制・通信
NFU（no-first-use《nuclear pledge》）先制不使用（核誓約）
PLA（People's Liberation Army）人民解放軍
PRC（People's Republic of China）中華人民共和国
R&D（research and development）研究開発
SLBM（submarine launched ballistic missile）潜水艦発射型弾道ミサイル
SSBN（nuclear-powered ballistic missile submarine）弾道ミサイル搭載型原子力潜水艦
UAS（unmanned autonomous systems）無人自律型システム
UAVs（unmanned aerial vehicles）無人航空機
USVs（unmanned surface vehicles）無人水上艦艇
UUVs（unmanned undersea vehicles）無人潜水艇

序章　ＡＩのパンドラの箱を開ける

ＡＩ[1]をめぐる過剰宣伝の煽りを受け、軍事分野におけるＡＩの開発や配備に関する展望と問題点は誇張されてきた[2]。だが、今日の核兵器分野でＡＩが引き起こすリスクの多くは、必ずしも目新しいものではない。つまり、最近のＡＩの進歩（特にマシンラーニング（ＭＬ）技術）は、まったく新しいリスクを生み出しているというより、紛争のエスカレーションや安定性に対するリスクを増幅させているのである。ＡＩは軍事領域――核のエンタープライズ（核兵器に関連する政府機関、軍、産業界、学術研究機関などに加え、これらが保有・運営しているシステムやアセットを含む包括的な核関連事業体を指す）――に多大な進歩をもたらすはずだが、軍用ＡＩ（military AI）の将来の発展の姿は、映画など大衆文化から連想されるものよりも、はるかに地味で退屈なものと映るだろう[3]。本書の中心的テーマは、単なる憶測ではなく、広範なテクノロジーの動向に基づき、科学的に実証された能力と応用の可能性について読み解くことである。

数年前、ＡＩと国家安全保障について論じた著作が数多く出版された時期があったが、いま必要とされているのは、ＡＩを広く定義し、より具体的な議論を行なうことである。[4] これまでもミサイル防衛システム、対衛星兵器、極超音速兵器、サイバースペースなど、最先端テクノロジーの戦略的インプリケーションについては数多く語られてきたが、ＡＩの急速な拡散と融合が将来の戦い――なかんずく、二つの支配的大国である米中間のハイエンドな戦略的膠着状態――に及ぼす潜在的インパクトについては、ほとんど研究されてこなかった。[5] 本書はこうした研究上の空白に焦点をあて、ＡＩが軍事大国間の「戦略的安定性（strategic stability）」にもたらす潜在的リスクについて評価する。かかる評価を核兵器、もっと広く言えば、将来の戦いの様相に位置づけることで、冒頭に述べたＡＩを取り巻く過剰宣伝の実態を明らかにする。とりわけ、ＡＩという革新的テクノロジーが核の安定性にもたらす潜在的かつ多面的な影響を重視する。本書では、軍用ＡＩに本来備わっている不安定効果は核武装した大国間――なかんずく米中間――の緊張を悪化させるとも主張する。しかしそれは、おそらく読者が考えているような理由からではない。

２０１０年代半ば以降、研究者たちはＡＩおよびＡＩ関連技術の開発分野で偉大な業績を挙げてきた。とりわけ、量子技術および量子コンピュータ、ビッグデータ解析、[6] モノのインターネット、極小化技術（ミニアチュリゼーション）、３Ｄプリンティング、遺伝子編集ツール、ロボットおよび自律性技術などであり、これらはＡＩによって実現され、その能力の向上が可能となった技術であり、あるいはＡＩ技術の開発に不可欠な技術でもある。しかも、これらの偉業は当該分野の専門家たちが期待した以上の速さで成し遂げられたのである。[7] たとえば２０１４年、世界最強の囲碁対局プログラム（「アルファ碁」）を設計したＡＩ専門家は、コンピュータが人間の囲碁チャンピオンを打ち負かすまで、あと10年はかかるだろうと予測していた。[8] だが、グーグル系列の子会社ディープ・マインド社の研究者たちは、その偉業をわずか1年後に成し遂げたのである。かかる技術革新を促した要因は、コンピュータ性能の飛躍的向上、データセットの拡充、[9] マシンラーニング（機械学習）技術とアルゴリズム（特に深層ニューラルネットワーク分野のアルゴリズム）、そしてＡＩ分野における商業的利益と投資の急速な拡大であった。これらの実現を促した要因については、第1章で分析する。[10]

ＡＩ技術は次の三つの要因が相互に関連し合って、将来の戦い方と国際安全保障にインパクトを与える。[11] すなわち、①既存の脅威（物理領域および仮想領域）が引き起こす不確実性とリスクの増大、②かかる脅威の性質と特徴の変容、③安全保障環境に生じる「新たなリスク」〔丸数字は訳者〕である。ＡＩは軍事力の根本的変化を予告しており、それは世界の軍事バランスを再編し、軍事技術をめぐる新たな軍備競争の引き金となるだろう。[12] 本書で考察する核の安全保障と安定性に対し、ＡＩで増強された（AI-augmented）能力がもたらす潜在的脅威は、次の三つのカテゴリーに分類することができる。[13]

①デジタル（サイバーおよびノンキネティック）リスク
スピアフィッシング、音声合成、なりすまし、自動ハッキング、データ汚染（ポイズニング）など[14]（第8章および第9章参照）
②物理的（キネティック）リスク
極超音速兵器、スウォーム攻撃型ドローン（第6章、第7章参照）
③政治的リスク
特に権威主義国家の観点から、政権の安定度、政治プロセス、監視、欺騙、心理操作、強制（第9章参照）〔丸数字は訳者〕

世界の政治指導者たちは、国家安全保障政策の重要な構成要素としてＡＩの革新的可能性をいち早く察知していた。[15]２０１７年、ロシア大統領のウラジーミル・プーチン（Vladimir Putin）は「ＡＩのリーダーとなる国が世界の支配者となるであろう」[16]と語った。本書第Ⅱ部で示すように、ＡＩ技術の進歩は必ずしもゼロサム・ゲームとはならないが、ライバル国同士が独占的地位を追求するなかで生じる先行者の優位性（first-mover advantage）により、戦略的競争状態が悪化する可能性がある。「科学技術超大国」を目指している北京は「アルファ碁」の勝利（中国にとっての「スプートニク・

モメント」）に触発され、「軍民融合」政策を推し進める国家レベルのＡＩイノベーション・アジェンダ――アメリカの国防高等研究計画局の中国版――への取り組みを開始した。[17] ロシア軍は２０２５年までに兵力構造全体の30パーセントをロボット化する目標を掲げている。このように国家レベルの目標や構想には、国家安全保障と戦略目標の実現のためのＡＩによる変革――ひいては軍事技術革命――が必要であるという世界中の国防関係者の認識が反映されているといえよう。[18]

現状変更と領土回復を目指す勢力（特に中国とロシア）からの戦略的挑戦を受け、アメリカ国防総省は２０１６年にアメリカの軍事的優位を取り戻すため『国家人工知能研究開発戦略計画』（National Artificial Intelligence Research and Development Strategic Plan）を公表した。[19] 当時のアメリカ国防副長官ロバート・ワーク（Robert Work）は「証明はできないが、我々はＡＩと自律性技術のいいいいいい、転換点に立っていると信じている」[20]と語った。国防総省はすでにペンタゴンとシリコンバレーとの緊密な協力を促進するため「国防イノベーション実験ユニット（Defense Innovation Unit Experimental）」を設立していた。[21] 要するに、ＡＩの進歩は軍事力に根本的変化を引き起こす前触れとなっており、バランス・オブ・パワーの再編に影響を及ぼすのである。[22]

ＡＩが将来の戦いと国際安全保障に及ぼすインパクトをめぐっては論者によって見解に幅があり、①最小限にとどまる（国防コミュニティが技術と安全性に対して懸念を抱き、その結果、新たな「ＡＩの冬」を招く）とする意見から、②漸進的（軍事的有効性や戦闘能力を劇的に向上させる一方、Ａ

Ｉイノベーションは人間による監督を必要とする特定タスク型アプリケーション――「特化型」ＡＩ――を超えることはない）、③革命的（戦いの様相や性質が根本的に変容）〔丸数字は訳者〕とする意見までさまざまである。[23] マシンの動作は戦いのペースを速め、人間の意思決定速度を超越し、国際紛争や戦いの土台となる認知基盤を変えてしまうと予測する専門家もいる。それは「戦争とは根源的に人間の営為」と規定するクラウゼヴィッツの考えに反し、まさに軍事における革命（revolution in military affairs）の到来を予告している[24]（第3章参照）。本書では、ＡＩの導入は本質的に不安定をもたらし革命的であると見なす議論と、ＡＩを漸進的であり「戦略的安定性」にとっては両刃の剣であると見なす議論とを対比し、両者の緊張関係について考察する。

アメリカの元国防長官ジェームズ・マティス（James Mattis）は、ＡＩは「戦争の性質（nature）そのものに疑問を抱かせるほど、従来の戦争とは根本的に異質なもの」であると警鐘を鳴らした。[25] 同様に、国防総省の元統合人工知能センター所長のジャック・シャナハン（Jack Shanahan）中将は「ＡＩは戦い方の性格（character）を変え、ドクトリン、コンセプト開発、戦術、テクニック、手続きを全面的に見直す必要に迫られるだろう[26]」と語っている。他方、ＡＩに特化した戦争遂行のための作戦概念（アルゴリズム戦）の開発について、あるいは特定のＡＩアプリケーションが将来の戦場において軍事力にいかなる影響を及ぼすかについて論じることは時期尚早であるとの見方もある。[27] しかし、それでもなお、国防アナリストや国防産業の専門家たちは、ＡＩが将来の戦いや軍事バランスに及ぼす潜在的インパクトについて、さまざまな視点から予測している。[28]
一部に懐疑的な向きがある一方で、ＡＩと他の技術との一体的運用（コンバージェンス）が新たな能力を生み出し、既存の能力──攻撃と防御、キネティックとノンキネティック──を向上させるという評価に関してはコンセンサスが形成されてきた。そして、それが国家安全保障に新たな課題を突き付けている。とはいえ、一国の軍事パワーがライバル国にＡＩの潜在的利益を与えず、ＡＩの成果のすべてを独占することなどできないことは明らかである。軍用ＡＩアプリケーションの開発と配備をめぐる激しい競争は、将来の軍事バランス、抑止、「戦略的安定性」の不確実性を高め、それにより核戦争のリスクを増大させる可能性がある。
新たに登場する機密性の高いテクノロジー──ＡＩもその中の一つ──に関して戦略的議論を行なう際には、十分な注意が必要である。ＡＩが実現する能力の不確実性（たとえば核武装した潜水艦の捜索など）──機密指定のない実験的なウォーゲームから得た貴重な知見は存在するものの──もさることながら、国家による抑止計算やエスカレーション管理にＡＩがどのような影響を及ぼすかについては、我々はいまだ現実世界でその実態を目の当たりにしているわけではない。したがって、論理の組み立ては、必然的に技術動向の観察や戦略論議からの推論に拠らねばならない。[29]

主要な論点

軍用ＡＩは大国間関係を不安定化させ、大国間の戦略的競争を加速化する主要な要因になりつつあるというのが本書の主張である。[30] 将来の軍用ＡＩシステムの安全性の問題は、単なる技術的課題にとどまらず、その根底には政治的課題と人間的課題がある。[31] この問題を解明するため、本書では相互に関連し合った四つの論点を取りあげる。[32]

第一に、隔離状態にあるＡＩはほとんど戦略的効果をもたない。しかし、ＡＩは他から孤立して存在しているわけではない。それどころか、ＡＩは先端兵器（たとえばサイバー能力、極超音速飛翔体、精密誘導ミサイル、ロボット兵器、対潜水艦戦）の潜在的な戦力増幅器（フォース・マルチプライヤー）であり、戦力促進要因（フォース・イネイブラー）である。こうしたＡＩ特有の能力が相互に補強し合って、既存の能力を不安定化させる効果をもたらすのである。たとえばＡＩテクノロジーは今のところ、核保有国が互いに相手の核の第二撃能力の残存性を真に脅かすような状態をもたらすまでには至っていない。当面の間、ＡＩとその関連技術（たとえば５Ｇネットワーク、量子技術、ロボット工学、ビッグデータ解析、センサー技術、電力技術）の開発の見通しから言えることは、「戦略的安定性」に与えるＡＩのインパクトは変革的というより、実務的で理論的なものとなるだろうということである。

第二に、安定性、抑止、エスカレーションに与えるＡＩのインパクトは、ＡＩに何ができるかという――技術上あるいは運用上の――能力の実態よりも、ＡＩの機能について国家がどのように認識するかによって多くが（あるいは予想以上に）左右されるだろうということである。軍の兵力態勢、能力、ドクトリンの重要性に加え、ＡＩ効果が認知要素（あるいは人間の営為）に強く影響し続け、誤認や誤算により不慮の、あるいは偶発的なエスカレーションを招くリスクを増大させることもあり得る。

第三に、大国――特に中国、アメリカ、ロシア――によるＡＩテクノロジーの追求は、核兵器との関連から、ＡＩによる不安定効果を増幅させる。(33) ここで、核の多極化という概念（第４章で取りあげる）が重要となる。なぜなら、デジタル時代に出現する新しい問題に対し、各国はそれぞれに異なる新しい答えを選択する可能性があるからである。さらに、ますます競争が激しくなる核の多極化の世界秩序では、ライバル国に対する技術上の優位を持続あるいは獲得するため、ＡＩ増強能力によって可能となる潜在的な軍事的優位は、国家にとって抑えがたい魅力となる。

第四に、前述した不都合な地政学的状況を背景とし、それにＡＩ増強兵器（特にＡＩと自律性兵器）の戦略的利益が加わった場合、核の安全にとって最も差し迫ったリスクは、安全性が検証されていない信頼性を欠いたＡＩ技術が過早に採用されてしまうことである。それは破局的結末を招くことにもつながる。(34)

以上の論点を踏まえ、本書の主要な目標は、核保有国間の「戦略的安定性」と核の安全保障の観点から、最近の軍用ＡＩの発展の影響を解明することにある。本書はＡＩの多様な技術を詳細に取りあげた技術論文ではないが、論理を構成するうえで技術的側面を避けて通るわけにはいかない。ＡＩの進化の過程で鍵となる技術開発の動向を十分に理解することが、ＡＩとは何か（何でないか）、ＡＩに何ができるのか、ＡＩは他の技術とどこが異なるのか、ということを判断する最初の重要なステップとなる（第1章参照）。しっかりとした技術的裏付けがなければ、現実と単なる宣伝とを識別することも、十分な情報に基づく推論や、既知の事実に基づく外挿から純粋に推測することも不可能であり、技術的裏付けのない議論は、結局、徒労に終わるだろう。

本書の構成

本書は三つの部に分かれた八つの章から構成されている。第Ⅰ部では、ＡＩがなぜ、どのように冷戦後の戦争システム――あるいは「第二次核時代」（the second nuclear age）〔冷戦期の「第一次核時代」に対し、冷戦後の特に2000年代以降に四半世紀続いてきた核の時代を指す〕――に「戦略的不安定」をもたらす要因となるのかについて検討する。

第1章では、ＡＩの現状およびＡＩによって可能となるテクノロジーを定義し、分類する。また、軍事分野における特定のＡＩシステムおよびアプリケーションがもたらすインプリケーション――特に核領域への影響――について取りあげる。ＡＩ関連技術と特定の能力（現有および開発中の双方）の開発過程や相互の関連はどのようなものか？　この問題を解明するため、第1章では、知能マシンの製造に関連する科学と工学の広範な分野の中でＡＩの進化を跡づける。作戦・戦略レベルにおける軍事分野のＡＩを理解するうえで中心となるのは、マシンラーニングと自律性システムである。第１章の目的は、ＡＩの軍事的インプリケーションを明らかにするとともに、ＡＩを取り巻くこれまでの誤解や誇張を正すことである。

第２章では、本書の中心となる理論的枠組みを提示する。「第二次核時代」における核の安全保障に突き付けられた技術的課題を踏まえ、「戦略的安定性」を概念化し、本書の中核的議論につながる強固な分析枠組みを導き出す。この分析枠組みにより、「コンピュータ革命」に関連する広範な軍事テクノロジーの中にＡＩを位置づける。この章では、「軍用ＡＩ（military AI）」という概念を新興技術に見いだされる確固とした趨勢（トレンド）から自然に生み出されたものとして描いている。たとえＡＩが次なる「軍事における革命」をもたらすことなく、その発展の軌跡が漸進的で退屈なものにとどまったとしても、核抑止を成り立たせている中心的支柱への影響は深刻なものとなるだろう。

第Ⅱ部では、米中間の戦略的競争について論じる。軍事大国をＡＩ技術の獲得に駆り立てる要因とは何か？　ＡＩの拡散は戦略バランスにどのような影響を及ぼすのか？　中国とアメリカは、ＡＩという新しい技術トレンドを取り入れる過程で、かなり異なった受け止め方をしている。軍事的イノベーションを専門とする研究者たちは「軍事的イノベーションは軍事バランスに変化を引き起こす要因とはならない」――核兵器は例外といえる――ことを明らかにしてきた。むしろ、軍が特定のテクノロジーを使用する方法と理由が重要だと論じている。[35] さらに第Ⅱ部ではＡＩと他の重要テクノロジーをめぐって繰り広げられている激しいライバル関係を取りあげ、かかる技術開発が米中間の「危機の安定性」〔危機の最中でも先制核攻撃の誘因が生じにくい状態〕、軍備競争、エスカレーション、抑止に及ぼすインプリケーションについて分析する。はたして、ＡＩと他の新興テクノロジーが結びつくと、安定性や抑止にどのような影響を及ぼすのだろうか？

第3章では、広範なＡＩやＡＩが可能にする新技術の枠内で展開される、米中の戦略的競争の強度について検討する。また、大国間競争は軍民両用（デュアルユース）のハイテク分野でどのように強度を高めていくのか、なぜアメリカはこれらのイノベーションを戦略的に死活的であると見なし、中国による技術覇権への挑戦に、どのように（そして何を目的に）対応していくつもりなのかについて考察する。なぜアメリカはデュアルユースの新興テクノロジー分野における中国の発展を先行者の優位性に対する脅威であると見なすのだろうか？　アメリカは軍事的・技術的リーダーシップに対する中国の挑戦にどのように対応するのだろうか？

第3章では、デュアルユースのハイテク分野で大国間競争はどのように激しさを増しているか、なぜワシントンはこの分野でのイノベーションを戦略的に重要であると見なしているのか、中国による国防イノベーション分野の覇権への挑戦に対し、アメリカはどのように（何を目的に）対応しているのかについて論じる。また、国際関係論の「極構造」（polarity）という概念を使って、ＡＩ関連の新興技術をめぐるパワーシフトの動態についても考察する。これまでも軍事技術の拡散に関する研究は、「戦略的安定性」や戦争が生起する可能性に重大な影響を及ぼす国防イノベーションに対し、国家はどのように反応し、それを自国に取り入れてきたかを解明している。[36] さらに第3章では、デュアルユースのAI応用技術の枠内で繰り広げられる戦略的競争が、軍事大国——特に米中——と技術先進型中小国との間の技術格差を縮小させることについても触れる。

第4章では、大国間、特に米中二国間の軍事エスカレーションに及ぼすAI増強技術のインパクトについて検討する。また、核能力と非核能力が混在した現在の状況で生じるエスカレーション・リスク（特に偶発事態）に対する米中の現時点での考え方の相違が、さらにAI能力が加わることで不安定効果をより一層悪化させる点についても論じたい。危機の状況のもとで、戦略思考の不一致が——異なる政治体制、核ドクトリン、戦略文化、兵力構造の違いも影響して——米中間に深く根差した（現在も続く）相互不信、緊張、誤解、誤認を悪化させる可能性がある。[37]

さらに第4章では、AIなど軍事技術の進歩が生み出す先制攻撃の脆弱性と機会が、将来の軍事的（特に偶発事態）エスカレーションに不安定な影響をもたらすことを明らかにする。北京は偶発的エスカレーションのリスクについて、どれほど懸念を抱いているのだろうか？　中国のアナリストたちは、核抑止と通常抑止（または通常戦力による戦争遂行）を異なるカテゴリーに属するものと見なしているのだろうか？　そして、米中間の危機や紛争シナリオから生じるエスカレーション・リスクはどれほど深刻なものなのだろうか？

第Ⅲ部は事例研究を扱った四つの章から構成され、本書における実証研究の中核を成している。これらの事例研究では、ＡＩがもたらすエスカレーション・リスクについて考察する。また、最先端の非核戦略兵器（あるいは通常戦力による対兵力能力〔カウンターフォース〕）と一体化された軍用ＡＩシステムは、なぜ、どのように将来戦でエスカレーション・リスクを引き起こし、それを悪化させるのかという点について論じる。さらに、ＡＩ増強能力がいかに作用するのか、ＡＩ増強能力の配備から生じるリスクがあるにもかかわらず、なぜ軍事大国はそれらを使おうとするのかという点についても明らかにする。

第５章では、国家の核抑止戦力（核抑止用の潜水艦や移動式ミサイル）の残存性と信憑性に対し、ＡＩ増強能力が及ぼすインプリケーションについて検討する。ＡＩ増強システムは国家の核抑止戦力の残存性と信憑性にいかなるインパクトをもたらすのか？　新興技術――ＡＩ、マシンラーニング、ビッグデータ解析――により軍は、核兵器を実戦投入することなく、敵の核抑止戦力を標定・追跡し、それらを照準に収め、破壊する能力を大幅に向上させることが可能なのかという点について考察する。これまで残存性が高いといわれてきた戦略軍〔核戦力の管理・運用を担任する部隊〕を脆弱化させる（あるいは脆弱化すると認識される）ＡＩアプリケーションの導入によって、エスカレーション効果をより一層不安定化させるおそれがある。このように第５章では、特定のＡＩアプリケーションが戦略的な不安定要因となる可能性について明らかにするが、その理由はＡＩアプリケーションが不確実性を生み出すのに過大な影響を及ぼすからではなく、最適な効果をもたらすからに他ならない。[38]

第６章では、ＡＩ搭載型ドローンによるスウォーム技術および極超音速兵器がミサイル防衛に新たな課題を突き付け、国家の核抑止戦力を脆弱化し、エスカレーション・リスクを増大させる可能性について検討する。このため事例研究を通じ、ＡＩ搭載型ドローンにより実行可能となる戦略レベルの作戦（攻防ともに）と、これらの作戦が「危機の安定性」に与える潜在的インパクトについて明らかにする。また、マシンラーニング技術が可能にした極超音速兵器用の運搬システムの質的改善が、長射程精密誘導弾に絡むエスカレーション・リスクをどのように増幅させるのかについても考察する。

第７章では、ＡＩ技術を取り入れたサイバー能力は、どのように国家の核関連アセットを操作・妨害し、核戦力システムを侵害するのかという点について明らかにする。また、核戦力システムのサイバーセキュリティ能力の向上は、同時にサイバー攻撃に対するサイバー依存の核兵器システムの脆弱性を高めてしまうという主張を取りあげる。ＡＩ技術を導入したサイバー能力は、エスカレーションへの新たな経路をどのように生み出してしまうのだろうか？　また、将来のサイバー能力（攻防ともに）の段階的な強化が、エスカレーション・リスクを増大させる可能性がある。このため、ＡＩで増強されたサイバー領域の対兵力能力は、サイバー防衛の課題をより一層複雑にし、攻撃的なサイバー能力が有するエスカレーション効果を増大させることを明らかにする。デジタル・システムと物理的システムとの連結が進むにつれ、敵対者がキネティック攻撃およびノンキネティック攻撃と一体化してサイバー攻撃を仕掛けてくる可能性は今後ますます強まるだろう。

事例研究の最後を扱う第8章では、戦略的意思決定プロセスにおいてＡＩシステムを利用する軍事指揮官にどのようなインパクトが及ぶのかという問題について考察する。この問題をめぐっては、これまでにも国防計画担当者たちが懸念を抱いてきたことも確かである。軍用ＡＩとネットワークの発展は、核の指揮・統制・通信システムへの依存度と残存性にどのような影響を及ぼすのだろうか？この問題を解明するため、戦略的意思決定プロセスでマシンの役割が増大することによって生じるリスクと矛盾点について分析する。また、戦術レベルと戦略レベルにおけるＡＩの影響は、二元的に区別できるものではないことを指摘する。ＡＩは「支援の役割」から脱し、核兵器に関連する戦略的意思決定に決定的な影響を及ぼすことができる。さらに、ＡＩなどの新興テクノロジーは、従来型のレガシーな核支援システムの上に追加的に構築されたものであり、新たなエラーや歪(ゆが)み、改ざんが生じやすいことを指摘する。

最終章では、本書の中核となる主張や議論を振り返る。そこでは、いかにして国家――特に軍事大国――は、ＡＩが引き起こすエスカレーション・リスクを緩和し、少なくとも管理することができるか、またテクノロジーが成熟するにしたがい「戦略的安定性」を強化することができるか、という問題点について議論し、本書の締めくくりとしたい。本書のインプリケーションと政策提言については、密接に関連し合った二つのカテゴリーに区分できる。第一に、討論（ディベート）や議論（ディスカッション）を重ねること、第二に、未来のＡＩが生み出す新たな問題に対処するため、国家安全保障上の優先順位を見直す際に、政策決定者や国防計画担当者の指針となる政策提言とツールである。だが、このような提言は将来に備えての準備であり、当然、技術が成熟すれば、その内容も進化したものとなるだろう。

第Ⅰ部　AIルネッサンスの動揺

第1章　軍用ＡＩとは何か？

ＡＩとは何か？　他の技術と何が違うのだろうか？　ＡＩとその関連技術が特定の能力をもつに至るまで、どのような開発プロセスを辿るのだろうか？　また、現有のものも開発中のものも含め、ＡＩと他の技術の組み合わせには、どのような形態が考えられるのだろうか？　本章では、現在のＡＩとＡＩを実現する（AI-enabling）技術について定義し、分類する。[1]本章では、軍事分野におけるＡＩを理解するうえで、マシンラーニング（ＭＬ）技術[2]と自律型システム[3]（または「マシンの自律性」）がその中心にあること、そして戦いの作戦レベルと戦略レベルの両面においてＡＩ技術と組み合わされたアプローチが採用される可能性があることを強調している。

本章は二つの節に区分して議論を進める。第一に、知能マシンを開発するため、科学および工学分野でＡＩがどのような進化を遂げてきたのかについて説明する。本章ではＡＩを「多様な分野の複雑なタスクを処理するため、自動化システムのパフォーマンスを向上させるもの」という一般的な用語として定義している。第二に、ＡＩとは何か（そして何と違うのか）、また軍事分野でＡＩを最大限に活用する方法について明確に理解するため、ＡＩの限界についても取りあげる。第1節は、総じてＡＩを実現する技術（ＡＩのサブセット）としてＭＬ――多様なテクニックを用いて自ら学習し、教化できる計算システム――の果たす重要な役割に関して簡単に紹介する入門編となっている。

第2節では、ＡＩ技術とＡＩを実現する技術がもたらす軍事的意味合いについて説明する。そこでは、ＡＩにまつわる誤解や誇張を取りあげ、その誤りを正したい。そしてマシンラーニングや自律性技術は多くの面で核セキュリティと密接に関連し、「戦略的安定性」にプラスとマイナスの両方の影響――これに関しては第2章と第8章でも取りあげる――を及ぼす可能性があることを説明する。次に、ＡＩで強化されたアプリケーションが将来戦の戦略、作戦、戦術レベルにどのような影響をもたらすのかについて考察する。この点について本節では、ＡＩの潜在的な戦術的・作戦的影響は定性的には自明であるが、戦略レベルに与える影響は依然として不確実であると論じている。

第1節　AIとは？

ＡＩを知能マシンの製造に関わりのある科学と工学一般を含めた広義の概念として捉えると、ＡＩ研究が始まったのは１９５０年代である。[4] その後、ＡＩ研究は次のような発展段階を辿った。１９５０年代から６０年代にかけての最初の開発段階、１９７０年代から８０年代初めにかけての「ＡＩの夏」の時期、そして１９８０年代以降の「ＡＩの冬」と呼ばれた時期である。しかし、いずれの時期も、華々しい宣伝と過剰な期待――知能が利便性と混同されてしまったこともあり――に応えることができなかった。[5] しかし、２０１０年代初めを過ぎると、ＡＩへの関心が爆発的に高まった（「ＡＩルネッサンス」）。

それは四つの重要分野での進展が同時に生じたからであった。[6] すなわち、①演算処理能力とクラウド・コンピュータ能力の飛躍的増大、②データセットの増大（特にビッグデータ蓄積）[7]、③マシンラーニング技術とアルゴリズムの実装化の進展（特に深層ニューラルネットワーク）[8]、④ＡＩテクノロジーに対する商業的関心と投資の急速な拡大〔丸数字は訳者〕である。[9]

ＡＩは言語、推論、学習、発見的問題解決法（ヒューリスティックス）〔アルゴリズムによらず経験則や先入観に基づく直感的判断により、ある程度正解に近い答えに至ることができる思考法。答えの精度が保証されない代わりに、解答に至るまでの時間を短縮できる〕、観察といった人間の知能に含まれる能力を模倣するマシンを指す。今日、実用的（技術的に実行可能なもの）なアプリケーションはすべて特定の「狭い」カテゴリーに分類され、汎用型人工知能（artificial general intelligence：AGI）〔人間と同様の感性や思考回路をもつ人工知能を指し、特化型ＡＩと対比される〕――あるいは超絶知能（superintelligence）――にはほど遠い段階にある。そのような特化型ＡＩは１９６０年代以降、民間および軍事の分野で広範に利用されてきた。(10) それは人間の認知タスクに近似し、それを再現できるよう、大量の学習用データセットを解析する手順を学習する統計アルゴリズム（主にマシンラーニング技術を土台とする）が使われていた。(11) この「特化型ＡＩ」は、本書が軍事分野におけるＡＩ技術のインパクトを評価する際に対象とするＡＩカテゴリーである。

　ＡＩ専門家の多くは、ＡＧＩの開発が、仮に実現可能だとしても数十年先のことになるという見通しで一致している。(12) ＡＧＩ研究の潜在的可能性は大きいが、問題解決マシンとしてのＡＩシステムの能力面での成果は、今のところ範囲が限定されている。また、狭い目的に特化されたアプリケーションは、より複雑で全体的な無制限の環境（すなわち現代の戦場）には応用が利きにくい。仮想世界（サイバー／ノンキネティック）や物理世界（キネティック）はいずれもそうした複雑な環境なのである。(13)

　とはいえ、ＡＧＩやその潜在的インパクトについての議論を控えるべきだと言うつもりはない。もしＡＧＩが出現したとき、人類史の重要な転換期としていかなるインプリケーションをもつのかについて予期しておくためにも、倫理的、法的、規範的な枠組みを準備しておく必要があるだろう。問題をさらに複雑にしているのは、特化型ＡＩと汎用型ＡＩは絶対的（または二元的）基準では区別できないということである。それゆえ、ゲームプレイ、医療診断、旅行のロジスティクスなどの特化型ＡＩアプリケーションに関する研究は、汎用目的のＡＩへと至る漸進的進歩――研究者をＡＧＩへと近づける――として役立っているともいえる。[14]

一般的にＡＩはコンピュータ科学のサブフィールドに位置づけられ、検索、ヒューリスティックス、確率といった演算的手法を用いて難問を解決することに焦点が置かれている。より広く言えば、ＡＩは数学、人間の心理生物学、哲学、言語学、生物学、神経科学からの知見を多く取り入れて成り立っている[15]（図1-1参照）。前述のとおりＡＩには二つのタイプ〔汎用型と特化型〕があり、それぞれのリスクや開発工程に差があるため、本書においては、それらを混同しないように慎重に議論を進めたい。[16]このようにＡＩ研究には多様なアプローチがあることを踏まえると、一般的に受け入れられた確立したＡＩの定義は存在しないということになる。[17]そのため、軍事に対する革命的インパクトであるとか、「軍事における革命」などといった誇大な主張に、大文字で始まる固有名詞で「人工知能」（Artificial Intelligence）という包括的な用語が使われると混乱をきたすことになる。[18]さらに言えば、ＡＩをあまりにも狭義または広義に定義してしまうと、ＡＩの能力の潜在的範囲を理解する妨

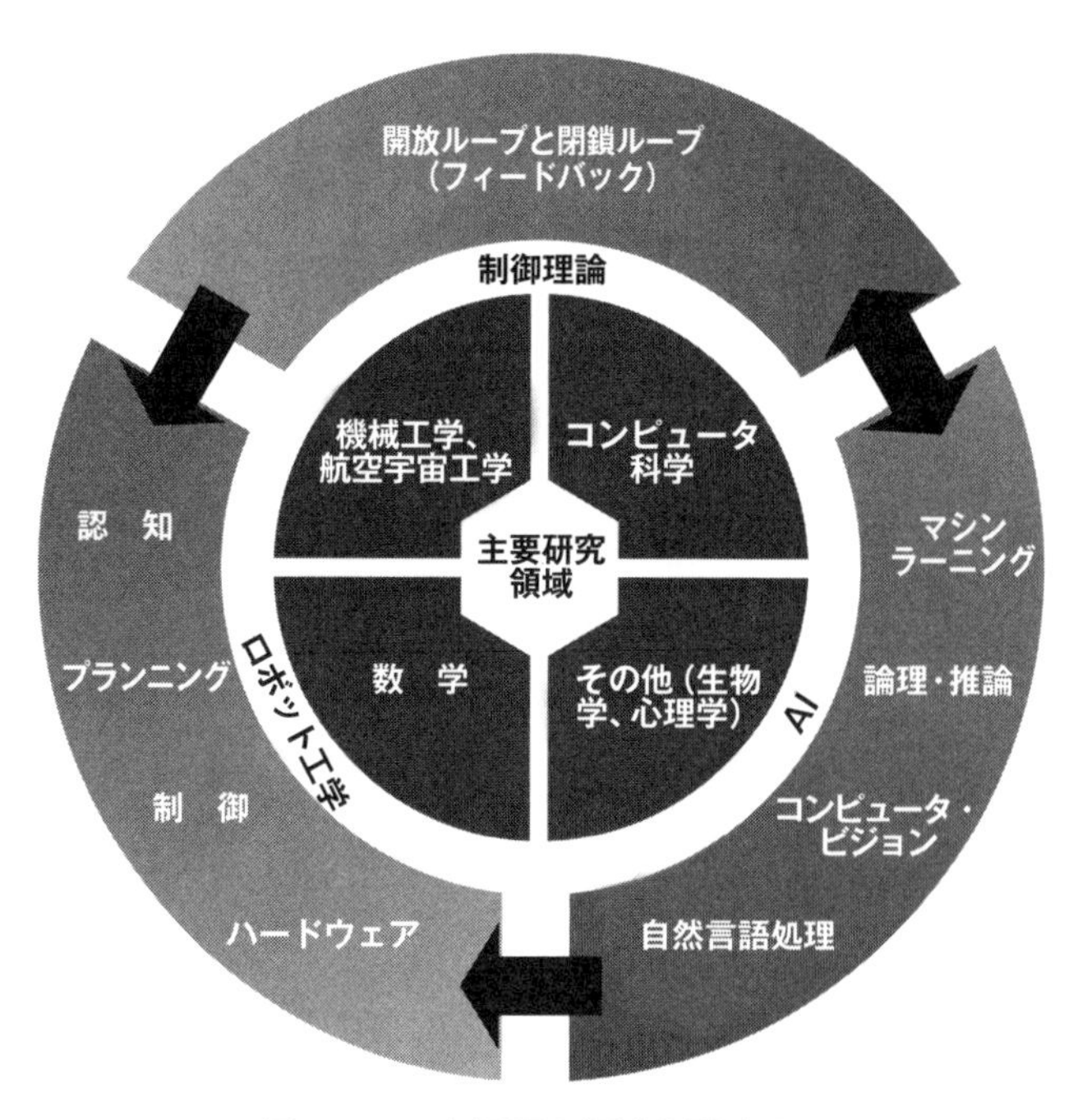

図1-1 AIの主要研究領域と関連分野

げとなってしまう。かといって、広狭両義を混在したまま議論を進めると、ＡＩ実装アプリケーションが有する固有の能力を捉え損なってしまう。

最近のアメリカ議会報告書はＡＩを次のように定義している。

> 人間の監督を受けずに、さまざまな予測不可能な状況のもとでタスクを実行し、自らの経験から学習し、自己のパフォーマンスを向上させることができる人工システム……人間に似た知覚、認知、プランニング、学習、コミュニケーション、あるいは物理的行動を必要とするタスクを処理することも

ある。[19]

同様に、アメリカ国防総省も最近、ＡＩについて次のように定義している。

　デジタル処理あるいは自律型物理システムに実装されたスマートなソフトウェアを通じて、通常なら人間の知能を必要とするタスクを実行する——たとえばパターン認識、経験学習、結論の導出、予測、あるいは対策を講じる——ことができるマシンの能力。[20]

　このようにＡＩとは、広範な分野の複雑なタスクを処理する自動システムの能力を向上させるものを意味する用語として理解することができる。その能力とは次のとおりである。[21]

- 知覚（センサー、コンピュータ・ビジョン〔人間の目と同様にコンピュータに視覚情報処理機能をもたせること〕、音声（音響）認識、画像処理）
- 推論および意思決定（問題解決、検索、プランニング、論理的推論）
- 学習および知識表現（マシンラーニング、深層ネットワーク、モデリング）
- コミュニケーション（言語処理）
- 自動化（または自律化）システムおよびロボット工学（図１‐２参照）

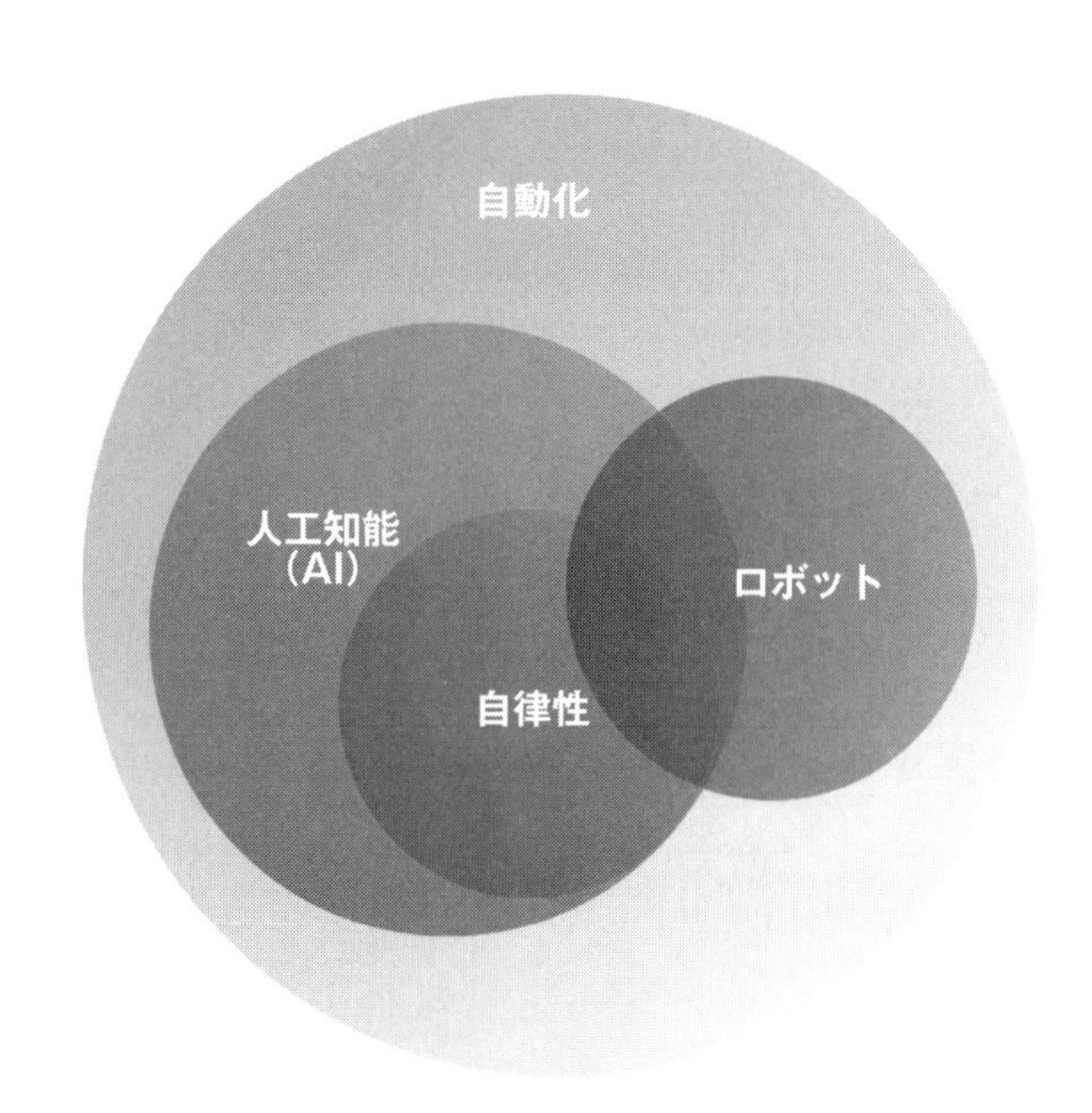

図1-2 AIと自律性との関係

・「人間とAIの協働」（人間がシステムの目的、目標、制御条件を決める[22]）

以上のような能力の潜在的な促進要因（イネイブラー）および戦力増幅器（フォース・マルチプライヤー）として、AIは「兵器」そのものというより、電子、無線、レーダーや情報・監視・偵察（ISR）を支援するシステムに近いものだといえる[23]。

AIはいくつかの技術的欠陥の影響を受けており、軍事分野での速やかな実用化には慎重さと自制が求められている。今日、AIシステムはいまだ不安定であり、あらかじめ設定された問題群と制御パラメータの枠内でしか機能することができない[24]。特にAIは複雑なデータセットの中から効果的かつ確実にエラー（標本誤差や意図的操作）を発見できるまでには至っていない。[25]

さらにＡＩシステムは、想定外の新しい状況に対応することができない。つまり、ＡＩは推論するにも意思決定を満たすにも、人間が入力した知識に頼るしかないのである。とりわけバイアスのかかった結果を生み出すなど、特定のタスクの実行に失敗すれば、そのアプリケーションに対する信頼は損なわれる。[26]それゆえ、エラーを起こす可能性のあるＡＩの杜撰（ずさん）な概念化や、軍用ＡＩ能力の戦略的インパクトの過大評価（あるいは過小評価）[27]がもたらしかねない混乱を緩和するには、政策決定者はＡＩとは何か（そして何と違うのか）、ＡＩの限界、軍事分野における最適なＡＩ実用化の方法について理解しておかなければならない。[28]

第2節　マシンラーニング――重要なＡＩ実現技術だが「錬金術」[29]にあらず

マシンラーニング技術は、１９８０年代と９０年代に開発が進められたソフトウェア工学の手法である。それは、ニューラルネットワーク、記憶ベースの学習、事例ベースの推論、決定木（decision-trees）、教師あり学習（supervised learning）、強化学習（reinforcement learning）、教師なし学習（unsupervised learning）、また最近では敵対的生成ネットワーク（generative adversarial net-

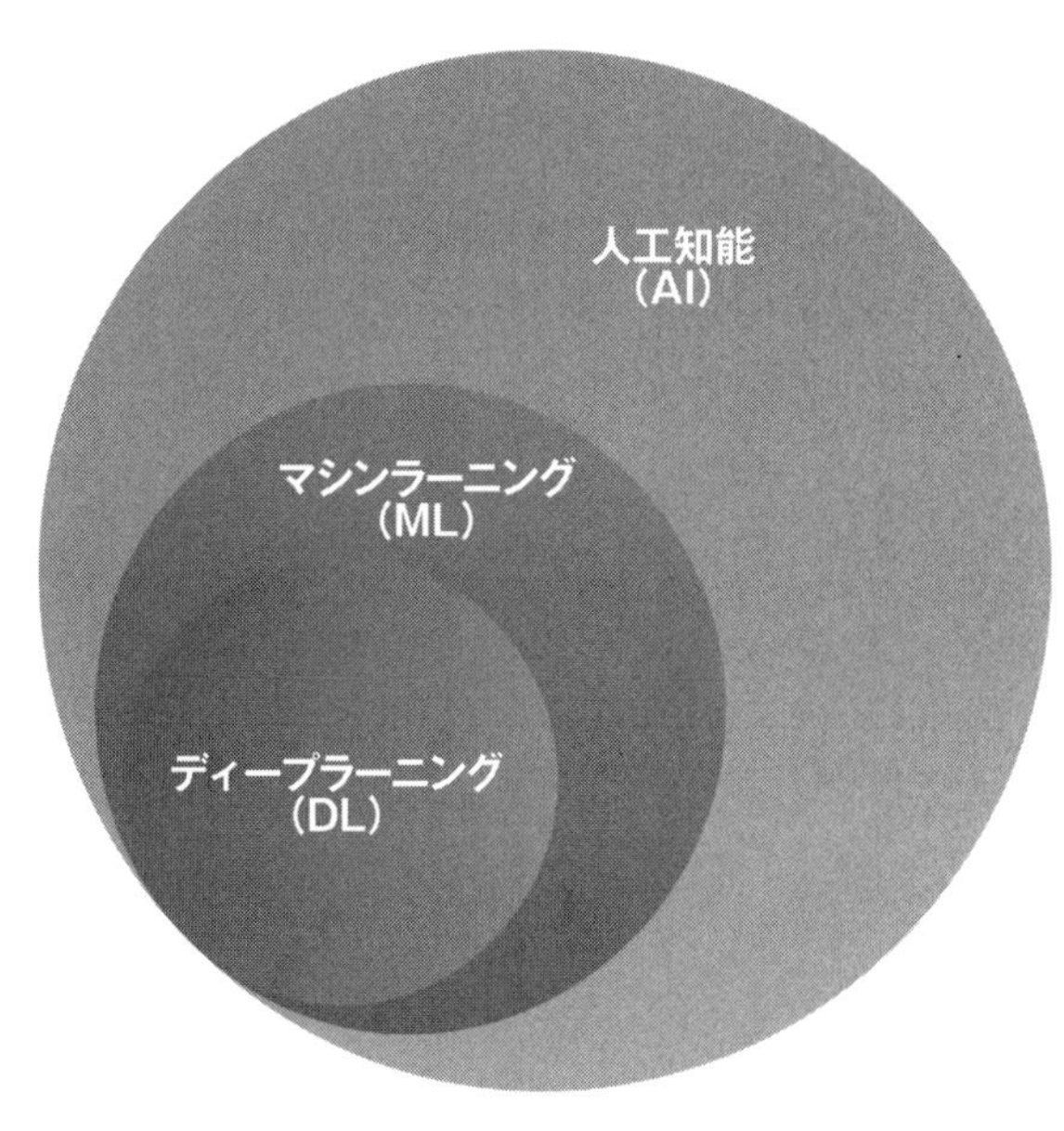

図1-3 階層構造（MLはAIの、DLはMLのサブセットである）

work）など、さまざまなテクニックを使って自ら「学習する」[30]ことができるコンピュータ・システムである。マシンラーニング技術を使うことで、人間の手入力によるプログラミングの作業量は大幅に減少するようになった。[31]

１９９０年代までのＡＩ研究の中から、より精密な関連づけ（統計学や制御工学）を可能にするマシンラーニング・アルゴリズムが、優れたＡＩ手法の一つとして登場した（図１‐３参照）。それはＡＩソフトウェア工学の前衛的手法となり、生データを画像認識、センサーデータ、擬人化シミュレーション技術（simulated interactions、たとえばゲームプレイ）など、複雑なタスクに必要な抽象的表現に変換でき

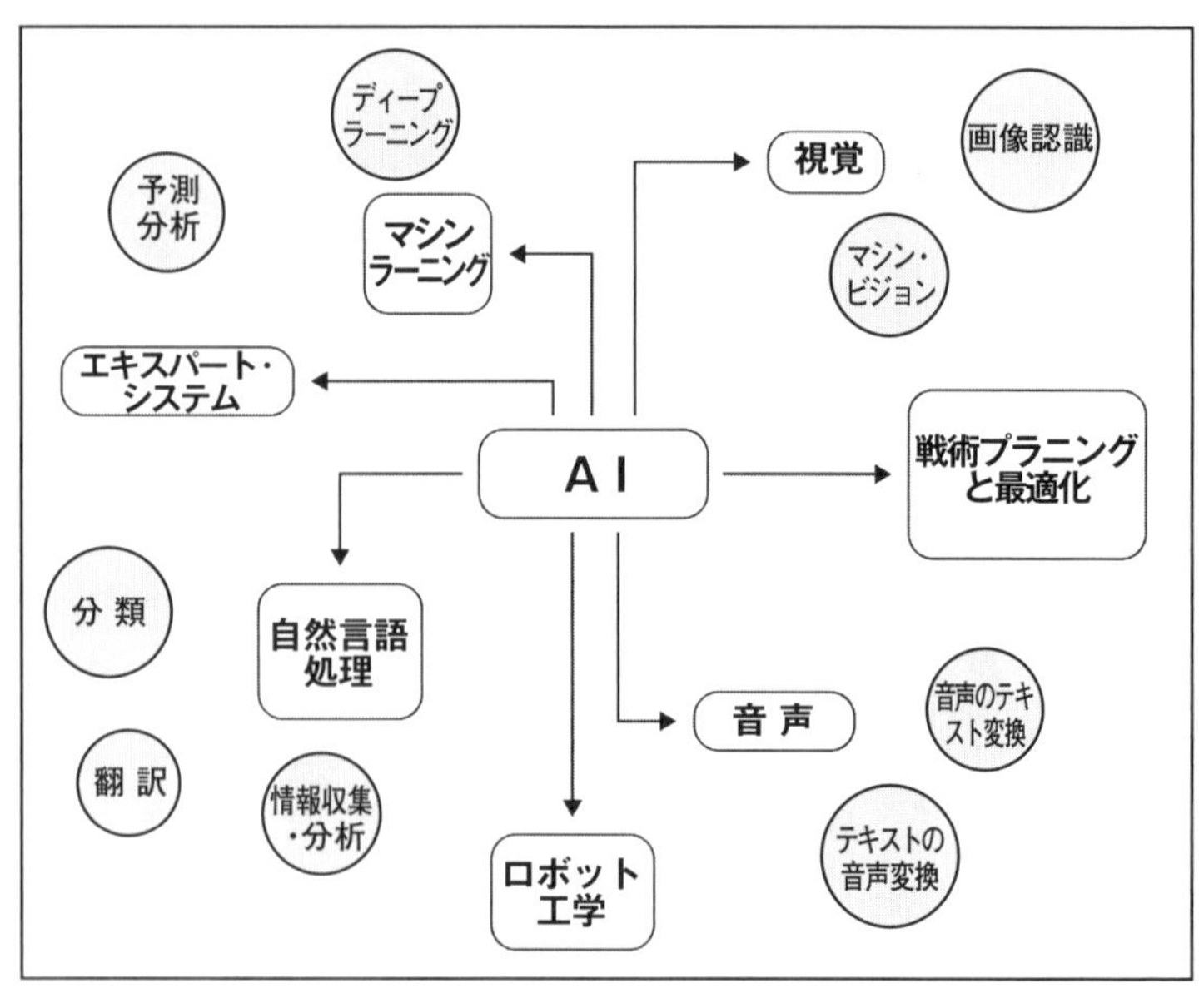

図1-4 AIエコシステム

るようになった。[32] ディープラーニングの強みは、簡単な特徴表現をコンピュータが自ら見つけ出し、そこから複雑でより高次な概念を作り出す能力にある。[33]

ＡＩとマシンラーニング技術の進歩と並んで、ＡＩのサブ領域と関連技術から成る新たなエコシステムが生み出された。それには画像認識、マシン・ビジョン、予測分析とプランニング、論理的推論と特徴表現、自然言語表現・処理、ロボット工学、データ分類などが含まれる[34]（図１‐４参照）。これらのテクニックを組み合わせることにより、ビッグデータ・マイニングやビッグデータ解析、ＡＩ音声アシスタント、言語・音声認識補助、構造化照会言語データベース、自律型の兵器・運搬体、情報の収集・分析など、広範な自律化アプリケーションが実現する可能性が開けてくる。

マシンラーニング技術の大きな利点は、人間のエンジニアが特定の運用環境で解決すべき問題点を明確に設定しなくてもよくなるという点にある。[35] マシンラーニング技術を実装した画像認識システムは、たとえば人間のプログラマーが悪戦苦闘するような複数の画像の違いを数学的に表現することに使われる。

最近のマシンラーニングの成功は、コンピュータ能力の急激な向上とマシンラーニング・アルゴリズムの学習に必要な膨大なデータセットが利用可能になったことによるものである。今日、AIのマシンラーニング技術は、自動車相乗り(ライド・シェアリング)ソフトウェアのナビゲーション・マップ、銀行での不正取引や不審行為の検知、ショッピングサイトや娯楽サイト上の顧客勧誘のほか、音声認識ソフトウェアを利用してユーザーにコンテンツを配信する仮想パーソナル・アシスタント、医療診断や検査性能の自動更新処理など、日常的な身の回りのアプリケーションで多用されている。[36]

目標識別、偵察、監視の各機能にマシンラーニング技術を実装したAIアプリケーションを利用すれば——人間による情報分析と組み合わせて——、敵の核施設の位置の標定、追跡、照準設定を行なう軍の能力を高めることができるだろう[37]（第5章参照）。しかし、これを実現するには、三つの技術的障害が未解決のままである。それは、①良質なデータの不足、②自動化による画像検出の限界、③いわゆる「ブラックボックス」化された（説明不可能な）問題群〔丸数字は訳者〕である。

良質なデータの不足

マシンラーニング・システムが学習と自己訓練を積むためには、ラベル付けされた良質のデータセット——良い例も悪い例も——を必要とする。それは、人間のバイアスが入り込むリスクを減らし、試験や検証方法の確かさを証明するうえで不可欠である。つまり、マシンラーニングAIのパフォーマンスは、動作中に供給されるデータと情報の質にかかっているといえる。しかし、どんなに精緻なデータセットであっても、現実世界の状況を完全に再現するのは不可能である。個々の特殊な状況は、不完全かつ不正確な測定や見積りが原因で、決して解消することのできない誤差（または分散による誤差）を含んでいる。

アメリカ国防総省の元統合人工知能センター所長を務めたジャック・シャナハン中将は「まったく欠点のない究極のデータセットを使って（マシンラーニングに）学習させた場合でも、現実世界の状況では使いものにならないだろう」[38]と述べている。さらに、比較的簡単で安上がりな方法（または「敵対的AI」）でシステムを欺くことができれば、最も精密なシステムでさえ役に立たない[39]（第7章では「敵対的AI」の性質とインパクトについて取りあげる）。

特定の訓練用データしか記憶していないマシンラーニング・システムは、新しく不慣れなデータに遭遇すると機能しなくなる。また、工学的選択肢の数は無数にあるため、あらゆる結果を想定したアルゴリズムを用意することは不可能である。それゆえ、完璧に近いアルゴリズムほど、新しいデータが出現すると、たちまち役に立たなくなってしまう。軍事分野で活用する場合、マシンラーニング・システムの効率的な学習に必要とされる最適なデータ量を判断するにあたっては――いわゆる「偏差（バイアス）と分散（バリアンス）」のトレードオフ〔マシンラーニングを使った予測分析において、偏り誤差を小さくすると分散誤差が大きくなり、逆に分散誤差を小さくすると偏り誤差が大きくなるという両者の二律背反の関係性を示す〕――誤差の許される範囲はわずかしかない。[40] 仮にある方法が開発され、供給されたデータに基づいて首尾よくパフォーマンスを果たせたとしても、その後、システムが受け取った画像に基づいて同じようなパフォーマンスを発揮できるという保証はない。[41]

言い換えれば、AIを実装した通常戦型の対兵力能力（conventional counter-force capabilities）のようなマシンラーニング技術を搭載した自律型兵器システム（第5章から第7章参照）が戦場でどのような機能を果たすのか、現時点では確信をもって知るすべはない。試験、妥当性の検証、試作品の製造、実用試験といった十分なフィードバック手順（キネティック兵器システムの開発手順）を踏まない限り、AI能力はエラーとアクシデントを繰り返すに違いない。[42] コンピュータのプログラムでは、人間と情報との相互作用でAIシステムが繰り返し見せる自然な再帰的関係（recursive relationship）があるため、エラーが起こる可能性はその関係性に応じて増減する（第8章では、この相互作用の性質とインプリケーションについて検討する）。

技術上の三つの制約がデータ不足問題の要因となっている。[43] 第一に、軍事分野においては、AIシステムが活用できる画像（たとえば路上移動式および鉄道移動式のミサイル発射機）が比較的少ないことが挙げられる。このデータ不足の問題があるため、ＡＩシステムは手元に豊富にある画像を代用して精度向上に努めざるを得ない。しかし、それは検出漏れ（false negatives）の原因となる。[44] 言い換えれば、画像分類の精度を最大化するために基準を厳しくすると、通常のトラックを誤って移動式ミサイル発射機に分類してしまうといったように、マシンラーニング・アルゴリズムは誤検出（false positives）を頻繁に引き起こしやすくなる。このため、真実と虚偽を識別する能力がなければ、動いている物体すべてがＡＩシステムによって攻撃目標と認定されてしまうこともあるのだ。

第二の要因は、ＡＩが現在、「概念学習」の初期段階にあるという点である。[45] 一般に画像は現実を完璧に描写しているとはいえない。人間は外面的特徴から対象の機能を――常識を働かせて――推定することができるが、ＡＩはこうした一見シンプルなタスクは苦手である。対象の形態が明白にその機能を表すような状況（すなわち言語処理、音声および手書き文字認識が該当する）では、ＡＩにとってさほど問題なく、とりわけ特化型ＡＩのパフォーマンスは一般的に良好である。他方、対象の外見がこの種の情報を与えてくれない状況では、ＡＩの帰納・推論の能力は制限される。それゆえ、マシンラーニング・アルゴリズムの判断能力は、人間による推論や判断能力にはるかに劣っているといわざるを得ない。[46]

これを軍事分野に置き換えると、ＡＩは移動体やプラットフォームの軍事的機能を識別することに悪戦苦闘するはずだ。この問題は良質のデータセットの不足によって悪化し、その限界につけ込もうとする敵対的行為〔故意の異質なサンプルの混入など〕の可能性を高めてしまう。

第三の要因は、特徴量、ピクセル数、次元数が増えるほど、マシンラーニングは困難をともなうことである。[47] つまり、解像度と次元の複雑性が増すと——マシンラーニング・アルゴリズムの学習には、より多くのコストと時間を必要とする——AIがその画像を識別することがますます難しくなる。たとえば鉄道移動式ミサイル発射機はAIにとって貨物列車のように見えるかもしれず、軍用航空機を民間航空機と誤認するかもしれない。つまり、関連のない別の対象物の画像を見分けられない一方で、同じ対象物がAIにとっては別物と判断される可能性があるということである。[48]

自動化による画像検出の限界

目標を自動的に検知し、その情報を精密誘導弾に送信するマシンラーニングの能力には限界がある。とりわけ、錯雑した作戦環境においては、なおさらである。この自動画像認識・検知の弱点は、主にAIに人間の視覚と認知——いまでも不可解で不合理な謎が多い領域——を模倣させる方法がほとんど解明されていないことに原因がある。[49] かかる限界は、たとえばAI実装型対兵力能力の有効性に対する指揮官の信頼性を低下させ、「戦略的安定性」を複雑にする。しかも、戦略的競争相手は自国の戦略兵力を防護するため、平素から対抗措置（たとえば偽装、欺騙、デコイ、隠蔽）を講じている。

ブラックボックス化された問題群

今日でもマシンラーニング技術――特にニューラルネットワークを土台としたもの――には不可解なところが多く、「ブラックボックス化された」計算メカニズムの解明に人間のエンジニアたちは日々悪戦苦闘している。[50] この「ブラックボックス」問題は、たとえば学習段階で使用されたデータセットに対してアルゴリズムが予想外の反応を示すなど、予測不可能な事態を引き起こす可能性がある。これは戦略レベルにおいて深刻な結果をもたらす可能性があり、特に安全性（セーフティ・クリティカル）が最重要視される核の領域で事故やエラーが起きた場合、結果責任（レスポンシビリティ）と説明責任（アカウンタビリティ）の問題を複雑にする。

これまでの議論を踏まえると、マシンラーニング技術の学習に必要な質の高いデータセットの不足、自動検出の技術的限界、ＡＩに対する敵対的な対抗措置と弱点を衝かれる可能性、マシンラーニング技術の不可解さなどの要因が重なって、ＡＩシステムがある状況――特に複雑な敵対的環境――から獲得できる事前の知識は著しく制約されたものとなるだろう。

第3節　AIの軍事的意味を解き明かす

いわゆる「第4次産業革命」を引き起こしている最近のテクノロジーの発展――量子コンピューティング、マシンラーニング技術（とその一分野であるディープラーニングおよびニューラルネットワーク）、ビッグデータ解析、ロボット工学、積層造形（additive manufacturing）、ナノテクノロジー、バイオテクノロジー、デジタル工作、そしてAI――は、将来の戦場で戦略的競争相手に対する技術的優位を獲得し、それを維持しようする軍によって活用されるだろう[51]（第3章参照）。序章で述べたように、これらの新技術の一体的運用（コンバージェンス）が「戦略的安定性」と核セキュリティにもたらすインプリケーションについては、あまり研究されてこなかった。[52]本書は、かかる研究上の課題に取り組む。とりわけ、ライバルの核保有国との間の核リスク、「戦略的安定性」、抑止、エスカレーション管理に対するAIの軍事的インプリケーションを明らかにしたい。

今日のAIテクノロジーが軍事分野において実現可能な現実と、世論や政策決定者、世界の国防コミュニティが抱く期待と不安との間には相当なギャップがある。AIを語る際に見受けられる誤った描写（特に社会、経済、国家安全保障の議論）は、大衆文化、とりわけSF小説などに登場する現実離れしたAIの描かれ方に原因がある。[53]たしかに、軍事分野におけるAIテクノロジーの潜在的な機会とリスクについて誤った言説が繰り返されると、ＡＩをめぐる建設的かつ冷静な議論の妨げになる。議論されるべきものの中には、先行者の優位性を追求することより核セキュリティに生じたリスクを管理し、それを緩和することができる一方、軍用ＡＩの活用は戦術、作戦、戦略の各レベルの利益をいかに均衡させるかという問題が含まれる（第３章参照）。

信頼度の高い自律型兵器システムを設計するためには、まずは次の問題に取り組まなければならない。[54]

（１）マシンの観察・解析能力の向上
（２）不確実性、複雑性、不完備情報の中での自律型システムの運営
（３）人間のオペレータがあらかじめ設定した目標にしたがう（つまり人間が定めた目標から逸脱せずに）マシンラーニング型アルゴリズムを実装した意思決定支援アプリケーションの設計
（４）戦いに勝利するためにマシンのスピードで作動する能力を発揮できるよう、安全性と未来予測性の効率的なバランスを図ること
（５）入手可能なデータを最大限活用する人間とマシンの融合システムの管理

これらの問題点を把握したうえで、アメリカの特殊作戦軍（ＳＯＣＯＭ）は最近、ＡＩおよびマシンラーニング技術に重点的に投資するロードマップを公表した。これはアルゴリズム戦を担うマルチ

作戦チームを創設するための三つの包括的目標「AI即戦力、AIアプリケーション、AIアウトリーチ」[55]を掲げている。

近年のマシンラーニングやAI分野の進歩は、次のような広範にわたる自律型兵器システムの質的向上を促し、既存の軍事技術の発展を阻害してきたボトルネックを解決するに至っている。

- 既存の早期警戒システム（核関連および非核関連を含む）の探知能力の向上
- 誤算による不慮の偶発的エスカレーションが生じるリスクを軽減するためのISR情報の収集および交差分析能力の向上
- 核および通常戦力の指揮統制ネットワークを対象としたサイバー防衛の強化
- 軍事資源の配分・調達・管理の効率化
- 核兵器の軍備管理、実験、検証、監視における――実際に核兵器実験を行なう必要のない――新たな革新的技術の創造
- 通常戦力による対兵力能力の向上（たとえばサイバー、電子戦妨害、対衛星兵器、極超音速兵器、ミサイル防衛システム）
- これまで到達できなかった複雑な環境（たとえば海底での対潜水艦戦）で困難な任務を遂行する無人自律型システム――特にドローン――の配備[56]

ＡＩと自律性は核セキュリティと多くの面で関わりをもち、「戦略的安定性」――第Ⅲ部でＡＩは安定性をもたらすのか、それとも安定性を損なうのかについて議論する――に対してプラスとマイナスの影響を及ぼす。

理論上、ＡＩ実装のアプリケーションは主として戦略レベル、作戦レベル、戦術レベルに分類され、各レベルで戦争に影響を与える。作戦および戦術レベルのアプリケーションには、次のようなものがある。

●自律性とロボット工学（特に「ドローンのスウォーム行動。37頁図１‐２参照」）

●複数アクターの相互行為を再現するレッドチームとウォーゲーム[57]

●ビッグデータに基づくモデルの作成[58]

●情報の収集・分析（たとえば移動式ミサイルや部隊移動の位置の標定と追跡[59]）

●通信の復元力（レジリエンス）とサイバーセキュリティ

●募集、訓練、能力管理

●予知保全〔機器に取り付けたセンサーや取得したデータから故障や劣化を検知し、故障発生前の適切なタイミングでメンテナンスを行なうこと〕

●兵站、プランニング、フォーキャスティング〔過去のデータや実績に基づき、現状で実現可能と考えられることを積み上げて、未来の目標に近づけようとする方法〕

● ベンダー企業との契約、予算の管理

変動するさまざまな条件のもとで異常を検知し、経路を最適化するベイズ統計的なＡＩ技術は、軍隊の兵站計画策定の手法を向上させる。[60] 同様に、第7章で論じるように、ネットワーク上で挙動パターンの変化を認識し、異常を検出するサイバー防御ツール（たとえばネットワーク・マッピングや脆弱性の発見、パッチの適用など）は、自動化されたＡＩによるルールベースの推論方法から少なからず恩恵を受ける可能性がある。[61] たとえば国防高等研究計画局の「２０１６サイバー・グランド・チャレンジ」では、戦力増幅器としてのＡＩを用いたサイバー・イノベーションの潜在的効果が実証された。[62]

戦略レベルの戦いでは、次のような能力が利用されるだろう。

● 核関連のＩＳＲ、核関連の指揮・統制・通信（ＮＣ３）の質的向上
● 目標の捕捉・追跡・誘導システム、ミサイルと防空システムの識別の強化
● 戦力増幅器として、ＭＬを導入した攻撃と防御双方のサイバー能力
● 極超音速ミサイルを含む核および非核ミサイル運搬システムの質的強化[63]

たとえばＡＩ ＭＬアルゴリズムとセンサー技術の進歩により、核兵器運搬システムは妨害または

なりすまし攻撃に対し、より強固な対抗策を備えて自律的に運用できるようになるかもしれない（第7章では、このテーマについて取りあげる）。

AIがもたらす戦術上および作戦上のインパクトは、今日、定性的には自明であるといえるが、戦略レベルの効果――特に軍事力と戦略的意図の評価――は依然として曖昧である。

一方、将来のAIで強化された指揮統制（C2）システムにより、埋没コストへの投資、歪んだリスク判断、ヒューリスティックス、集団思考（グループ・シンク）――あるいは「戦争の霧と摩擦」――といった、人間が戦時中に行なう戦略的意思決定の欠点の多くを克服できるかもしれない。[64] 他方、指揮官が敵国による核兵器の製造、試運転、配備、使用の可能性を予測できるAIシステムは、予測不可能なシステム動作と結果をもたらす可能性が高く、極端な場合――相互確証破壊の前提条件である――「先制攻撃の安定性」〔先制攻撃を仕掛けても相手からの報復により耐え難いダメージを確実に受けることを双方が認識している状態〕が崩れ、将来の核戦争は勝利可能なものとなってしまうかもしれない。政治体制の類型、核ドクトリン、戦略、戦略文化、兵力構造などの違いによって、国家が核の分野でAIを開発する傾向を強めたり、弱めたりすることはあるのだろうか？　第8章ではこの問題を取りあげる。[65]

人間と比較して、アルゴリズムのスピードや多様なデータ蓄積、高い処理能力という利点があるにもかかわらず、AIの複雑なシステムは、その複雑さゆえに推論を単純化し、それを外挿〔未知の事柄を既知の事柄から推定すること〕する必要があるため――ここに錯誤やバイアスの種が宿る――、人間のエンジニアによってコード化された仮定に依存し、意図しない結果を引き起こす可能性がある。[66] 特に画像または文字識別感知アルゴリズムに組み込まれたバイアス（暗示的であれ明示的であれ）は、特に錯綜した複雑な戦場環境においてフィードバック・ループからエラーを引き起こす可能性がある。たとえばバイアスのある偏向データを用いた犯罪予測用ＡＩシステムは、社会的に疎外された集団に対する過剰な取り締まりを引き起こす可能性がある。なぜなら、警察が保有するデータにそうした集団に関わるデータが過剰に含まれているからである。[67] さらに、特定のＭＬ訓練用のデータセットに内在する異なる文化的バイアスも、マシン対マシンの相互作用のリスクを高める可能性がある。[68]

要するに軍用ＡＩシステムは――軍のＭＬ訓練データセットや学習軌道（learning trajectories）の点から――それ自体が文化的創造物（オブジェクト）なのである。「戦争の霧と摩擦」（戦争に影響を及ぼす不確実性、誤情報、組織化された部隊の機能低下）の条件のもとでは、ＡＩシステムは動作、盲点、非注意性盲目（視野の中に入っているものの、注意が向けられていないために物事を見落としてしまう事象）に影響を与え、失策を招くとともに相手につけ入る隙を与えてしまう。[69] データは誰がどのように収集・保管し、処理すべきか？　誰がアルゴリズムを書く責任を担い、どのような規制、規範、倫理、法律を根拠とすべきか？　軍事戦略家のコリン・グレイ（Colin Gray）の言葉を借りれば、「霧と摩擦の地図はそれ自体が変化する生き物のようにダイナミックなものであり、恐れを知らぬ探検家さえも悩ませる」[70] のである。

そのうえ、ＡＩシステムの複雑性が増すことで、情報の価値、範囲、利用可能性、信頼性、解釈をめぐる従来の不確実性はさらに増幅する。[71] したがって、当面の間、特化型ＡＩを導入したセンシング、自己学習、情報収集、分析、意思決定支援システムは「人間による」外交政策と国家安全保障の意思決定プロセスを長きにわたって悩ませてきた認知バイアスや主観（たとえば帰属の誤り（アトリビューション・エラー）、意思決定におけるヒューリスティックスへの依存、経路依存性（パス・ディペンデンシー）、認知的不協和）と同様の傾向を示し続けるだろう。[72]

ＡＩ分野における科学の飛躍的進歩にもかかわらず、国防計画担当者を長い間遠ざけてきた技術的目標を実現するためには、既定路線に沿って漸進的な歩みを続ければそれで十分であろう。たとえば最近のＭＬ技術の発展は、自動標的認識（ＡＴＲ）、自律型センサー・プラットフォーム、視覚ベース誘導システム、マルウェア検出ソフトウェア、対電波妨害システムなど、データ処理およびパターン認識能力に依存する複数のサブシステムの能力を向上させる可能性が高い。[73] たとえばペンタゴンの「メイヴン・プロジェクト」（無人航空機用のＡＩ搭載監視プラットフォームを開発するペンタゴンのプロジェクト）において、北朝鮮やロシアの移動式ミサイル発射機の捜索や、イラクとレバントのイスラム国（ＩＳＩＬ）への対テロ作戦の一環として行なわれた航空監視支援に、ＡＩ ＭＬアルゴリズムと画像認識が有効であることがすでに実証されている。[74]

さらに、ＡＩの進歩は、マシン・ビジョンや信号処理アプリケーションを大幅に改善する可能性があり、センサー、画像処理、兵器の速度や殺傷半径の推定など、敵の核戦力の追跡とターゲティングの技術的な障害を克服する可能性がある[75]（第5章参照）。そして、DL技術、画像認識、ラベルによる意味付け（semantic labeling）を組み合わせることで、情報機関が戦術、作戦、戦略レベルの情報収集と分析に利用できる「ビッグデータ」レポジトリの恩恵を受けながら、それを可能にする。[76]たとえばアメリカ国防総省は、マルチドメインのC2ミッションを支援するC2システムに役立つAIを探求している。[77]

最近の技術研究から商業的にも軍事的にも、AIが完全な自律システムに不可欠な要素であることは誰もが認めている。[78]さまざまなタイプの自律型ビークルがルート設定、感知、戦術機動の実行、障害物の認識、センサーデータの融合、他の自律型ビークルとの通信（スウォーミング運用）においてAIに依存するだろう。[79]軍事大国はすでに、ロボットやドローンをはじめとするデュアルユースの自律型技術の開発に多額の投資を行なっている[80]（第6章参照）。

戦場でAIが人間より優れた判断を下せないとしても、複数のドメインと戦闘区域にわたって持久力と迅速な意思決定を必要とする作戦環境では、人間とマシンがチームを組んでAIを使用（リモートセンシング、状況認識、サイバーセキュリティ、戦場機動、意思決定ループの短縮化）する軍隊は、人間の判断または半自律型の技術のみに依存している軍隊と比べて、[81]明らかに有利な立場を占めるであろう。[82]2018年に公表されたアメリカ国防総省による初のAI戦略レポートによると、「A

Ｉは我々の装備を良好な状態で維持し、運用コストを削減し、即応性を向上させるのに役立ち……（そして）民間人の犠牲者や付随的被害のリスクを軽減することができる」[83]。

さらに、人間が情報過多による認知負担をやわらげるため、心理的近道（メンタル・ショートカット）に頼りがちになる複雑で混沌とした環境では[84]、ＡＩによって指揮官が独自の状況判断に費やす時間を増やせるなど、軍の状況認識を大幅に改善できるかもしれない[85]（第８章参照）。たとえば理論上、ＡＩの深層ニューラルネットワークは電波干渉の分類や周波数利用の最適化を可能にし、通信システムを強化するために使用することができる。現代戦における時間の重要性は中国の教義書『軍事戦略の科学』にも反映されており、「状況認識に基づく意思決定活動」――「観察、方向付け、決定、行動」の意思決定ループに類似――のギャップを縮小するうえでテクノロジーが果たす役割を重視している[86]。

結論

本章では、ＡＩ（およびＡＩが可能にする重要技術）の現状と、この革新的なデュアルユース技術の潜在的な限界について明らかにし、それらを分類した。また、軍事分野における特化型のＡＩアプリケーション、とりわけ核の領域に（直接的または間接的に）影響を及ぼす可能性のあるアプリケーションの潜在的用途とそのインプリケーションについて説明した。さらに本章では、軍用ＡＩは技術と能力の集合体として、独立した兵器というよりも、電子、無線、レーダー、軍事支援システムに近いものであることを明らかにした。

しかしながら、ＡＩにはいくつかの技術的限界があり、軍事関連——特に核兵器——の分野でＡＩを導入する際の意思決定には慎重さと自制が求められる。そうした限界には、ＭＬアルゴリズムの学習に必要なデータセット量が限られていること、AIシステムを複雑で敵対的な環境で運用するには本質的な技術的限界があること、敵対行為にＡＩを活用することへの恐れが自律型兵器システムへのＡＩの導入を妨げていることなどがある（第Ⅲ部ではこれらの限界の戦略的意味について検討する）。

要するに、意思決定者はＡＩとは何か（そして何と違うのか）、その限界は何か（バイアス、予測不可能性、アルゴリズムの学習・訓練のための膨大な良質のデータセット）を明確に理解し、未検証の事故を起こしやすいＡＩ搭載兵器の過早な導入を防がなければならないのである。

第2節では、軍事分野においてＡＩ技術が実現可能な現実と、世論、政策立案者、世界の国防コミュニティによる期待や不安との間に大きなギャップがあることを明らかにした。その結果、ＡＩ技術と自律性技術は核セキュリティの分野と多くの面で関係し合い、「戦略的安定性」に対し、プラスとマイナスの影響を与えることがわかった。また、戦争の戦略レベルにおけるＡＩの利用（すなわち政治目的を達成するために将来の戦争を計画し、指揮すること）は、戦術的および作戦的任務の支援と比較して、短期的には、はるかに可能性が低いといえそうだ。[87]

しかし、AI分野で科学的技術革新がない場合でも、既定路線に沿った漸進的なステップが「戦略的安定性」に潜在的に重大な影響を及ぼす可能性がある。ところが今日、ソフトウェア技術者、軍や政治指導者、オペレータは、軍事的状況の中でも特に安全性が重要視される核の領域において、革新的なAI技術を安全かつ信頼性をもって採用することの潜在的リスクとトレードオフについて真剣な検討を開始したばかりである。

後述する章では、そうしたリスクとトレードオフの関係を冷静に描き出している。AI技術によって強化された高度な（攻撃および防御の）能力を国家が追求した場合、そこに新たな不確実性が生じ、軍事大国間の相互不信と戦略的競争をどのように悪化させるのか（第3章）？　政治体制（民主主義対非民主主義）の違いによって、AIで強化されたシステムの安全性に対して軍部が抱く懸念と、同種の装備をもつ敵対国の意図に対して政治指導者が抱く不信感の優先順位は異なるのだろうか（第8章）？　次章では、「第2次核時代」における「戦略的安定性」にAIがどのような関わりをもつかを検討し、核抑止の中心的な支柱にAIが与える影響について分析する。

第2章 第2次核時代のＡＩ

ＡＩとそれが引き起こす軍事技術上の変化を核兵器との関連で捉え直すためには、どのような概念を用いるのが最適であろうか？　強力な新しい最先端兵器の登場により核保有国間の安定性が損われる可能性を分析するうえで、「戦略的安定性」（strategic stability）という概念は（これまでも理論的・政治的に議論されてきたが）有益で知的なツールである。[1]

「戦略的安定性」の概念は１９５０年代初めに核戦略の関連用語として登場し、当時の「核革命」（nuclear revolution）[2]がもたらした戦略的思考や戦略議論を通じて生み出された。当時の論点は「核戦争をどのように戦うのか？」、「抑止の信憑性を確保する条件とは何か？」、「先制攻撃や偶発的攻撃がもたらす潜在的リスクとは何か？」[3]、さらには「報復戦力の残存性をいかにして高めるか？」というものだった。[4]つまり、「戦略的安定性」という概念は、核時代におけるセキュリティの特性を理解するための包括的な理論枠組み（核戦力の構造、核配備の決定、軍備管理の理論的根拠を評価する際に有用）を提供してきたのである。[5]

20世紀後半を通じて、世界は軍事技術のパラダイム転換——核爆弾の出現——をうまく乗り切る方法を見いだしてきた。抑止、軍備管理、安全対策および検証手段を組み合わせることで、核戦争は回避されてきたのである。「第2次核時代」においても、冷戦の闘士たちが懸命に取り組んできたように、国家は多くの課題に直面し、厳しい選択を迫られている。その課題とは、次のとおりである。[6]

（1）核兵器の効果的な国際的規制
（2）核兵器と付属システムの安全で信頼できる軍民共同管理
（3）ライバル関係にある非核保有国に対して核の恫喝が行なわれる蓋然性
（4）非対称的な状況のもと、敵による先制打撃能力の無力化によって我が方に生じるリスク認識
（5）核保有国間の戦略的な軍事バランスの変化
（6）戦争遂行（ウォー・ファイティング）ドクトリンにおける核兵器の使用
（7）通常紛争における核兵器の使用
（8）「決意の伝達および抑止」と「事態のエスカレーション管理」との適正なバランス[7]

本章は二つの節から構成されている。第1節では「戦略的安定性」の概念について論じている過去

の文献をレビューし、この冷戦期の用語を使いながら、「第2次核時代」の「戦略的安定性」に与える新興技術の影響をどのように捉えることができるかについて検討する。核戦争を防ぐために安定性を確保するという冷戦期に登場した目標は、今日のAIと「戦略的安定性」をめぐる言説に示唆を与えてくれる。第2節では、「コンピュータ革命」の影響を受けた広範な軍事テクノロジーの流れの中にAIを位置づける。軍用AIとそれが可能にする最先端の能力は、新興テクノロジー分野ではすでに確立されたトレンドとして、むしろ自然な現象であると見なすことができる。たとえAIが次なる「軍事における革命」をもたらすことがなくても、軍用AIの能力は核抑止の中心的支柱として重要な意味をもつからである。

第1節　戦略的安定性―観念上の理想か？

「戦略的安定性」という概念は、認知、ストレス、戦略文化、兵棋演習、ゲーム理論など多彩な学問分野を取り込みながら、1960年代の初め頃まではすでに多くの学者にとって有益な題材となっていた。[8]「戦略的安定性」とは広義に言えば、敵が挑発的行為に乗り出す誘因をもたない状態を意味している。[9]換言すれば、核保有国の間で武力紛争がなく、核兵器の先制使用の誘因が相互に認められない状態である。[10]本来、この概念は動態的かつ流動的なもので、二つ（またはそれ以上）のアクターの複雑な相互作用やそれぞれの誘因の妥協点を探ることが重視されてきた。[11]さらにこの概念は、大国と新興国——特に核兵器保有国あるいは保有する可能性のある国——との間の相対的なパワー配分を反映している。「戦略的安定性」とは、政治、経済、軍事の各分野における複雑な相互作用の結果であり、その中でテクノロジーはいくつかの機能——均衡機能、対抗機能、変化促進機能——を果たしている。[12]

軍事分野においてテクノロジーは人間の行動と意思決定を補強・自動化し、能力を向上させるために利用されてきた。「戦略的安定性」に及ぼす効果の面で、従来は「人的要因（ヒューマン・ファクター）」がテクノロジーを上回っていた。[13]というのも「戦略的安定性」に変化をもたらす根本的要因は、軍事能力（他の相対戦力を測定する基準）の量的・質的な評価とはさほど関係がなく、どちらかというと「制度的、認知的、戦略的な変数が戦略的意思決定にどのような影響を及ぼしているか」、あるいは「他国の意図を誤認する原因となっているか」という観点に焦点があてられてきたからである。[14]

「安定性」はこれらの諸要因の相互関係の影響を受け、特に重要なのは「能力を増強させている要因」とその「目的」である。[15]テクノロジーの変化が「戦略的安定性」に影響する態様は、国際システムの変動要因（あるいは変化をもたらすアクター）の複雑な相互作用の一部として捉えることができる。すなわち、地政学的競争が激化し、大国間の権力移行（パワー・トランジション）や戦略的サイプライズ〔主に革新的技術がもたらす奇襲効果。スプートニク・ショックが代表例」が生じたとき「戦略的安定性」が損なわれ、紛争が起こりやすくなる。[16]

軍事技術の歴史が示すように、新しい装備品の有効性（速度、距離、拡散と普及の度合い）が引き起こす不確実性が独り歩きし、実際の技術的可能性を凌駕してしまうことがある。[17]たとえばスプートニク衛星の打ち上げは、一見したところ単なる技術的デモンストレーションにすぎなかったはずだが、実際は米ソの「戦略的安定性」に重大なインパクトを与えた（第3章参照）。本書の中心的な主張は、国家の核戦略にＡＩが及ぼす影響は「ＡＩ実装アプリは技術的に何ができるのか」ということよりも、「敵が自らの能力をどのように認識しているか」によって左右されるということだ。[18]

「戦略的安定性」は、「先制攻撃の安定性（first-strike stability）」、「危機の安定性（crisis stability）」、「軍備競争の安定性（arms-race stability）」という三つの形態に区分できる。「先制攻撃の安定性」とは、いかなる国も相手国の残した第二撃能力からの破壊的な報復を恐れずに奇襲（先制）攻撃をかけることができない状況において成立する。つまり、危機に際しても、決して核兵器を最初に使用する誘因も圧力も生じない状況である。[19]逆に、先制攻撃能力の優位性が失われるという恐怖は「戦略的安定性」を揺るがし、先制攻撃への誘因を強める。[20]たとえば冷戦期を通じ、そして今日もそうであるが、対兵力攻撃に対する指揮統制システムの脆弱性は高く、システムが複雑化するにつれ、その脆弱性はますます強まる。さらに、指揮統制システムは核戦力および非核戦力の双方を支えるために使用される傾向を強めている。

攻撃的サイバー兵器、極超音速兵器、AI実装型の自律兵器システムなど、最先端技術の急速な拡散と普及により、国家がそうした技術と連動した先制攻撃能力を改良するほど、相手国の戦略軍〔主に核戦力を運用する部隊〕の残存性を低下させずに脆弱性を緩和することはますます難しくなるだろう（第4章および第8章参照）[21]。ここで重要となる区分は、意図的エスカレーションと意図的でない（偶発的（アクシデンタル）または不本意（インアドバーテント）な）エスカレーションのリスクである。周到に計画されたエスカレーションへの恐れは、一般的にシステムを不安定化させる[22]。結局のところ、不測のエスカレーション・リスクが安定化と不安定化のどちらを引き起こすかは、不安定化をもたらす力の相対的な強さと、その力が植え付ける心理的な恐怖しだいである[23]。また「先制攻撃の安定性」を促進する方法は、「使うか失うか」（use-them-or-lose-them）という心理的誘因と不本意なエスカレーション・リスクを緩和することである。

「危機の安定性」とは、1960年代初めに起こったベルリン危機やキューバ危機のように、危機が生じた後のエスカレーションを予防（または危機を段階的に縮小（デエスカレート））することを狙いとしたものである[24]。「危機の安定性」は当事国が抱く恐怖の相互作用の態様に応じて変化し、危機が生じたときに状況を悪化させないシステムのようなものである。これとは対照的に「危機の不安定性」とは、トマス・シェリング（Thomas Schelling）が「奇襲攻撃に対する相互不安[25]」と名づけたものを指している。すなわち、紛争が不可避であるため、最初に先制攻撃を行なわなければならないという信念は、そうした信念をもった側に戦略的な優位をもたらす。[26] 最後に（平時における）「軍備競争の安定性」は、敵対国の軍隊を決定的劣位に追い込むような不均衡性（または非対称性）が――質的にも量的にも――存在しない場合に実現する。[27] それゆえ軍事力が相対的に劣っている敵対国は、戦略核戦力を近代化することにより先制攻撃に対する脆弱性を減らし、相手国の戦略的防衛態勢を突破する能力をもとうとする強いインセンティブを抱くようになる。[28]

「危機の不安定性」と「軍備競争の不安定性」は、国家が戦略的能力を利用し、ある状況で恐怖を植え付けるときに生じる。[29] この恐怖は、意思決定が生み出すインセンティブと密接な関係がある。それゆえ両国が先制攻撃能力を保有している場合、一方が先制攻撃を選択するインセンティブは「ここで躊躇すれば、ライバル国が優勢になることを恐れる度合い」に左右される。[30] 言い換えれば、戦略兵器が生み出すインセンティブや恐怖はエスカレーションのリスクを悪化させてしまうことになる。[31] このように「危機の（不）安定性」は基本的に心理的な問題である。[32] 同様に軍備競争において、ライバル国に対して優位を得たいと欲するインセンティブは「選択しないことによって敵が有利になることに対する恐れ」との相関関係にある。こうした関係性により「戦略的安定性」は「危機の安定性」に加え、「軍備競争の安定性」としても特徴づけられる。こうした複数の目的の間で自然と生じる緊張やトレードオフを念頭に置くと、政策決定者たちは駆け引き（バーゲニング）の状況――なかんずく、抑止と保証のいずれかの選択を求められる場合——で効果的な核戦略を用意できずにきたのだといえる。[33]

デイル・ウォルトン（Dale Walton）とコリン・グレイ（Colin Gray）は「真の戦略的安定性とは観念的な理念であり、現実世界の状態を判断するための目安にはなるが、本質的に政策目標としては達成しようがない理念である」と指摘し、多極化した核の世界秩序では特にそうである、と付言している。[34] 安定的な戦略環境は必ずしもプラスの地政学的変動への触媒とはならず、現行の戦略環境が不安定で不確実なとき、大国間紛争は生起しやすい。[35] 政治思想研究によると、軍事技術や長引く作戦の複雑性と不確実性——クラウゼヴィッツの「霧と摩擦」[36]の状態と似ている——のため、安全保障競争——戦いをコントロールしたい欲求に動機づけられ——は段階的にエスカレートする。

さらに「戦略的安定性」を改善（あるいは悪化）させる特定の政策（たとえば軍備管理や信頼醸成措置）が、核政策に関連する他の変数（たとえば信憑性ある抑止、官僚組織の政策遂行能力、同盟政治、国内政治上の動機）に対し、必ずしもポジティブな（またはネガティブな）影響を与えると仮定することはできない。[37] たとえばオフショア・バランシング戦略は、台頭する現状変更勢力に対し、地域的同盟構造の枠内でバランス・オブ・パワーの回復（すなわち安定化）を図るために使われる。他方、システム内で働くバンドワゴンへの圧力は、バランス・オブ・パワーの変化の流れを加速する。

国際政治学者のロバート・ジャービス（Robert Jervis）によると、圧倒的な核軍備がもたらす抑止への影響は「広範多岐にわたる」[38]。つまり、国家存続を可能にする核軍備（または第二撃能力）の存在により、戦争は生起せず、危機は稀にしか生じず、現状維持を比較的容易に維持することができる。研究者たちは、核時代においてハイレベルの戦略的競争が繰り広げられてきた状況と、一見異常に見える国家行動の状況を、誤って誘導された（間違った）指導者の意思決定、官僚組織の病理、国内政治要因などを結びつけて説明しようとしてきた。[39] 最近では「核革命論」（nuclear revolution theory）というアイデアが、実態をともなわない知的構成概念だと論じられている。[40]

核兵器の導入以降、技術が安定性に脅威をもたらした事例がこれまでに何度か発生している。[41] ケイル・リーバー（Keir Lieber）とダリル・プレス（Daryl Press）は、通常型の対兵力技術の急速な発展により、世界的に核戦力の脆弱性が強まっており、これを戦略的緊張が持続している理由として説明している。[42] つまり、画像・センサー技術、データ処理、通信、無人機、サイバースペースおよびAIといったテクノロジーの進歩により、将来の国家能力に関する不確実性——実際上も、認識上も——が強まっているのである。それゆえ戦略的不安定性については、質的評価（意図）だけでなく量的評価（能力）を行なうことが必要となる。このため、核保有国は多様な分野にまたがる最新の核兵器および通常兵器システム（キネティックおよびノンキネティックの双方）を維持し、将来のいかなる分野の技術的ブレークスルーにも対処できるよう備え（ヘッジ）ておかなければならない[43]（このヘッジの本質と戦略的影響については、第4章および第5章で検討する）。

バーゲニングと戦争に関する研究が示しているように、いったん危機や紛争が開始されると、国家の能力に関する不確実性が邪魔をし、外交的解決を図ることが難しくなる。[44] さらに、冷戦終結後の核領域と非核領域の混在化（あるいは曖昧化）が進むと（たとえば核兵器の発射・運搬構造やそれに付属する指揮・統制・通信・インテリジェンスのネットワーク）、それは核のエスカレーションに対する不安定要因として作用し続ける。[45] 新興技術が「戦略的安定性」や軍備管理に新たな問題を引き起こすことについて、冷戦期にトーマス・シェリングとモートン・ハルペリン（Morton Halperin）は次のように主張している。

技術の不確実性とブレークスルーが存在するため、現在の競争は不安定な状態にあると思われる。不確実性によって、双方とも莫大な予算を投じる用意をしなければならない。そして相手が優勢になった、あるいは近いうちに優勢になるとの恐れを抱き続ける。あるいは相手が最初に優勢になることを恐れ、その結果、計画的な攻撃や先制攻撃の危険性を高める。[46]

冷戦時代に出現した不安定化と破局的な核戦争を防止するという目標は、ＡＩと「戦略的安定性」の関係を語るにあたって（研究は進んでいないが）重要な意味合いをもつ。冷戦時代の経験から、安定性と先進テクノロジーをめぐる四つの相互に関連した教訓が浮かび上がってくる。第一に、テクノロジーがライバル国間に軍事優位の非対称性――たとえば大陸間弾道ミサイルの精度向上、個別誘導複数目標再突入弾を搭載した弾道ミサイル、対艦弾道ミサイル、ミサイル防衛技術など――を生み出すような戦略環境の中では、兵器の拡散（垂直的および水平的）は不安定化を加速させてしまう。これらの新技術を受け、各国は戦略部隊を分散配置するとともに、機密を保持し、施設を堅牢化する。[47] たとえば弾道ミサイルは「先制攻撃の成功の可能性（または成功するという認識）を最大化するための個別誘導複数目標再突入弾の期待効用」と、新技術により取得した「非対称性が戦略的安定性に与える負の影響」とのトレードオフを引き起こすことが挙げられる。[48]

第二に、通常戦型の紛争が核の閾値（いきち）を超えてしまいそうなリスクが存在する――もしくは存在すると認識されている――状況では、「危機の不安定性」や軍事的エスカレーションの恐れがにわかに高まる。[49] かかるリスクの性質について、アメリカ連邦議会技術評価局（US Office of Technology Assessment）は次のように述べている。

> 戦略的兵力の特性が、ある危機的状況において、核兵器の使用を開始する誘因を減少させる度合い〔が重要である〕。危機的状況において、兵器システムが核攻撃（特に信頼できる情報を収集し、利用可能な選択肢とそれがもたらす結果を慎重に検討する十分な時間的余裕のない迅速な攻撃）を開始する大きな誘因となる場合、それは不安定化をもたらすシステムであると見なされる。[50]

第三に、「戦略的安定性」の定義の中に、核能力（たとえば弾道ミサイル防衛、サイバー、対衛星兵器、対潜水艦兵器、精密誘導弾）の破壊に使用できる最新の戦略的非核兵器――特に通常戦力型の対兵力能力――を含めなければ積極的な意義をもたない。[51]というのも、先端技術を備えた攻防いずれの非核兵器も、核攻撃に対する国家の脆弱性を緩和してくれるからである。[52]

最後に、前記と関連するが、技術の進歩（あるいは技術決定論（テクノロジカル・デターミニズム））――とりわけ高度な自動化技術――に促された核近代化プログラムは軍備競争の引き金となり、「危機の安定性」を悪化させる。[53]冷戦期の激しい二極構造のもとで見られた軍事技術分野の戦略的ライバル関係（攻勢と防勢）という題材からは、「近年の軍事の発展は、将来の戦略的安定性にどのような影響を与えるか」という問題についてて考える際に、よりよい理解を得ることができる。[54]

第2節　ＡＩと戦略的安定性―分析枠組みの見直し

新興技術と「軍事における革命」をめぐる歴史から言えることは、現在の（過去の）技術的趨勢を考察する際には、十分な慎重さを必要とするということである。[55]テクノロジーは未来学者が予測するように進歩するものではない。多くの国防上の技術革新(イノベーション)は、過剰な期待を満たすことができないばかりか、予測が誤りであることが証明されたケースもある。[56] 航空機はレーダーと対空火器の登場を促し、潜水艦は水中爆雷など対潜水艦戦の戦術を発展させ、ガスマスクは毒性化学ガスの開発とともに作られた。

たとえば第一次世界大戦でイギリスが毒性ガスを使用した後、多くの人は化学兵器は戦い方と抑止の本質をただちに、しかも劇的に変えるだろうと予測した。しかし、化学兵器は通常爆薬よりも防護が容易で実戦向きではなく、インパクトに欠け、擾乱(じょうらん)効果も乏しいことが判明したのである。[57] 同じように、戦間期の戦略家たちは戦車が戦い方に革命を引き起こすだろうと信じていたが、「グッドウッド作戦」ではドイツ軍は対戦車兵器と近代戦の戦術により、効果的にイギリス戦車部隊に抵抗することができた。近年では、アメリカの「ネットワーク中心の戦い」は、多くの軍事思想家たちが予測したような「戦略的にゲームを変えるような技術革新」とはならなかった。[58]

AIを実装したスウォーム型ドローンは、スウォームを探知・追跡する画像技術やリモートセンサー技術、スウォーム・ネットワークの高出力エネルギー・レーザーを妨害するデジタル妨害装置など、防御側が利用する技術の進歩によって無力化される可能性がある。また攻撃的サイバー能力は、スウォーム攻撃を阻止するため「出撃段階の阻止」(left-of-launch)作戦(第7章参照)の中で利用することができる。[59] つまり、テクノロジーが「戦略的安定性」と戦争遂行を促す唯一の推進力であると見なす技術決定論的な見方は、戦争という人間の複雑な営為を過度に単純化している。[60]

序章で論じたように、ＡＩがゆくゆくは革新的な戦略的効果をもち得るにせよ、そこへ向かって直線的な発展を遂げるわけではなく、試行錯誤を繰り返しながら段階的に、単調な進化を辿る可能性のほうがはるかに高い。[61] 冷戦期にバーナード・ブロディは「戦争のツールや関連する技術の中には途轍もなく重要な変化があるように見えるものでも、戦略と政治に対する重大なインパクトを欠いているように見えるものもある……たとえそれが科学者やエンジニアにとってはきわめて重大であるように見えたとしても」[62] と注意を促している。

こうした見方に立てば、①戦争のスピードの増大、②意思決定の時間枠の短縮化、③広範な新興技術が組み合わされて起きている多様な軍事能力の混在〔丸数字は訳者〕は、ＡＩが導入されていようとなかろうと生起する現象である。[63] つまり、ＡＩとＡＩで強化された先端兵器システムの登場は――現在の新興技術のトレンドを引き起こした原因でも起源でもなく――技術的発展の自然な流れの延長上にあると見なすこともできる。[64] こうした趨勢を踏まえると、従来の「戦略的安定性」の定義を、ＡＩのようなデュアルユースで領域横断的に利用される先進技術に適用することは困難であることがわかる。要するに、軍用ＡＩが「戦略的安定性」にリスクをもたらす度合いは、ＡＩが核兵器および戦略的非核兵器の運搬能力や防御能力といった広範な分野において、新しい能力を実現する開発のペースと範囲に負っているのである。これらの動向については、第Ⅲ部で取りあげる。

ＡＩがもたらす潜在的な戦略的効果は、ＡＩに固有のものでも、ＡＩに限定されたものでもない。しかし、これから本書で検討するように、次の五つのトレンドが相互に重なり合って、その効果は不安定性と安定性のうち、前者のほうを引き起こす可能性が高い。

（1）急速な技術的進歩と軍用ＡＩの普及[65]
（2）本質的に不安定なＡＩ技術の特性
（3）多様な分野におけるＡＩと核兵器の関連
（4）戦略的非核能力との関連と相互作用
（5）競争的な核の多極的世界秩序という環境。この環境のもとで、各国は未検証で信頼性のない不安全なＡＩ実装型兵器を戦闘状況に過早に配備する誘惑に駆られるかもしれない。

結　論

本章では核兵器と「戦略的安定性」の観点から、ＡＩと現代のテクノロジーの変化について考察した。第1節で明らかにしたことは、「戦略的安定性」とは多くの要因の複雑な相互作用の産物であり、テクノロジーは安定要因にも不安定要因にもなり得る変数と見なされるということである。それは軍事分野において人間の挙動や意思決定を強化、自動化、向上させることに長い間利用され、これまでは「人的要因」のほうがテクノロジーよりも「戦略的安定性」に与える影響力は大きかった。

冷戦時代に表面化した不安定状態は、ＡＩと「戦略的安定性」の関係性を探るうえで、次のような重要な意味合いをもつ。第一に、テクノロジーがライバル国間に非対称的な軍事的優位を生み出す状況では、兵器の拡散がもたらす不安定化の影響は一段と大きくなる。第二に、通常戦タイプの紛争が核の閾値を超えるリスクが存在する（あるいは存在すると認識されている）状況では、「危機の不安定性」が軍事的エスカレーションを招く可能性が高まる。第三に、「戦略的安定性」の定義には、相手国の核能力の破壊に使用できる最先端の戦略的非核兵器を含まなければ意味をなさない。第四に、技術的な最先端能力の獲得を企図した核の近代化プログラムは軍備競争の引き金となり、「危機の安定性」を悪化させる。

第２節では、ＡＩの概念を明確化するため、新興技術と核の安定性に関する既存の分析枠組みを見直した。そこから明らかになったことは、新興技術と「軍事における革命」の歴史が示すように、現在（または過去）の技術的趨勢を扱う場合には十分な注意が必要であるということである。テクノロジーは未来学者が予期するように進化するものではなく、国防上の技術革新の多くは、否定論者のディストピア的予言を覆すような正反対の効果をもたらしてきた。そのため、ＡＩが最終的には変革をもたらすような戦略的インパクトを有しているとしても、当面の間は、誇大な宣伝とは裏腹に地味な発展の軌跡を辿ることになるだろう。

軍用ＡＩは新興技術が生み出す趨勢（すなわち核兵器と通常兵器の混在、意思決定時間の短縮化、戦争のスピードの加速化）の当然の帰結として登場したものと見なすことができるが、その新興技術の出現により、国家は不安定化を引き起こすような核態勢を選択する可能性がある。ＡＩの潜在的な戦略的効果はＡＩ技術に特有のものではないが、いくつかの趨勢が重なると根本的に不安定化の軌跡を辿ることになる。

軍事分野において、ＡＩがそのような不安定要因と見なされる理由は何であろうか？　仮に軍用ＡＩが潜在的に不安定化をもたらすものであれば、なぜ大国はかくも必死にＡＩテクノロジーを追い求めているのだろうか？　こうした疑問に答えるため、次章では軍用ＡＩの中心的な特徴を明らかにしたい。

第Ⅱ部　軍用AI超大国

第3章　パックス・アメリカーナへの新たな挑戦

なぜアメリカは中国によるデュアルユースＡＩの進歩を、先行者の優位性に対する脅威と見なしているのだろうか？　アメリカはそうした脅威認識にどのように対応するのだろうか？　本章では、ＡＩと広範なＡＩ実装技術（たとえばマシンラーニング〔ＭＬ〕、５Ｇネットワーク、自律型ロボット、量子コンピューティング、ビッグデータ解析）の分野で繰り広げられている米中間の戦略的競争について考察する。(1)

そこに描かれるのは「デュアルユースのハイテク分野において、大国間競争はどれほど激しさを増しているのか？」、「アメリカはなぜ、そうした技術革新を戦略的に死活的な問題と見なしているのか？」、「テクノロジー覇権に対する中国の挑戦に対し、アメリカはどのように（何を目的に）対応しているのか？」といった問題である。

本章では、AI関連の戦略的テクノロジー（たとえばマイクロチップ、半導体、ビッグデータ解析、5Gデータ伝送ネットワーク）における大国間の力学の変化を見る視点として、国際関係論（IR）の「極構造」（polarity）概念を採用する。[2]

また本章では、デュアルユースAIや広範なAI実装技術の分野で展開されている戦略的競争は、軍事大国（特にアメリカと中国）と、軍事力で米中に劣るものの技術先進国と見なされている中小国を隔てている技術的ギャップを縮める可能性があるという問題を取りあげる。[3]「中国によるAI技術の追求は、デュアルユース（および軍用規格）のAI分野でアメリカが有してきた先行者利益を脅かすようになる」というアメリカ国内での認識を強めている文献が近年に相次いで刊行されているが、本章はそうした先行研究に基づいている。[4]

こうした脅威認識のもとで、ワシントンは中国の漸進的な進展を軍事的視点から見ており、中国のいかなる進展もアメリカにとって国家安全保障上の脅威であると受けとめているように見える。つまり、中国における特定分野の技術的進展は、他の分野よりも戦略問題と密接に結びついていると受けとめている。中国のAI実装型の予測アルゴリズムが現代の戦い方をめぐる多様な変数や複雑な相互作用を正確に把握し、これにより中国は、たとえばすべての作戦領域を対象としたマルチドメイン型の指揮統制能力をもてるようになるかもしれない。こうした問題も、アメリカにとっては重大な戦略的脅威と見なされている（第8章参照）。

米中間の戦略的均衡と安定、特に先進的軍事技術の分野で先行者利益（過去の技術革新で獲得した軍事的優位の固定化）を維持したいアメリカにとって、両国の国防イノベーションはいかなる意味をもつのだろうか？ 激しさを増す米中の競争関係は世界政治に影響を及ぼし、多極ではなく、新たな二極の世界秩序を作り出すことになるのだろうか？[5] 本章はこうした問題意識から何らかの重要な知見を探ろうと試み、パワー力学の変化、AI関連技術の開発をめぐる戦略的競争、そして大国間の戦略的関係に見られる趨勢の意味合いについて理解することを狙いとしている。

本章は四つの節から構成されている。第1節では、アメリカ衰退論と多極化秩序への移行が今にも始まろうとしているとする言説が影響力を増している状況に対し、アメリカの意思決定者やアナリストたちがどのような反応を示しているかについて概観する。この大戦略論的な問題を概観するにあたり、中国に対するアメリカの相対的衰退と、アメリカが世界的覇権国の地位を奪われた場合の含意（インプリケーション）とを関連付けながら論じたい。第2節では、AI関連技術に基づく能力の急速な発展と拡散をめぐる議論について取りあげ、そうしたAI技術の能力を活用することが、ワシントンにとって単極支配を維持するための中心的要素であると見なしている人々の見解を探る。

第3節では、ワシントンと北京の間で分断された二極秩序の到来という時代認識について考察する。再び国防イノベーションという視点から、アメリカはAI関連技術の開発過程で明らかになった中国の壮大な事業に対する警戒を怠り、その結果、未来の戦場にAIを投入する際の先行者利益を喪失する危険性があるという通説の信憑性について検証する。最後の第4節では、予測された多極化秩序へのシフトの流れの中で生起する特殊な「軍備競争」の性質について考察する。[6]とりわけ、多極化秩序への変化を引き起こしている商業分野の牽引力とデュアルユース技術は——二極秩序とは対照的に——想像以上に分散的で多極的な現実を物語っている。

本章では、中国によるＡＩへの取り組みと中国の発展に対するアメリカの認識——国家安全保障と軍事の視点を通して観察する——を適正に評価するため、経済および国防分野のシンクタンクや研究グループの報告書とともに、中国語で書かれたオープンソースの報告書を利用している。[7]

第1節　アメリカの技術覇権に対する新たな挑戦

ポスト冷戦の時代にあって、アメリカの政策決定者やアナリストたちの最大の関心事は、アメリカが優位を占める単極世界の性質と影響についてであった。単極をめぐる議論は、二つの相互に関連し合った問題を中心に展開されてきた。一つ目は、単極世界はどれほどの期間にわたって存続するのか？　二つ目は、アメリカにとって覇権の追求という選択肢は、実現可能で追求する価値のある戦略目標といえるのか？というものである　アメリカが単極アクターによるリベラル覇権国としての役割を維持することは、ジョージ・ブッシュ（George H. W. Bush）からバラク・オバマ（Barak Obama）にいたる冷戦後の歴代政権における大戦略の目標であった。[8] アメリカ衰退論と多極化秩序の出現にアメリカはいかに対応すべきか（対応できるか）という問題に関する見解を踏まえた分析では、ＡＩ技術の観点からアメリカは中国に対し、自国をどのように位置づけているか——中国との二極世界に備えるか、それとも多極化世界をやむなく受け入れるかという選択肢——を探る視点として国際関係論の「極構造」の概念を用いる。[9]

序章で触れたように、世界の政治指導者たちは早くからＡＩの革新的な潜在力を国家安全保障上の重要な要素として認識してきた。[10] このような認識は、主に現状変更勢力として台頭し、不満をもつ大国（特に中国とロシア）から突き付けられた挑戦によって強まっている。[11] ２０１６年にアメリカ国防総省（ＤｏＤ）は、アメリカの軍事的優位を活性化させるＡＩの潜在能力に注目した『国家人工知能研究開発戦略計画』——ＡＩマシンラーニングに関する一連の研究の一つ——を公表した。[12] 台湾海峡、南シナ海、ウクライナにおける紛争勃発の可能性を見据え、元国防長官アシュトン・カーター（Ashton Carter）は、中国とロシアはアメリカの「最も差し迫った競争相手」であるという見方を示した。さらに、中国とロシアは「（ＡＩを含む）特定領域で我々（アメリカ）の優位を脅かそうとする軍事システムを推進」し続けており、「彼らが望んでいるのは、我々（アメリカ）が対処する前に、速やかに目的を達成できる戦争様式である」と語った。[13]

民間部門の技術革新という比較優位を有効に活用し、また軍と産業界の煩雑な調達プロセスを避けるため、国防総省は「国防イノベーション実験ユニット」を設置し、ペンタゴンとシリコンバレーとの緊密な連携を促した。[14] 同様に、国防総省による初のAI戦略である『人工知能戦略』要約版には「中国とロシアは、軍事目的のためAI分野に相当な額の投資を行なっている」とし、続けて「我々（アメリカ）の技術上および作戦上の優位を脅かしている」[15]と記述されている。そうした脅威に対応するため、アメリカは「軍用AIを導入し、戦略的地位を維持し、将来の戦場で優勢を保ち、アメリカ主導の秩序を守らねばならない」[16]と強調されている。

台頭する大国が追求する国防イノベーションは、もし新たな秩序が現在の支配的国家の国家安全保障上の利害と相容れない場合、新興大国の振る舞いは現行秩序——ルール、規範、統治制度[17]——を弱体化する試みであると見なされ、現在の支配的国家にとって安全保障上の重大な懸念となる可能性がある。中国とロシアは、アメリカの軍事的脆弱性に乗じるとともに、自国の脆弱性を減らす広範な戦略的取り組みの一環として、多様な軍用AI技術を開発してきた。[18]

「科学技術超大国」を目指してきた北京は、「アルファ碁」の勝利（中国にとっての「スプートニク・モメント」）に触発され、[19] 国家レベルで「民軍融合（civil-military fusion）」を推進するための技術革新アジェンダ——あるいは中国版のアメリカ国防高等研究計画局（DARPA）——への取り組みを開始した。この中国によるAIアジェンダについては後述する。[20] 同様にロシアの民間部門は、先端技術分野において国家主導の人材開発や初期投資の支援を受け、利益をあげてきた。それは新興起業文化（スタートアップ）が盛んとはいえないロシアで、欧米技術への継続的な依存状態を国産技術で代替しようとする広範な取り組みの一環でもある。このような国家レベルの目標や取り組みが示しているのは、国家安全保障や軍事大国間の「戦略的安定性」を確保するため、軍事技術分野に変革を引き起こすＡＩの潜在的可能性を軍事大国は認識しているということである（第４章参照）。

こうした新たな安全保障上の脅威に対して、アメリカの技術的リーダーシップを維持し、多極化秩序の中で新たに台頭する軍事大国に対抗するために、アメリカのアナリストや政策立案者は、アメリカ本来の優位性を利用したさまざまな対応策を打ち出している。[21]

第一に、国防総省はＡＩイノベーションを見据えた現在と将来の安全保障シナリオを研究するため、ＡＩでシミュレートされた兵棋（へいぎ）演習やレッドチームによる創造的思考訓練に資金を拠出し、それらを開催すべきである。

第二に、世界水準のシンクタンク・コミュニティ、学者、ＡＩ専門家、コンピュータ科学者、戦略思想家を動員し、ＡＩが安全保障シナリオにどのような影響を与えるかを評価する。そして、ＡＩに関する長期的な戦略アジェンダを策定する。

第三に、アメリカは低コストの能力増幅器となり得るＡＩテクノロジー（自律型ロボット技術など）を活用するとともに、潜在的な脆弱性とリスクを緩和するため、国防総省によるＡＩ中心の研究開発（R&D）を優先すべきである。

第四に、アメリカの国防コミュニティは「対AI能力」――攻撃と防御いずれも――の初期開発に積極的に投資し、この分野で支配的地位を確立すべきである。

第五に、アメリカ国防コミュニティ（たとえばDARPA、アメリカ情報高等研究開発活動、国防イノベーション委員会、海軍研究事務所、全米科学財団）は、AI関連の人材や情報の争奪戦に勝ち抜き、大学プログラムを積極的に支援して、アメリカが人材確保（タレント・プール）の面で相対的な優位性――特に中国に対して――を確保するため、AI関連の研究分野にさらなる経費を要求すべきである。

第六に、ペンタゴンはAIシステム用――特に軍用AIのアプリケーションやツール――の信頼性の高いフェイル・セーフ装置〔障害が発生したときに、自動的に安全状態に移行するよう設計された仕組み〕と安全技術に、必要な研究開発費を充てるべきである。

第2節　ワシントンの新たなスプートニク・モメントとなるか？

軍用AIアプリケーションが規模・洗練性・殺傷性の面で進化するにしたがい（第1章参照）、アメリカの国防コミュニティの多くは、こうした趨勢が国際競争や国家安全保障に与える影響について懸念を抱くようになっている。[22] アメリカ上院議員のテッド・クルーズ（Ted Cruz）は「ＡＩの幕開け」と題された公聴会の冒頭で、「ＡＩ開発の主導権を中国やロシア、他の外国政府に譲ることになれば、アメリカは技術上不利な立場に追い込まれ、国家安全保障に深刻な影響をもたらすだろう[23]」と語った。同様に、国家情報長官のダニエル・コーツ（Daniel Coats）は「我々の敵対国がＡＩを利用することによってもたらされる影響は、潜在的に深刻かつ広範囲に及ぶ[24]」と語っている。

中国とロシアがデュアルユースのＡＩ関連技術（後述するように、特に自律型ロボット、量子通信、５Ｇネットワーク）に国家安全保障上の価値を見いだしている現在の状況を踏まえ、国防アナリストの中には、ＡＩをはじめとする新たな安全保障関連技術（特にＡＩ）の誰にも止められない発展のペースと規模を、現在の「スプートニク・モメント」であると特徴づける者もいる。これは新しい軍事革命の前触れとなる（あるいは軍事革命と認識される）かもしれず、その結果、世界的規模のＡＩ軍備競争を引き起こし、戦争の性格（そして本質までも）変えてしまうかもしれない[25]。

第１章と第２章で触れたように、新たな安全保障関連技術は、現代戦（通常戦と核戦争）のスピードの増大と兵器システムの進歩――サイバー能力、指向性エネルギー兵器、量子通信、対衛星兵器、極超音速ミサイル――によってもたらされる意思決定時間の短縮化へと向かう時代的趨勢の中の一つの側面にすぎない。ライバル国どうしが自国の脆弱性を減らすために軍事能力を近代化するにしたがい、そうした趨勢が一体となり、軍事大国間に不安定な軍備競争をもたらす可能性がある。

ＡＩ関連のサブセット技術（５Ｇネットワーク、モノのインターネット《ＩｏＴ》、自律型ロボット、３Ｄプリンティング、量子コンピューティング）の分野で激しさを増している軍事技術をめぐる競争（研究、採用、配備）は、必ずしも「軍備競争」が起きていることを意味しない。むしろ、このように大国間の戦略的競争（特に米中間）に枠をはめることにより、作戦コンセプトやドクトリンを導入する危険をおかし、軍備競争の悪循環に陥る可能性を高めてしまうことが懸念される。[26] 国防総省の統合人工知能センター（ＪＡＩＣ）元所長のジャック・シャナハン中将によると、「それは戦略的競争であり、軍備競争ではない。中国は我々が成し遂げることを自分たちも行おうとするだろう。我々（アメリカ）はそのことを承知している」[27]と語り、「私が見たくない光景は、我々（アメリカ）の潜在的敵対国（中国）が完全なＡＩ軍隊を保持し、我々がそれを保持していない未来だ」[28]と付言した。

アメリカの国防コミュニティ内での懸念の高まりを受け、ペンタゴンは将来のデジタル化戦場においてアメリカの優勢を保つため、いくつかのＡＩ関連プログラムと新規事業を立ち上げた（たとえば第三のオフセット戦略、「メイヴン・プロジェクト」、ＤＡＲＰＡ主催の「ＡＩ次世代キャンペーン」、ＪＡＩＣの設立、クラウド型統合共通基盤《ＪＦＣ》プラットフォーム、ペンタゴンの「ＡＩ戦略」[29]）。

こうした新しい構想は、アメリカと同等に近い能力を有する国（中国とロシア）がＡＩ関連の能力の獲得に取り組んでいる状況（特に自律型ロボットシステム、ＡＩ実装型サイバー攻撃、未来予測用の意思決定ツール、ＩＳＲ能力の向上であり、本書第Ⅲ部で取りあげる）が引き起こしているアメリカの国家安全保障に対する脅威認識の重大さを物語っている。それらの技術はいずれも、アメリカに対する非対称的な軍事力を高めようとするものである。

たとえばＡＩ分野への中国の戦略的関心に対抗するため、「国防イノベーション実験ユニット」は、中国がシリコンバレー企業に投資している実態を厳密に調査するとともに、一部制限を賦課する提案を行なった[30]。こうした対応は、中国の民軍融合戦略が生み出す相乗効果（アメリカと中国の商業主体間で共有される技術、専門知識、知的財産が人民解放軍（ＰＬＡ）に流れ込む仕組み）に対するより深刻な懸念の典型的な表れである[31]。

さらに一部の重要なＡＩ関連技術において、アメリカに追いつき（追い抜こうとする）中国の必死の努力に対し、アメリカは国家安全保障上の懸念を抱いている。ワシントンは広範囲に及ぶ厳格な措置を講じ、国家安全保障上の脅威認識の克服に努めている[32]。こうした反応は、米中関係の悪化を背景に、米中の協調的な二国間関係の分断をより一層加速させ、戦略的競争、相互不信、安全保障のジレンマとして知られる負の連鎖を引き起こす。安全保障のジレンマは、サイバー、ミサイル防衛、極超音速兵器、対宇宙能力といった軍事技術分野で表面化するだろう[33]（第6章、第7章参照）。

このように、中国による技術覇権への飽くなき追求がもたらす脅威認識に対し、ワシントンが抱く警戒心と政策的対応から、次の二つのことが浮かび上がってくる。[34] 第一に、ＡＩ分野で起きている大国間競争の性質は、短期的には（多極ではなく）米中二極構造にシフトする可能性が高いということ。第二に、ＡＩ分野で中国がアメリカを追い抜いた場合でも（専門家の多くがその可能性は高いと考えている）、質の面で中国は依然として（少なくとも現在は）アメリカにリードを許し、それがＡＩ関連の技術開発においてワシントンのリードを支えるというものである。[35]

アメリカはインテリジェンス部門と研究開発部門において世界最大の予算を計上しており、世界トップレベルのテクノロジー企業、学術研究とイノベーション（本章でのちほど議論する）、最先端の（攻撃と防御双方の）サイバー能力を有している。こうした有利な条件だけで、ＡＩ分野で中国がアメリカに追いつき、（模倣、諜報、現地のイノベーションを通じて）リープフロッグ（新興国で特定の技術やインフラが先進国よりも速いスピードで整備され、浸透すること）し、またそうした利得（アメリカよりも少ない労力とコストで）を潜在的にゲームの仕方を変えるような国家安全保障能力に転換することができた場合においても、ワシントンは軍事的バランス・オブ・パワーの変化を未然に阻止することができるだろうか、という問題については議論の余地がある。

中国は依然として差はあるものの、ＡＩ関連技術においてワシントンに最も近い対等な競争相手である。北京の『２０１７年新世代の開発計画』ではＡＩを「戦略的テクノロジー」の中核と見なし、「国際競争」の新たな重点と位置づけている。中国の公式目標は（特にアメリカに対して）「戦略的な主導権を握る」こと、そして2030年までに「世界をリードする水準」のAI投資を達成することと——政府投資として1500億米ドル以上を目標——である。[36] 北京は、中国国内におけるデータの収集・処理・配布を容易にするため、参入障壁を低く設定し、システムを訓練する膨大なデータベースの構築に取り組んでいる。

また最近の産業報告書によると、中国は2020年まで世界のデータ量の20パーセントを保有し、2030年までにその比率は30パーセントを超える可能性がある。[37] さらに、こうした取り組みはML、量子技術、[38] 5Gネットワーク、電磁気学など、さまざまな革新的技術の相乗効果や普及によって強化されている。そのため、アメリカと中国のAI能力を比較する場合、膨大なデータセットの利用可能性に加え、ハードウェア、高品質なMLアルゴリズム、官民連携、広範な技術的・科学的イニシアティブや政策など、質量両面で幅広い尺度を取り入れて分析する必要がある。[39]

アメリカのAI市場（初期段階のイノベーション）に対する中国による国家主導の投資はますます活発化しており、いくつかの部門では中国の投資がアメリカ国防総省と直接競い合っている。[40] たとえば2017年、中国国営企業の「海銀資本」社はNeurala社が開発したAIソフトウェアを調達しようとしていたアメリカ空軍を出し抜いたことがある。[41] このような事件は、戦略的に重要なAI関連のデュアルユース分野（たとえば、半導体、ロボット工学、自律型ビークル、5Gネットワーク、サイバー、IoT、ビッグデータ解析、量子通信）でアメリカに追いつこうとする（そして、追い抜こうとする）中国の経済諜報活動に対するアメリカの根深い不信感を強めている。[42]とはいえ、中国にとっても経済諜報のみでは限界がある。中国の国家的なイノベーション基盤、専門知識、能力の開発は、たとえその土台が経済諜報や模倣の上に築かれたものであるとはいえ、広範な分野に及ぶ傾向を見せており、その重要性については国防総省も十分認識しているようである。[43]

将来の戦いを根本的に変える可能性のある重要技術の中に、次世代データ伝送ネットワークがある。未来の軍事技術分野における実現装置（イネイブラー）としての5Gネットワークの戦略的重要性は、中国のファーウェイ（華為技術）社とワシントンとの間で繰り広げられてきた今も続く緊張状態の中で、はからずも証明された。[44]専門家によれば、5Gはレイテンシー（ネットワークの反応時間）を短縮し、軍事と商業の双方の分野でモバイル・デジタル通信および情報共有能力を強化するための基礎技術と見なされている。中国電子科技大学のＡＩ・電気通信分野の研究者によれば、「5ＧネットワークとＩｏＴは、戦場における状況認識を桁違いに拡大・深化させ、膨大なデータを生成してＡＩがデータ解析や命令の発出さえも行なえるようにする」[45]という。

相互に関連した多くの政策領域（たとえば通商問題やアジア太平洋地域における地政学的影響など）において米中関係の緊張は高まっている。センサー、ロボット、自律型兵器システムを相互につなぐ重要な実現装置へのアクセスや制御をめぐる技術的レースと、デジタル戦場におけるＡＩ ＭＬ技術を通じたリアルタイムの膨大なデータ交換は、一段と激しさを増しており、その戦略的重要性はますます高まるだろう。[46]

2017年、中国の習近平国家主席は、ほぼ対等な能力を有する敵対国であるアメリカとの将来の戦争に備えるため、軍が掲げる知能化アジェンダへの取り組みの加速化を呼びかけた。[47] 中国のシンクタンクや学界による言説は、国内の議論や意見を十分に発信しているとはいえないが、オープンソース情報から窺えることは、「デジタル革命」に関する中国の政治課題、中国の主権と国家安全保障、そして大国として「中華民族の偉大なる復興」をめぐる現在の公的議論との間には明らかに関連性があるということである。[48] つまり「国家安全保障は経済的実績を包含したものである」と中国（アメリカでも）では解釈されている。[49]

習主席の一帯一路構想（BRI）や仮想次元の「デジタル・シルクロード」は、そうしたアジェンダの実現に向けたメカニズム・調整・支援の動きを軌道に乗せるためのハイレベルな取り組みである。[50] 最近、習主席は、「ビッグデータ」、クラウドストレージ、サイバースペース、量子通信が「民軍融合の最も活動的で最も有望な分野」[51] であると語った。BRIへの投資は技術的成熟度、人的資本、軍事力のレベルが比較的低い新興国市場が主な対象であるが、BRIの枠組みは中国が抱えるさまざまな課題を支える土台となっており、これを通じて中国は地政学的な勢力圏の拡張（または新たな勢力圏の確立）や将来の勢力分布（特にアメリカに対して）における地位向上を目指している。[52]

かかる目標に向けて北京は、商業部門の研究センターから軍部へのAIテクノロジーの移転を促進するため、2017年に「軍民融合発展委員会」を設立した。[53] AI分野において中国が達成した最近の成果は、この目標を実現するうえで中国が十分な潜在力を有している証しでもある。たとえば2015年、バイドゥ（百度）社が人間の言語認識レベルを超えるAIソフトウェアを設計したと報告されているが、それはマイクロソフト社が同じ偉業を達成する1年前のことだった。[54]

中国は陸・海・空の国防部門で運用する自律型ビークルの研究に精力的に取り組んでいる。[55] 2017年、コンピュータでシミュレートしたスウォーミングがミサイル発射台を破壊したという報道に続き、PLAとつながりのある中国の大学が、AIを搭載した1000機の無人機スウォーミングを航空ショーで実演した。[56] また中国が、既存のサイバー（攻撃および防御）能力を増強するAI内蔵アプリケーションの開発に取り組んでいることをオープンソース情報から知ることができる。[57]

量子テクノロジーについては、AIと量子コンピューティングの収斂により、北京が期待する相乗効果を生み出す可能性があり、北京はいわゆる「量子AI革命」[58]の先頭に立つことさえ可能である。さらに中国のアナリストや戦略家たちは、量子テクノロジーが将来の戦い方を根本的に変え、核兵器に匹敵する戦略的意義を有するようになると予測している。[59] 2015年、中国の研究者たちが、いくつかの技術的障害（量子レーダー、センシング、イメージング、計測法、ナビゲーション）を克服できる量子MLアルゴリズムの開発でブレークスルーを達成したと報じられた。これは宇宙ベースのシステム——現在、中国がアメリカに後れをとっている分野——からの自立性を高め、ISR能力を強化し、将来の紛争シナリオにおいて、アメリカの宇宙ベースのＧＰＳとステルス技術の新たな脆弱性――特に海中領域において――を作り出す可能性がある。[60]

これらの事実は、中国によるＡＩ技術の追求と、広範な地政学的目標との間に強い関連性があることを示している。この関連性から、過去の波に乗り遅れてきた中国が新しい技術革命の主導権――ひいては支配権――を握る機会が到来すると中国国内で予測されているという説が、アメリカ国防関係者の間で有力である。要するに、明らかな経済問題（つまりデータで動く経済）であるにもかかわらず、アメリカの技術覇権に対する脅威は、一般的に軍事的・地政学的な見方を通して解釈されているのである。[61]

中国とは対照的に、トランプ前政権とシリコンバレーとの緊張関係の悪化は、アメリカ軍にとってＡＩ技術開発の重要なパートナーシップ〔政権とシリコンバレーの提携関係〕にさらなる問題を突き付けている。[62] たとえば大きな話題を呼んだが、グーグル社は社員からの反発を受け、２０１８年に「メイヴン・プロジェクト」に関するペンタゴンへの協力を打ち切ると発表した。[63] 一部の国防アナリストやアメリカ政府の報告書には、アメリカ軍をより一段とネットワーク化・統合化すべきだというレトリックと実際の研究の進展（特にＡＩとロボット工学）とのギャップの拡大や、利用できる資源の少なさが指摘されている。[64]

具体的には、長期的な研究開発を維持するために必要な資金の不足、制度的な縦割り構造の弊害、

ＡＩ関連分野の優秀な科学者を惹きつけることも雇用することもできない人材の確保不足など、アメリカの国防イノベーションのエコシステムに絡むさまざまな欠点をアナリストたちは危惧している。[65]２０１８年『ＡＩ戦略』において、国防総省は「学界、民間産業、国際コミュニティのリーダーたちとの協議」および「ＡＩシステムの研究開発への投資」を約束している。[66]しかし、そうした原則の実現に必要な資金調達の詳細はほとんど手つかずのままだ。さらに商業部門におけるＡＩ分野の技術革新の急速なペースと、アメリカ国防総省の既存の調達プロセスや実務に要する時間的尺度との明らかな不均衡（不協和音）が、米中間の競争圧力を悪化させる可能性がある。[67]

中国によるＡＩ技術（特にデュアルユース）の追求は、中国がこれらの戦略的な能力を利用し、現状変更的な政策目標を実現する意図を有している――正確かどうかは別として――というワシントンの不信感を大いに刺激している。[68]したがって、デジタル・シルクロード構想が実現すれば、ＢＲＩは中国の5G、ＡＩ、精密航法システムがＢＲＩの影響力圏内にあるすべての国のデジタル通信とインテリジェンスを支配することを可能にし、それが新しい国際秩序[69]あるいは中国主導の限定的な世界秩序――中国版の大東亜共栄圏もしくはハルフォード・マッキンダー（Halford Mackinder）やアルフレッド・セイヤー・マハン（Alfred Thayer Mahan）の地政学理論――でリーダーシップを確保するという、北京の遠大な戦略目的の一翼を担うことになるかもしれない。[70]

こうした中国固有の「規模」の利点に加え、中国の国防イノベーションは、ＡＩの獲得に向けたアプローチの面からも利益を受けている。それは中央集権的な運営システムにあり、商業、学術および国家安全保障分野のそれぞれの意思決定の間にはほとんど障壁が存在しない。多くのアナリストたちは、こうした中国によるＡＩ開発の中央集権的アプローチがアメリカに対する独自の優位性をもたらしていると考えているが、他方で、北京の戦略が完璧であるとはいえないと指摘する者もいる。たとえば一部のアナリストは、北京の資金管理は本質的に非効率であると見なしている。というのも、中国の国家機構は本質的に腐敗しており、北京が好む特定のプロジェクトへの過剰投資を助長する傾向があり、マーケットの需要を上回る可能性があることを指摘している。[71]

そのうえ中国では現在、アルゴリズムを開発できる経験豊富なエンジニアや世界トップクラスの研究者が不足している。たとえば中国には地元出身の専門家を輩出し、研究成果を生み出せる大学が30校ばかりしかない。このため業界の専門家たちは、北京が中央統制のもとでＡＩを果敢に追求するあまり、十分なアプリケーションを生産できず、ＡＩを利用した軍事アプリケーションの安全性を損なうことにもなりかねないため、これらのイノベーションに関連する潜在的なシステム上のリスクを増大させる恐れがあると危惧している。[72]

それに対し、アメリカ軍によるＡＩの技術革新のペースはゆるやかであり、長期的には高い性能のツールを生み出すかもしれず――短期的には中国の量的リードに後れをとったとしても――競争を急ぐあまり安全性を犠牲にするようなことはしない。しかし、中国のデュアルユースの進歩がアメリカの先行者利益に対する差し迫った脅威であると認識されれば、アメリカが国内でも強靭で検証可能かつ安全な軍用ＡＩ技術の開発を加速させる強い圧力が働くかもしれない。

第３節　ＡＩ軍備競争の力学

ＡＩ開発における世界最強の指導的国家である米中間の競争的緊張は、冷戦期の米ソ間の宇宙競争を彷彿させる。[73] グローバルなＡＩ軍備競争に対し、ＡＩ分野のアメリカの優位と先行者利益を維持するため、ジョン・アレン（John Allen）将軍とスパーク・コグニション社のアミール・フサイン（Amir Husain）ＣＥＯは、ＡＩ開発のリードを中国（そして優先度は低いがロシア）に奪われないためにも、アメリカはより一層速く前進しなければならないと主張している。[74]

こうした言説は、ＡＩ関連技術の開発において競争がますます激しさを増している性質（ネイチャ）を反映しているが、この特定分野の軍備競争の性格（キャラクタ）は、冷戦期の二極的な宇宙競争と比較すると、より多極化した現実を示唆しているように思える。こうした多極化の趨勢は技術先進型の中小国（たとえば韓国、シンガポール、イスラエル、フランス、オーストラリア）を最先端のデュアルユースＡＩ関連技術のパイオニアへと押し上げ、これらの国々は将来の世界秩序において安全保障、経済、イノベーションの世界的規範や基準を形成するインフルエンサーとなるだろう[75]。

このような趨勢は必ずしも米中二極間の競争に縛られるわけではないが、ＡＩの世界的な技術標準の設定をめぐっては、中国とアメリカ（そして同盟諸国）の間で現在進行中の戦略的競争の影響を受けることは避けられない。前述した中小国にとって、こうした競争の結果と特にＡＩ技術標準を定めるうえでの自国の地位は――中国やアメリカから独立して――真に最先端のＡＩイノベーターとなり得るかどうかを大きく左右するだろう。

新たな安全保障技術（ハードウェア、ソフトウェアおよび研究開発）の根底にある商業的な原動力は、これらの技術革新が本質的にデュアルユースであることと相俟って、宇宙開発競争のアナロジーの有効性を減少させている[76]。つまり、冷戦期におけるパワーの二極構造（相手の軍事能力への対抗に没頭できる）から生じた特定の問題群と比べた場合、現在のＡＩをめぐる競争は、少なくとも今までのところ、穏やかなほうである[77]。とりわけ模倣が技術革新よりも手っ取り早く技術を取得できる安価な手段である場合、商業の力が軍事的技術革新を引き起こしているところでは、テクノロジーはステルス技術のような軍事に特化したアプリケーションと比較して、速いペースで成熟を遂げ、普及する可能性が高い[78]。しかし、軍事の分野において、特に当事者どうしが敵対状況に置かれているケースでは、模倣を通じて後発者がキャッチアップできる可能性は、国家にとって現実的な選択肢とはならないだろう。

特定のテクノロジーは他のテクノロジーよりも均等に普及するのだろうか？　軍事テクノロジーの普及に関する文献が示しているように、国家がどのように技術革新に反応し、それを吸収するかは、「戦略的安定性」ひいては戦争が起こる可能性に重大な影響を及ぼす[79]。特に軍事アクターがテクノロジーを普及させるペースは、国家が先行者になることで得られる相対的優位性に影響を与え、イノベーションが導入される速度と逆の相関関係になる傾向が強い[80]。

コンピュータ処理能力——AI MLシステムに不可欠な要素である——のコストと利用可能性が低下すれば、技術先進国の軍事大国は、技術の模倣や諜報活動への依存度の高い（あるいは全面的に依存している）アクターとの関係を断ち切る可能性が高い[81]。さらに、AIアルゴリズムのコストや複雑さが増大し、先行者が競争上の優位性を最大化できるようになれば、この傾向はより一層際立ったものになるだろう[82]。

パワフルな商業活動によって牽引されるAI技術の普及は、必然的に多極化へのシフトを促す（さらには加速させる）という見方が強まっている。しかし、そうした変革のペースと性質に関する予測には注意しなければならない。というのも、多様な部門と広範な知識が関わっているデュアルユースAI技術の拡散と普及にともなうリスクは、大国の軍事ライバル間の軍備競争とはまったく異なる様相を呈するからである。つまり、軍事中心の研究開発に基づく軍用AIアプリケーションの開発は、小国（特に技術が進んでいない国）にとって模倣と同化がはるかに困難であり、高いコストを強いられる。[83]

さらに、軍事組織、規範、戦略文化的な関心と伝統は、安全保障関連技術がどのように軍に取り入れられるかに影響を与え、軍事力のバランスを変化させる可能性がある。[84] その結果、テクノロジーと軍事力の相互作用は、人間の認識、制度、戦略文化、判断、政治といったさまざまな要素が複雑に絡み合い異なる様相を呈する。[85] 結局のところ、ＡＩの先行者の利益を獲得・維持することに成功するかどうかは、戦場でＡＩ増強能力がもたらす潜在的な比較優位を得るため、軍がどのようなドクトリンと戦略を開発するかによって決まるだろう。このテーマについては、本書の第Ⅲ部で検討する。

中小国（および非国家機関や第三者機関）への軍用ＡＩの普及のペースは、次の三つの特徴によって制約される。第一に、ハードウェアの制約（たとえば物理的な処理装置）とますます高性能化するソフトウェアとハードウェアの統合、[86] 第二に、ＡＩ ＭＬアプローチに固有のアルゴリズムの複雑さ、第三に、ＡＩコードを効果的に実用化するためのリソースとノウハウである。[87] これらの特徴は、軍隊が特に心理学、認知科学、コミュニケーション、人間とコンピュータの相互作用、コンピュータ支援ワークグループ、社会学などの幅広い分野に膨大な資本と資源を投入し、自律型ビークル、極超音速兵器、ミサイル防衛などの高度な兵器システムとＡＩを融合させるため、試行錯誤を通じて経験を積む必要があることを意味している（第６章参照）。つまり国家は、一般的なデュアルユース・アプリケーションから派生した技術だけで、軍用ＡＩアプリケーションを開発することが非常に困難であることに気づくだろう。[88]

それゆえ、ＡＩとデータセットのエコシステムを導入して商業分野でリードしている中国の優位性は、特殊な目的をもった軍用ＡＩアプリケーションに容易に転換できるものではないといえる。商業用ＡＩにおける中国の強み（たとえば５Ｇネットワーク、ｅコマース、ｅファイナンス、顔認識、さまざまな消費者モバイル決済アプリケーション）は、潜在的なデュアルユース技術を活用した軍用アプリケーションを開発する潜在的能力と、先進的な兵器システムを生み出す可能性を秘めているが、そのためには、特殊専門的な研究開発と専用ハードウェアと組み合わせる必要がある。これらの制約により、一定水準のリソース、ノウハウ、データセット、技術インフラがなければ、新規参入者がアメリカや中国と同等のスピード、パワー、力をもつモジュール式ＡＩを開発・配備することは、非常に困難になる可能性がある。[89]

たとえば中国とアメリカは、従来のコンピュータが扱うことのできない膨大な量のデータを収集、処理、配信するために必要なスーパーコンピュータの開発でほぼ互角の競争関係にある。[90] したがって軍主導のイノベーションは、現在の軍事超大国（すなわち中国、アメリカ、やや下位でロシア）の間で、この新生分野における主導権を集中・強化し、二極の戦略的競争を復活させる可能性がある。[91] しかし、今のところ、特定のＡＩアプリケーションが軍事力にどのような影響を及ぼすのか、またこれらのイノベーションが作戦コンセプトやドクトリンにどのような形で取り入れられるのかは不明である。[92]

つまり、ＡＩが軍事バランスをどの程度変化させるかは、①米中の軍事機構の中でＡＩ技術が普及する速度、②多極化する世界と核秩序を背景に行なわれるイノベーション、③政治的意図、④戦略的な計算と判断、⑤不確実かつ複雑な環境の圧縮された時間枠の中で行なわれるヒューリスティックな意思決定（または代償認知的《compensatory cognitive》ショートカット）[93]〔丸数字は訳者〕に大きく依存すると考えられる。世界の政治システムの地殻変動が続くなか、アメリカと中国は分極化する世界の両側にあり、中国の近隣諸国――特にアメリカの同盟国やパートナー国――は、中国の側につくか、それともアメリカ（その信頼性、正当性、意思を強要する力が急速に損なわれている）との協調か決別かを選択する必要に迫られるだろう。

結論

本章では、広範なＡＩ関連技術の中で繰り広げられる米中の戦略的競争の激しさについて検討した。その結果、次のような論点が浮き彫りになった。第一に、ＡＩによる国防イノベーションのペース・軌跡・範囲については意見が分かれているが、アメリカの国防コミュニティの間では、ＡＩ関連技術が将来の勢力分布や軍事バランスに与える潜在的影響は革命的とは言えないまでも、変革的となる可能性が高いというコンセンサスが形成されていることである。このような評価は、現在のアメリカ主導の国際秩序――ルール、規範、統治制度――および軍事技術の覇権に対して、現状変更勢力で不満を抱いている軍事大国（中国とロシア）による挑戦を受けているという流れの中で形作られてきた。

第二に、ＡＩ関連軍事技術の急速な拡散は、ＡＩという革新的技術の開発にワシントンが対応を誤ったのではないかという認識が広まった時期に起こっている。もしアメリカが戦略技術（半導体、５Ｇネットワーク、ＩｏＴなど）を実現するさまざまなデュアルユース技術の分野で、中国のような台頭する軍事大国（特に核保有国）が利益を得ているという認識が広まれば、国際安全保障と「戦略的安定性」に深刻な影響が及ぶ可能性がある（第４章参照）。

このような見通しを抱いたアメリカ国防コミュニティの危機感の高まりを受け、ペンタゴンは将来のデジタル戦場におけるアメリカの優位を守るため、ＡＩ関連のさまざまなプログラムやイニシアティブを策定している。さらにＡＩ関連技術の重要分野でアメリカに追い付き、追い越そうとする中国に対するアメリカの国家安全保障上の懸念から、ワシントンはかかる脅威に対抗するため、広範かつ強硬な措置をとるようになった[94]。

第三に、前述した見解と関連しているが、冷戦時代の宇宙開発競争のアナロジーとしてＡＩ発展の足取りを捉えようとする見方では、世界的規模のＡＩ現象の本質を正確に捉え切れないということである。むしろ米ソの二極的な闘争と比べ、ＡＩ技術革新の軍備競争は多極的な様相を示している。とりわけＡＩ関連技術の進歩を促しているデュアルユース性と商業分野の推進力は、軍事大国（主にアメリカと中国）とその他の技術先進型中小国との間の技術格差を縮める可能性が高い。中小の新興国は、将来の安全保障、経済およびデュアルユース向けＡＩのグローバルな規範を形成するうえで重要な影響力をもつようになるだろう。

しかし、軍用ＡＩアプリケーションの場合、この新たな現象（すなわちハードウェアの制約、ＭＬアルゴリズムの複雑性、軍事に特化したＡＩコードを実用化するリソースとノウハウ）が重なり合い、当面の間、軍の先進兵器システムに取り入れられたＡＩの拡散と普及は制約されたものとなるだろう。そして、これらの制約は、現在のＡＩ軍事大国（すなわち中国とアメリカ）の間で、ＡＩという枢要な技術的実現手段の開発における主導権をいずれか一方に集中させ、それを強化する可能性があり、二極のパワーバランスと二極の戦略的競争の復活の兆しを強固にする可能性がある。[95]

現時点では、アメリカが軍事的状況に直接的な（場合によっては唯一の）影響力を及ぼすＡＩアプリケーションの分野において、先行者としての優位を揺るぎないものにしている。とはいえ、中国が一部のＡＩ関連（およびデュアルユース）分野でアメリカとのパリティ〔均等〕に近づき、場合によってはアメリカを凌駕する可能性があるため、アメリカは国家安全保障の観点から将来にわたって新興技術の着実な進歩——特に予期しない技術的ブレークスルーやサプライズ——をより一層重視するようになるであろう。したがって、このような脅威認識への対応は、より広範な米中の地政学的緊張によって形成され、その影響を受けることになるだろう[96]。

こうした懸念は、この文書は、2018年のアメリカの『核態勢の見直し（Nuclear Posture Review）』にも反映された。この文書は、地政学的緊張と核領域における新興技術が「アメリカが直面する脅威の性質を変え、その脅威に対抗するために必要な能力を変える新規と既存のイノベーション[97]」の中で起こる予想もしない技術的ブレークスルーと一体化する可能性を強調している[98]。

要するに、米中の地政学的緊張を背景とし、中国のデュアルユースのアプリケーションがただちに実戦配備可能な軍用ＡＩに転換され得るかどうかに関係なく、その可能性に対するアメリカの認識によって厳しい対抗手段を正当化することが十分に可能になるということである。

このように競争が激化する地政学的な二国間関係において、抑止力、エスカレーション、「危機の安定性」に影響を与えるものは何であろうか？　ＡＩは大国間の「戦略的安定性」をどのように変化させ、非対称的紛争の可能性を増大させるのだろうか？　次章では、これらの問題を取りあげる。

第4章　ＡＩ核時代と米中の「危機の安定性」

ＡＩにより強化されたテクノロジーは、ライバル関係にある大国間の軍事的エスカレーションのリスクをどのように高めるのだろうか？[1] 本章では、核戦力および通常戦力と結びついたテクノロジーは大国間関係を不安定にするということを論じる。また、核戦力と通常戦力の混在状態（あるいは「もつれあい（entanglement）」）がエスカレーションのリスクを招くという問題をめぐっては、米中双方にそれぞれ異なった見解があり、それが問題をさらに悪化させていることを論じる。[2]

今日の我々が軍用ＡＩの進歩について知っている一般常識から言うと、ＡＩ実装テクノロジーは「偶発的エスカレーション」[3]のリスクを悪化させる。それは核戦力と非核戦力の混在状態が原因となり、当事国間の「戦略的安定性」を動揺させるからである。国務省軍備管理・検証・遵守局（Bureau of Arms Control, Verification, and Compliance）の元次官補代理フランク・ローズ（Frank

Rose）は「戦略的安定性とは単なる核関係にとどまらず、それ以上のことを包含（ほうがん）している」[4]と語っている。第2章で述べたように、核抑止とは、もはや戦略的抑止や「戦略的安定性」と同義ではなくなっているのである[5]。

本章では、中国とアメリカが「もつれあい」、エスカレーション、抑止および「戦略的安定性」についてどのように考えているかを解き明かしながら、そうした力学が引き起こす意図しないエスカレーションや紛争の潜在的リスクを明らかにする。かかるケースにおいてエスカレーションの力学や抑止を考える際には、武力紛争が開始され、一見ささいな小競り合いがどのように拡大し、そうした拡大のプロセスはどのように管理または制御されるかといった紛争の勃発・エスカレーション・終結のメカニズムに注目する必要がある[6]。

このため、本章では次のような問題点を解明する。すなわち、AIや他の先進的な新興テクノロジーは、核と非核兵器の混在という問題をどのように悪化させるのか？　中国は意図せざる偶発的なエスカレーションをどれだけ問題視しているのだろうか？　米中間の危機や紛争シナリオにおいて「もつれあい」から生じるエスカレーションのリスクは、どれほど深刻なものなのだろうか？　AIテクノロジーの登場により悪化したエスカレーションのリスクを、アメリカ、中国、その他の国々はいかに緩和することができるのだろうか？　このように、本章では米中の指導者が決して望んでいるわけではないが、備えておかなければならない対策の見取り図を描いてみたい[7]。

本章は三つの節から構成されている。第1節では、エスカレーションをもたらす促進要因とエスカレーションへと至る潜在的な新しい経路（パスウェイ）を識別する。促進要因には、誤認、「安全保障のジレンマ」の悪循環、より大きなリスクを厭（いと）わない敵の性向、そして「戦争の霧」――核能力と先進的・戦略的な非核能力――あるいは核兵器に損害を与え得る通常戦力などが考えられる。これらの概念を使った枠組みを用いて、「もつれあい」をめぐる米中の異なる見解が、双方によるエスカレーションへの経路にどのような影響を及ぼすのかについて説明する。

第2節では、エスカレーション、「もつれあい」、「戦略的安定性」に対する米中間の戦略的アプローチの隔たりについて説明する。このため、米中双方の戦略的見解とアプローチの裏付けとなる証拠を取りあげながら、両国がこれから辿る可能性のある経路を描き出す。そこで語られるのは、米中間で紛争が起きた場合、ＡＩとその関連技術が紛争にともなう危険の一部または全体をどのように悪化させてしまうのか、という点である。

第3節では、核保有大国がＡＩなどの新興技術を開発している状況において、不本意なエスカレーションが発生するリスクを緩和させる方法を検討する。結論としては、ＡＩは本質的に国家間関係を不安定化させ、他の戦略兵器や競争的な地政学的環境とさまざまな面で影響し合うため、そうしたリスクを管理することがきわめて困難であることを示す。

第1節　先進的な軍事技術とエスカレーション経路

ＡＩと他の先進的な新興技術は、システムの混在問題をどのように悪化させるのだろうか？　軍事技術開発をめぐる四つの趨勢が、核と非核戦力の混在が引き起こすエスカレーションのリスクを増幅させる。[8]

第一に、通常戦タイプの長射程精密誘導ミサイル、指揮・統制・通信・情報（Ｃ３Ｉ）、早期警戒システム、サイバー兵器、自律型兵器システム、軍用ＡＩツールなどの技術的進歩である。第二に、デュアルユースのＣ３Ｉ能力――特に宇宙とサイバースペース――を土台とするグローバル規模の情報インフラに対する軍の依存度が増大していることである。最近のレポートによると、中国（およびロシア）はアメリカがＡＩを活用し、核戦力の残存性を危うくする通常戦タイプの対兵力能力――特にＡＩにより強化された情報システム――を向上させるつもりであると確信している。[9]第三に、逆説的だが、デュアルユースの能力増強システムの向上によって生み出される脆弱性が、サイバー攻撃によって増幅されるという点である（第７章参照）。第四に、通常戦タイプの軍事ドクトリン――米・中・露とも――においては、抑止を強化し、「エスカレーション優位（escalation dominance）」を獲得するため、奇襲、スピード、縦深打撃、先制が重視されている。[10]

これらを総合してみると、前述の趨勢はさらに四つの点から、通常戦を意図しない核の対立へとエスカレートさせる可能性があることに気づく。第一に、デュアルユース技術と核・非核両用のペイロード能力——核弾頭または通常弾頭を搭載——を有する多機能型のターゲットは、敵対者間の誤認や誤算を招く原因となり、不慮のエスカレーションを起こす引き金になりかねない。[11] 抑止理論家たちは、通常戦タイプの対兵力能力は国家の核抑止戦力の信憑性を弱め、先制攻撃の誘因を生み出すと仮定している。[12] また、敵は通常戦力による攻撃を通常戦力による対兵力作戦、あるいは核の先制攻撃の前兆と誤認するかもしれず、このような情勢は双方に意図せざるエスカレーションを引き起こす危険性を増大させる。[13]

第二に、特定の軍事技術（特にデュアルユース技術）の使用目的、潜在的影響、使用される状況をめぐり敵対者の間で見解が異なる場合、「安全保障のジレンマ」と呼ばれるネガティブな作用・反作用の連鎖を引き起こす可能性がある。[14] 人間の認知が大きく影響する抑止の効果は、曖昧さのない確かな情報があってはじめて成り立つ。したがって、敵対者が知り得た情報に限界がある（もっと言えば、その情報は正確ではない）のではないかと懸念を抱いている場合、彼らは最悪のシナリオを想定し、それに沿った行動をとるだろう。[15] このような国際関係に特有の条件から、大国は戦略的ライバル国の（安全保障上の利益のみを動機としない）拡張主義的または攻撃的な意図に対抗するため、抑止力を強化し、強い意思を相手側に伝達する傾向がある。[16]

第三に、特定のタイプの戦略的非核兵器とそれを可能にする技術（たとえば極超音速兵器、サイバー、ミサイル防衛、量子コンピューティング、自律型兵器、ＡＩ拡張システム）が開発され、使用されるようになると、危機に際しての敵対国の態度に影響を与え、それにより事態がエスカレートする傾向が強まる（または弱まる）かもしれない。第3章で論じたように、ＡＩ、サイバー、極超音速飛翔体、自律型兵器などの技術は、先行者の優位性を認識させ（または増幅させ）、不本意なエスカレーションのリスクを高める可能性がある。[17] 今日、軍事大国（ロシア、中国、アメリカ）の間には、相手国の核抑止戦力やそれに付属する指揮統制システムに対する非核手段による攻撃――特にサイバー攻撃――が事態を核戦争へとエスカレートさせる可能性があるという真のリスクが存在している。[18] たとえばサイバースペースにおける偽旗作戦（代理国家または第三者アクターによって担われる）によって、行為者の心の中に報復能力が弱体化していることへの不安と恐怖心――とりわけ先行者の優位性を失う恐れ――を植え付けることができる（第8章参照）。

第四に、危機に際して運用されるＡＩマシンラーニング（ＭＬ）やサイバー能力などの非核の技術は、紛争間の状況認識（シチュエーショナル・アウェアネス）の不確実性――あるいは「戦争の霧」――に影響を及ぼし、エスカレーション・リスクを増大させたり、減少させたりする。[19] 戦争の不確実性によって脆弱性意識が高まりを見せると、国家は脆弱性がもたらすリスクを回避しようとする傾向を一段と強め、事態をエスカレートさせる可能性が高まる。[20] たとえばサイバー攻撃により敵対国のＮＣ３システムへの不正侵入に成功した場合、当事国の一方または双方が自国の報復能力を過大評価（または過小評価）し、その結果、事態をエスカレートさせる可能性が高まる[21]（第8章ではサイバーセキュリティの脅威の関連性について検討する）。

敵対国相互の――および軍事組織内部の――情報の流れが制限されると「非対称情報」の状態が生じ、「戦争の霧」が濃くなってしまう。[22] それゆえＡＩによる戦力の増強は、戦いにともなう不確実性を緩和するのではなく、戦時中の情報の質と流れを低下させてしまうかもしれない。さらにＡＩや自律性技術により、競争関係に置かれた二国間のいずれか一方が非対称な軍事的――通常戦力または核戦力の――優位性を獲得できる（または獲得できると認識される）場合を想定してみよう。この場合、弱小国のほうが抑止のために核能力への依存を強めざるを得ないと感じるかもしれず、[23] さらには核戦争にさえ訴えるかもしれない。[24] 国家がＡＩで戦力を増強し続け、新しいシステムと在来型システムが並存して運営されている状態は、人間とマシンの相互作用の理解はより一層困難になる。[25] 仮に国家が、ＡＩのような外部から観察されにくい分野で起こる混在状態を誤認した場合、新旧が混在したシステムの能力は過大評価もしくは過小評価される可能性がある。[26] 敵対国はＡＩが実現した能力をどのように――そして、いかなる状況のもとで――使おうと考えているのか。このことは、使われているアルゴリズムやデータソースが相手側に知られていたとしても、おそらく不明のままであろう。[27]

交渉と戦争に関する研究が示唆しているように、いったん危機が始まると国家の能力と意図に関する不確実性が原因となって、外交的解決に至ることは困難になる。[28] 軍事能力に関するライバル間の非対称情報――そして相互の意図に関する不確実性――が意味するのは、当事国の一方または双方は、状況が悪化すれば相手が勝利すると仮定してしまうことである。[29] 秘密の能力に関する情報を入手できる可能性（および情報の信頼性）にはおのずと限界があるため、[30] これらの能力は軍事バランスに影響を与え、危機における交渉の失敗や戦争へとつながる可能性がある。[31] さらに秘密の能力によって生じる軍事バランスをめぐる不透明性は、アクターのリスク許容度を高め、その結果、紛争に勝利し、損害を回避する能力への過信（または誤った楽観主義）が生まれる。[32]

平時の競争段階において、国家が秘密の能力を公表するか否かは、対象となる能力の斬新さと、敵対者が有効な対抗策を編み出せるか否かの予測に基づいて判断される。ある能力がさほど斬新ではなく、その能力への敵の対抗策が編み出される可能性が低いと考えられる場合、国家はその能力を引き続き秘密にしておく可能性が高い。[33] AIシステムには不透明性――特に第1章で述べたMLアルゴリズムに関連するブラックボックス問題――が付きまとうため、不確実性はますます深まり、その結果、危機に際してエスカレーションのリスクを増大させる。[34] つまり軍事力バランスに関して敵対者相互が「非対称情報」の状況に置かれた場合、「危機の安定性」を侵食し、核の対決へとエスカレートさせる合理的な誘因を生み出す可能性があるのだ。

したがって、「戦略的安定性」と同様、AIがエスカレーションに与えるインパクトは、新興技術の行方にも影響する広範かつ微妙な要因によって形成される。その要因のいくつかを例に挙げると、軍事戦略・作戦コンセプト・ドクトリン（ここでエスカレーション・リスクの操作を追求）、軍の文化と組織編成、同盟の構造、内政と世論などである。[35]

第2章で論じたように、冷戦の経験から明らかなことは、新興技術が独立変数として作用し、さまざまな内生的要因と組み合わされ、ライバル間のエスカレーション・リスクを増大させる可能性がある、ということであった。[36] つまり、技術が軍事的エスカレーションの唯一の（または必ずしも最重要な）原因とはならないのである。[37]

抑止やエスカレーションに影響を及ぼすＡＩのような軍事テクノロジーをいかに活用すべきかについて国家間に見解の隔たりが認められる場合、前述したような多岐にわたる要因を理解することが重要なのである。

第2節　軍事的エスカレーション・リスクをめぐる米中の見解の相違

「もつれあい」をめぐる中国とアメリカの見解の相違は、ＡＩや新興テクノロジーが引き金となって起こるエスカレーションへの経路にどのような悪影響を及ぼすだろうか？　両国の国防アナリストたちは核保有大国間で起こる潜在的なエスカレーションの危険性を認識しているが、自国のドクトリンの中では、相手国がエスカレーション行動にどのように反応するか（抑止あるいは制圧）については触れられていない。その代わり、両国の戦略コミュニティでは「エスカレーション優位」を確立し、それを維持することで、将来の紛争におけるエスカレーションを効果的に対処・封じ込めることができると一般的に仮定されているようである。[38] アメリカと同様、中国のドクトリンでは「エスカレーション優位」を獲得するため、通常戦での武力衝突に際し、早期かつ先制的に主導権（イニシアティブ）を掌握することが重視されている。[39] ところが、このアプローチでは、核使用に向けた急速かつ制御不能なエスカレーションを誘発する危険性がともなう。[40] 共有されたエスカレーションの閾値と、いずれか一方がそれを侵害することを抑止する相互の枠組みがなくなれば、米中双方がエスカレーションを効果的に制御できるという前提で動く米中危機（たとえば南シナ海、朝鮮半島、台湾海峡）は、不慮のエスカレーション・リスクを高める可能性がある。[41]

意外にも中国とアメリカが通常攻撃における新興技術――AIを含む――の相互運用性に対し、同じようなアプローチを共有していることは注目に値する。このアプローチはそれぞれの運用構想や兵力構造に反映されている。[42] 核戦力と非核戦力の混在が進むにつれ、両戦力の相互運用性の深化は〈核抑止理論はどうあれ〉事実上のエスカレーションの枠組みとなっている。[43] つまり、より深刻な報復へとエスカレートするリスクは、通常戦力による対兵力攻撃のような核の閾値に至らない低レベルの攻撃の潜在的コストを増大させることになる。[44]

偶発的エスカレーションの引き金となる一連の出来事は、たとえば次のような展開を辿るかもしれない。A国は戦術目的でB国の非核兵器発射施設にある早期警戒システムを攻撃する。B国はこの早期警戒システムを核攻撃警戒用にも使用していたため、A国による攻撃を自国の第一撃核能力の無力化を企図したものだと結論づけた。[45] したがって、A国の行動は核の閾値を超えないことを意図して行なわれたものであったが、B国は周到に準備されたエスカレーション行動であると受け止めたのである。つまり、B国は「A国は核・非核両用システムに向けられる攻撃がきわめて高い確度でエスカレーションを誘発する」ということを当然知っているはずだとの前提に立って行動している。ところが、A国は早期警戒システムに対する攻撃をエスカレーションを誘発する行動であるとは見なしていなかったため、B国の反応を過剰な挑発行為であると見なし、意図していなかったエスカレーションの引き金を引くに至る。たとえば冷戦期におけるアメリカの対兵力能力の増強により、確証破壊任務を踏み超えた米ソ両国の核ドクトリンと相俟って、両国は互いに相手の指揮統制能力に対する先制攻撃の蓋然性を高めることとなった。現代の状況にあてはめると、このアプローチはしばしば批判にさらされてきたアメリカ国防総省のエアシーバトル構想の中核を占めている。[46]

とはいえ、すべてのエスカレーションが意図に反したもの、あるいは偶発的に起こるものとは限らない。[47] 前述のシナリオで描いたような偶発的リスクは、国家がテクノロジーを駆使して意図的にエスカレーションを引き起こすケースにも同じように適用することができる。たとえば、あるアクターは危機が生じた場合の強制手段として、相手国のNC3ネットワークを故意に操作または妨害し、核抑止力を低下させようとするかもしれない。こうして、他の行動をとった場合よりも速やかに相手国に降伏を強要したり、ライバル国を軍事力に訴えることのないように説得することができる。[48] AIを実装した自律型システムは、軍人にとって直接的なリスク〔生命を失う危険性〕を回避することができるため、敵対国は自律型システムの使用を選択し、事態がエスカレートする可能性は強まることもあり得る。[49] さらに中国、ロシア、アメリカの戦略コミュニティの間では、軍事的エスカレーションは周到に準備された計画的な行為（つまり意図しないわけでも偶発的でもない）であると見なす根強い信念があるため、偶発的エスカレーションの危険性は過小評価され、その結果、リスクを増幅させる可能性がある。[50]

さらに問題を複雑にする要因として、敵対者は自国の軍事的脆弱性を公表したがらないという事情がある。その結果、危機や紛争が勃発するまで、偶発的エスカレーションが起こる危険性は見逃されてしまうのである。[51] 国家が（優勢な軍事大国に対して）自国を脆弱であると認識している場合、特定能力の抑止効果を増幅するため、偶発的エスカレーションを引き起こすような能力を計画的に開発・配備することがある。[52] たとえば複雑な戦闘地域に実用試験も技術検証もされていないAI搭載ドローン群（第6章参照）を配備することで生じる信憑性ある脅威は、脅威を受ける側の標的国に対し、戦闘行為を避け、戦術的忍耐を示すよう促す効果があるかもしれない。これはシェリングの言う「一か八かやってみる脅威」に酷似している。[53] それとは反対に、軍人の生命が直接危険にさらされていない場合、指揮官はエスカレーションの閾値を超えるのにさほど躊躇することなく、危機が進行するにつれ、より大きなリスクを受け入れる可能性がある（ＡＩ搭載ドローン群の戦略的インパクトについては第6章で検討する）。

武力衝突において紛争のさまざまな強度の段階（「エスカレーション・ラダー」[54]とも呼ばれる）を表すエスカレーションの閾値は、社会的に構築されたものであり、本質的に主観的なものである。[55] したがって、特定の行動がもたらすエスカレーション効果を予測できないのは、特定の状況や行動、あるいはその両方がもたらす二次的、三次的な結果を認識できないという誤認知(ミスパーセプション)に起因しているかもしれない。[56] たとえば意思の伝達や意思決定に利用されるインテリジェンスの一部（または全部）が人間の分析によるものでない場合、何が起こるだろうか？ この問題については、第8章で再び取りあげる。人間の意思決定が事態をエスカレート（または段階的縮小(デエスカレート)）させることは自明であるが、より高度なスピード・範囲・殺傷力で運用される攻撃能力を可能にする軍事テクノロジーによって、事態はエスカレーションの階梯(かいてい)を一気に駆け上がり、紛争の戦略的レベルにまで達するかもしれない。[57]

ＡＩ搭載兵器のための新たなエスカレーションの閾値や運用規範はいまだに存在しない。自律型兵器システムをめぐる今日の閾値も、不適切で曖昧なものと見なされている。[58] 一般的な運用規範がなく、敵対国の戦略的優先順位や政治目的が不明な状況のなか、軍用ＡＩを実戦配備する軍隊は、意図せずしてエスカレーションの閾値を超えてしまう可能性がある。[59]

２０１６年、中国はアメリカの無人潜水艇を拿捕し、中国の海洋航行に危険をもたらすと主張した。それに対し、ワシントンは中国の行動を「違法」と見なし、その潜水艇を「国家主権による免責特権にあたる」と主張した。[60] この外交的エピソードは、戦略的ライバル国どうしが競争的な海域で不本意なエスカレーションを招く潜在的リスクがあることを示している。それは新たな（特にデュアルユースの）テクノロジーの配備をめぐる曖昧性に起因している。最近の歴史は、こうしたエスカレーション力学が無人システムによってどのように引き起こされるかを示している[61]（この考えについては第7章で詳しく述べる）。つまり戦争遂行や強制行動、影響力行使に使われるＡＩのような新興テクノロジーのポートフォリオの増大によって、先制攻撃をめぐる脆弱性と機会の両方が生み出されるとすれば、将来戦のエスカレーション力学に重大な影響を及ぼすだろう。[62]

第3節　エスカレーションに対する中国の楽観的態度

軍事的エスカレーション――特に偶発的なもの――のリスク管理は、これまで中国の戦略思考の特徴とは考えられてこなかった。[63] 中国の戦略コミュニティの間では、中国の長年にわたる核の先制不使用（ノン・ファースト・ユース）（NFU）の誓約〔核兵器を相手より先に使用することはしないが、相手の核使用に対しては報復使用の選択肢を留保すること〕が存在するため、核のエスカレーションを制御できるという自信が共有されていると考えられている。[64] 中国のアナリストたちはNFUの誓約を、通常戦力と核戦力の間に存在する事態の段階的緩和（デエスカレート）のための防火帯と見なしているため、NFUによるエスカレーション制御への過信は、逆に偶発的なエスカレーションのリスクを高める可能性もある。中国のアナリストたちが比較的楽観的な理由は、核による威嚇や使用につながる、いかなる形態のエスカレーションもい、、、、、意図的かつ好戦的なものだという信念があるからである。[65] そうした過信により、中国の指導者はアメリカの意図に関する誤った判断や誤認識が引き起こすエスカレーション・リスクがあり得るということを十分に認識できていない可能性がある。

中国のエスカレーション管理に対する楽観的な態度の一部は、核のルビコンを越えてしまえば、いずれかが核兵器をコントロールするのが容易ではなくなるという信念に基づいている。この信念があるため、中国のアナリストたちは限定核戦争が限定されたままの状態にとどまるとは考えていない。さらに中国の作戦ドクトリンには、核のエスカレーションは制御可能であると信じた場合に中国が追求する限定核戦争の計画が含まれていない。[66]

アメリカの通常戦力による対兵力攻撃が差し迫った状況では、第二撃能力の残存性が低下するため、北京の脆弱性認識は一気に高まる。そうした場合、中国の核の誓約が本来もっているはずの潜在的な脱エスカレーション効果は作用しない。[67] 別の言い方をすれば、通常兵器を用いた高強度の駆け引き（バーゲニング）から生じる「リスクと報酬のトレードオフ」に変化が生じれば、不本意なエスカレーションが起こる可能性がある。強制的駆け引きは、核の閾値未満の攻撃を行なう決意を伝達したり、それを未然に阻止することであり、駆け引き理論の中核をなしている。[68] しかし、中国のアナリストたちは通常型の極超音速巡航ミサイル（第6章参照）をアメリカのミサイル防衛を突破する有効な手段であると見なし、これにより中国の核抑止を強化できると考えている。[69]

ペンシルベニア大学政治学教授のアヴェリー・ゴールドスタイン（Avery Goldstein）によれば、通常戦タイプの軍事衝突が核戦争にエスカレートすることを回避できるとする中国の過信は、紛争や危機が不意に、あるいは偶発的に核のルビコンを渡るリスクを増大させる可能性がある。[70] さらにエスカレーション制御――核の閾値の上下いずれの方向にも――に対する米中の態度の隔たりについても、「危機の安定性」の弊害となる。一般的に、アメリカの国防関係者は低レベルの通常戦タイプの紛争が戦略レベルにまでエスカレートする可能性については中国よりも強い懸念を抱いているが、核の閾値を超えてしまったあとのエスカレーションを制御するアメリカ軍の能力については、それほど心配していない。[71] しがたって、逆説的であるが、米中危機や紛争に際して、ワシントンは北京が核兵器を使用する可能性について過大評価し、同時に中国による核の報復規模を過小評価するかもしれない。

要するに、低強度の通常型紛争の段階的緩和に対する米中間の考え方の相違により、低強度の紛争を高強度にまでエスカレートさせる可能性を高めてしまうのである。[72]

アメリカの通報戦力を使った対兵力攻撃により「欺騙と分散」戦術がうまくかわされてしまえば、中国の核戦力の残存性が根底から覆される恐れがある。このため、中国の指導者は「エスカレーション優位」を取り戻すためにも、限定核使用のエスカレーションにまで踏み込もうとする強い圧力にさらされる。[73] おそらく前述した北京の過信に勇気づけられ、アメリカは「中国に対して限定核による先制攻撃を行なっても、中国側から核の反撃を受けない」という賭けに出ることも考えられる。それに対し、中国の指導者は第二撃能力を防護するための報復を余儀なくされる。かくして核のエスカレーション・リスクは高まる。[74] またワシントンと北京は、冷戦期に米ソが経験したような長きにわたる波乱に満ちた危機管理の歴史を共有しておらず、米中間の危機管理は錯綜することが予想される。

さらにアメリカは、中国の移動式ミサイルやそれに付属する（通常戦力と核戦力両用の）C３Ｉシステムを先制攻撃して、「エスカレーション優位」を得たいという強い誘惑に駆られるだろう。それを北京は通常戦力による対兵力攻撃、さらに深刻な場合、核による先制攻撃の前触れであると（誤）認識するかもしれない。[75]

一般に中国のアナリストたちは、アメリカが中国の相対的に小さな核抑止力とそれに付属する支援システムを最先端の通常兵器——特にアメリカの「通常戦力による迅速なグローバル打撃（conventional prompt global strike）」やミサイル防衛——によって弱体化するつもりであると想定している。[76]

中国国内の軍事関連の著作には「もつれあい」から生じる偶発的エスカレーション・リスク対する中国の考え方（あるいは認識）について、理論的に十分な説明は見当たらない。中国のアナリストたちは、核戦争と通常戦の間に重大な閾値が存在することを認識しているはずだが、中国の軍事関連の著作では、想定されるエスカレーションのさまざまな階梯を移動するメカニズムについては明確に言及されていない。[77] 中国語で書かれたオープンソースの文献を見ると、エスカレーションのレッドラインの中には、中国の核戦力とそれに付属した（そして、おそらく同一場所に設置されている）C3Iシステムに対する核または通常兵器による攻撃アラートが含まれているようだ。[78] しかし、このような曖昧さから、中国の戦略家たちは、中国が核兵器を使用する準備をしていると誤って認識される恐れがあることを意に介していないようにも見える。[79]

中国はアメリカの攻撃による自国の非核戦力の脆弱性を減らすため、核戦力と通常戦力を意図的に混在させてきたとは考えにくいが、それでも——アメリカの先制攻撃から——弾頭の混在化が生み出す戦略的曖昧性は、中国にとって核軍備を防護するために有利に働くともいえる。[80] さらに危機に際してミサイル部隊の動向把握を混乱させる中国側の措置（核戦力と通常戦力を同時に分散させる）は、中国国内の基地を離れた後のミサイルを追跡するアメリカの能力を低下——アメリカ国防総省が指摘している懸念——させるだろう。[81] 他方、かかる戦略的曖昧性を考慮し、中国は偶発的エスカレーション・リスクを緩和するために、核と通常戦力を切り離すという戦略的合理性に反する行動をとるかもしれない。[82]

外部のアナリストにとって重要な課題は、エスカレーションの閾値——中国の閾値と、アメリカの閾値に関する中国の認識——を見極めることであり、それをクリアできれば、NFUに違反することなく核による対応を正当化することができると考えるだろう。

中国の核戦力の専門家は、初歩的な「欺騙・分散」戦法を継続している限り、アメリカが地上配備のすべての移動式ミサイルの位置を標定する能力を開発できる可能性はきわめて低いと主張している。[83] さらに中国のアナリストたちは、アメリカの情報・監視・偵察（ISR）システムの既存の技術的限界と、かかる戦略的資産を収容する基地の形態（すなわち強固な地下施設）とを組み合わせることにより、これらはアメリカが通常（または核）兵器を用いて中国の核兵器を無力化する先制攻撃を成功させることを防いでいると信じている。[84]

しかし、AIシステムによって可能となったアメリカの対兵力能力の精度とリモートセンシング技術の進歩は、そうした自信を失わせている。その場合、中国の移動式ミサイルの残存性と「危機の安定性」に及ぼす影響は深刻なものとなる。[85]

オープンソースの文献によれば、中国のアナリストたちは「戦争の霧」が意思決定やエスカレーションに与える影響について軽視する傾向があるように思われる。たとえば中国の専門家たちは、マシンの速度でインテリジェンスを処理・解析して行なわれる将来の戦争では、ＡＩを搭載したＭＬアプリケーションが「戦場の霧」を晴らしてくれるものと考えている。つまり、ＡＩのＭＬ手法（いわゆる「アルゴリズムのゲーム」）を使って「戦争の霧」を減らし、状況把握能力を向上させれば、戦場の指揮官は戦場のシナリオを予測するとともに「戦う前に勝利する」[86]ための速度と正確性を高めることができる。これらを踏まえ、中国のアナリストたちは、危機に際してエスカレーション・リスクを軽減するため、ＩＳＲシステムにおけるＡＩの進歩について比較的楽観的な見方を示している。[87]相手の意図や能力を解明するための情報の収集が安定性を向上させる保証となる一方で、とりわけ危機の最中の情報収集（たとえば敵対国のＮＣ３システムを狙ったサイバー諜報活動）は誤認や誤算を生み、エスカレーションを招く効果がある（このテーマについては、第８章と第９章で詳しく取りあげる）。

第４節　エスカレーション・リスクの緩和と管理

ＡＩ技術の登場によってもたらされるエスカレーション・リスクを緩和するため、アメリカ、中国、そして他の国々は何ができるだろうか？　偶発的なエスカレーション・リスクを緩和する取り組みは、相手国の能力と意図を分析し、理解することに加え、相手の立場に立って考える共感（他国は自国の行動や特定の状況をエスカレーションの観点からどのように評価しているかとの見方）とに左右される。[88] 不本意なエスカレーンヨン・リスクを正確に予測し、管理するには、次のような条件が必要となる。[89]

- 蓋然性のあるエスカレーション経路の予測、特定の状況で生起する閾値の明確化[90]
- 国防計画立案者に対する、偶発的エスカレーションの性質と、それが発生する可能性および特定の戦闘シナリオの潜在的リスクについての教育
- 偶発的エスカレーション・リスクを認識していない、あるいは十分に理解していない指導者に対し、それらを効果的に伝達すること[91]
- まだ発生していない事象および変化する可能性のある事象を相手がどのように認識し、解釈しているかについて理解すること[92]

心理学者たちは、人間は一般的にリスク予測――とりわけ①フィードバック・ループ（いわゆる作用・反作用サイクル）に沿って行なわれるリスク評価や、②事前の知識や経験が不足している状況で行なわれるリスク評価〔丸数字は訳者〕――が苦手であると考えている。[93] 第1章で論じたように、AIによるML技術は前述した両方の動作〔①と②〕を見せている。さらに国家がエスカレーション効果

を有するテクノロジーを開発・配備する政治的・戦略的な重要性を考えると、エスカレーション・リスクを緩和・抑制しようとするいかなる試みにおいても、より広範な外生的要因を認識しておく必要がある。ＡＩのようなテクノロジーを制御、抑制・禁止するための努力は称賛すべきことなのかもしれないが、より広範な政治的・戦略的背景から切り離して考えた場合、エスカレーション・リスクを軽減することにはならないだろう。

今日の競争的で多極的な核秩序では、ＡＩの進歩による情報収集・分析・状況把握の向上が安定化効果をもたらすとは考えにくい。[94] 現在、９カ国の核兵器保有国と複数の戦略的ライバル国が、二国間――三国間またはそれ以上――の抑止作用が相互に連動し合う網の目の中で、直接的・間接的に作用し合っている。そこで、包括的な情報を前提とした高度な安心供与と信頼醸成措置からなる好循環を生み出すためには、ライバル国間の情報の対称性（すなわち情報と分析システムへの対等なアクセス）に加え、そのシステムの正確性と安全性に対する信頼感の共有が必要とされる。おそらく最も困難な問題は、現状変更国と現状に不満をもつ核保有国が並存する世界で、この楽観的なシナリオを実現するためには、すべての当事国の意図が真に善良でなければならないということである。[95] 国際政治学者のジョン・ミアシャイマー（John Mearsheimer）は「システムが無政府状態である限り、国家は受け入れがたい現状を変更するため、武力を使用する誘惑に駆られるだろう」[96] と述べている。

かかる競争的な地政学的背景のもと、ある国家が核戦争の危険を冒したくないという意思を伝達し、不本意なエスカレーション・リスクの軽減に努めた結果、それに乗じて敵対国が核の閾値に至らないレベルでエスカレーションを意図的に実行する「安定‐不安定のパラドックス」が生じるかもしれない。[97] このような力学は、特に現状維持の正統性が争われる状況（海洋としてのインド太平洋）において、国家が他国の意図を最悪なものと想定する傾向を強めるだろう。その結果、戦略レベルの戦力の残存性を高めようとする、ある国家の努力は、敵対国によって核の報復能力――すなわち第二撃能力――に対する脅威として認識される可能性がある。[98] さらに、いずれか一方もしくは双方が、国家安全保障および体制の存続が脅威に直面していると確信するに至った場合、戦争の終結は遠のいてしまう。[99]

結　論

本章では、核兵器と戦略的非核兵器の混在をめぐる米中間の見解の相違が、将来戦において、ＡＩとそれらの兵器を融合することから生じる不安定効果をより一層加速させると論じてきた。また、先制攻撃の脆弱性（もしくは戦略レベルの戦力の脆弱性）と、ＡＩのような軍事技術の進歩が生み出す、機会（もしくは先行者の優位性）が重なり、将来戦におけるエスカレーション力学に不安定な影響を及ぼすだろう。[100]

核兵器と通常戦タイプの先端軍事技術の混在状態は、意図せずして通常戦を核の対決へとエスカレートさせる可能性がある。それには、いくつかのケースが考えられる。

第一に、核と非核の二重利用・二重搭載が可能な多機能性を有するターゲットの存在は、敵対国間で（相手方の意図、レッドライン、武力行使の決意をめぐる）誤認や誤解を招き、偶発的エスカレーションを引き起こす可能性がある。

第二に、特定の軍事技術が使用される目的、潜在的インパクト、使用される状況をめぐり、敵対者間で見解の相違が存在する場合、「安全保障のジレンマ」として知られる相互不信の作用・反作用の負のスパイラルを引き起こす可能性がある。

第三に、特定の戦略的非核兵器とＡＩのような先端技術が開発され、実戦配備されると、危機のリスクに対する敵対者の態度――核抑止のための事実上のエスカレーション経路への前進（あるいは後退）――に影響を及ぼす可能性がある。

第四に、危機に際して非核分野の先進技術が使用されると、敵対国間に非対称情報の状況を生み出す原因となり、「戦争の霧」はますます濃くなってしまう。

今日、軍事的状況をエスカレート（またはデエスカレート）させるのが人間であることは自明である。しかし、これまでよりも速いスピードと広い範囲で殺傷力の高い攻撃を可能にするＡＩのような軍事技術の登場により、事態は急速にエスカレーションの階梯を駆け上がり、紛争が戦略的次元の閾値を超えてしまう可能性が出てきた。こうしたエスカレーション力学は、マシンのスピードで機能するAI強化ツールの開発と実戦配備により強められる。第I部で論じたように、軍用AIはマシンの行動が将来戦をコントロールし、未来の戦いを完全に理解する人間の意思決定者の認知的・身体的能力を上回るレベルまで戦闘のペースを押し上げる可能性がある。

中国のアナリストたちは、北京の長年にわたるNFU誓約によるエスカレーションの回避能力に対して高い信頼を寄せてきたが、核と非核アセットの混在が逆説的に引き起こすエスカレーション・リスクを実際には増大させる可能性がある。中国のアナリストたちはNFUを通常戦力の使用と核戦力の使用とを分かつ事実上の防火帯と見ているため、それへの過信が不本意なエスカレーションを引き起こすリスクを高め、米中間の「危機の安定性」を損なう可能性がある。仮にAIによるISRの強化によって、アメリカの対兵力能力が中国の核戦力の配備位置をより正確に標定できるようになれば、これまでの自信は損なわれ、「使うか失うか」の不安定な状況を引き起こしかねない。

不本意ながら、北京がエスカレーションの階梯の低い段階で攻撃意思を示し、先制攻撃のために使用した通常兵器が引き金となってエスカレーションが生起するかもしれない。こうした事態が生じるのは、中国がエスカレーションを制御し、それをコントロールする能力に自信をもった結果、あるいは「安定‐不安定のパラドックス」を受け入れた結果である。

要するに、エスカレーション・リスクを制御するということは、単に残存核兵器を確保するための定量的または工学的な問題ではなく、人間の認知と行動に関わる問題だということである。

中国軍人による著作の中では、核と非核アセットの混在から生じる不本意なエスカレーション・リスクをめぐる中国の考え方について、理論的な整理がなされていない。さらに、中国の戦略コミュニティでは、領域横断的(クロスドメイン)抑止の概念や、核と非核の戦力の混在にともなうエスカレーション・リスクをいかに管理するかについての理解が（あるいは認識さえも）不足しているように見える。

米欧の専門家たちは、中国がアメリカの攻撃に対する非核戦力の脆弱性を減らすため、故意に核戦力と通常戦力を混在させているとは考えていないが、この混在状態がもたらす戦略的曖昧性により、結果的に中国に有利に作用しているともいえる。[101] この曖昧性（意図的か否かにかかわらず）が存在する限り、北京は核兵器と通常戦力を分離して、不本意なエスカレーションが生じるリスクを減らそうとはしないかもしれない。

このように、AIと戦略兵器――戦略的効果をもつ核兵器と通常兵器――の多面的な相互作用を考慮すると、AI技術、エスカレーションおよび危機の意思決定の間のダイナミックな関係をより一層掘り下げて認識することが必要になる。競合する戦略コミュニティがこれらの力学をどのように認識するか、またそうした趨勢が核戦力の構造、核不拡散、軍備管理、エスカレーション管理、領域横断および拡大抑止に与える影響を理解することは、国家運営の重要課題になると思われる。こうした観点から、第Ⅲ部では四つの事例研究を通じて、ＡＩとさまざまな最先端の軍事システムを融合させることの戦略的意味を明らかにする。

第Ⅲ部　核の不安定化時代の再来

第5章　デジタル時代の核兵器の捜索

本書の第Ⅲ部では四つの事例を取りあげ、ＡＩ導入にともなうエスカレーション・リスクを明らかにする。これらの事例研究を通じて「戦略的非核兵器（または通常兵器による対兵力能力）に組み込まれた軍用ＡＩシステムは、なぜ、どのように将来戦においてエスカレーション・リスクを引き起こし、悪化させるのか」という問題を明らかにする。[1]またＡＩで強化された能力は、どのような働きをみせるかという点についても明らかにする。

ＡＩの導入にはリスクがともなうにもかかわらず、軍事大国は実戦配備へと向かうだろう。エスカレーションの階梯を厳重に管理しようとする軍司令官は、理論上はマシンに意思決定の権限を過度に委ねることに反対するはずである。核兵器に関連するマシンの場合は特に、そうした懸念は強まるだろう。しかし、第5章から第8章を通じて明らかになるのは、軍事大国間の競争の圧力、とりわけＡ

I分野――AIが生み出す能力――で他国が優勢になることへの恐怖によって、国家は前述した懸念〔マシンに意思決定権限を委ねること〕を回避しようとする圧力にさらされるだろう。

AIを実装した情報収集・分析システムは、核抑止戦力の残存性と信憑性にどのようなインパクトを及ぼすだろうか？　「コンピュータ革命」が引き起こしたAIやマシンラーニング、ビッグデータ解析といったテクノロジーは、ライバル国の核抑止戦力の位置を特定し、追跡し、照準化し、破壊するための軍の能力を著しく改善する潜在的可能性を秘めている。[2] それゆえ、潜水艦や移動式ミサイルなど、高い残存性をもつ戦略兵器を脆弱な状態にする（あるいは、そのように認識させる）アプリケーションは、対兵力能力を保有する国家がそれを使用する意図の有無にかかわらず、エスカレーション状況を不安定化させる効果をもたらす。

戦略家のアルフレッド・マハンが「武力は存在していても、誇示しなければ効力をもたない」[3] と語ったことは有名である。たとえばディープラーニング技術の進歩は、マシン・ビジョンや他の信号処理アプリケーションの能力を飛躍的に向上させ、敵の核戦力の追跡と照準化を妨げる技術的障害（センサー技術、画像処理、兵器の速度と殺傷半径の計算）を克服できるかもしれない。AIと自律性関連技術により、敵対国の核アセットをリアルタイムで追跡し、正確なターゲティングが可能になり、対兵力作戦の実行の可能性が高まると主張する学者もいる。[4]

さらにAIの処理スピードは防御側を明らかに不利な状況に追い込み、技術的に優勢な軍事的ライバル国による先制攻撃へのインセンティブを高めてしまう。その結果、第二撃能力の安全確保が難しくなると、戦略兵力の残存性を強化するため、核兵器コミュニティの中で自律型兵器の使用を容認する可能性が高まるかもしれない。ポール・シャーレ（Paul Scharre）によると、「スウォーム戦闘で勝利するには、単に最高のプラットフォームをもつというよりも、優れた連携と迅速なリアクション・タイムを実現する最高のアルゴリズムをもてるかどうかにかかっている」[5]という。

ＡＩマシンラーニング技術の進歩は、既存のマシン・ビジョンや他の信号処理アプリケーションを改善し、自律性やセンサー・フュージョンを向上させる。情報・監視・偵察（ＩＳＲ）の機能強化、自動標的認識（ＡＴＲ）および終末誘導システムは「戦略的安定性」に多大な影響を及ぼすだろう。[6] 自律型移動センサープラットフォームと組み合わせたＡＩの活用は、移動式大陸間弾道ミサイル（ＩＣＢＭ）発射機の残存性への脅威を増大させるかもしれない。[7] 自律型移動センサーが有効に機能するには、移動式ＩＣＢＭ発射機の近傍に配置される必要があるが、核報復戦力への攻撃（disarming strike）が間近に迫っているとの見通しが現実味を帯びると、「脆弱性の窓」が急速に狭まり、敵対者は核のエスカレーションの重圧にさらされる。

本章は二つの節から構成されている。第1節は、ＡＩで能力が向上する情報分析システムを取りあげる。それにより軍は、地上移動式核ミサイルの位置を標定する能力を向上させるだろう。[8] ＩＳＲシステムの能力が向上し、ミサイル防衛の強靭化が進めば、敵の戦略アセットに対する先制攻撃への誘因を生み出すかもしれない。

第2節は、ＡＩで増強された対潜水艦戦（ＡＳＷ）――特にビッグデータ解析やマシンラーニング――はどのように核弾道ミサイル搭載潜水艦（ＳＳＢＮ）による抑止効果を低下させるのかについて検討する。やがてＡＩは潜水艦の標定・追跡の技術的障害を乗り越え、それによって隠密理に行動するＳＳＢＮの抑止効果を侵食し、その結果「使うか失うか」の状況が発生しやすくなる。だが、こうした仮説が成り立つための技術的可能性をめぐっては、依然として議論の余地がある。

第1節　戦略的な移動式ミサイルの捜索

ＡＩの導入により、ＩＳＲ、センサー技術、自動標的認識（ＡＴＲ）、終末誘導能力およびデータ解析システムの正確性、スピード、信頼性が著しく向上する。たとえばＭＬ技術に支えられた核ＩＳＲ任務に配備されるドローン群（drone swarms）は、センサー・ドローンの信頼性とスピードを高め、敵の防衛網を回避し、移動式ミサイルの位置を捜索する。理論上、ドローン群からリアルタイムに送信される衛星画像や信号情報は、ステルス戦闘機や武装ドローンに転送され、標定された移動式ミサイルは破壊される(9)。

本来、移動式ミサイルの発見は困難であると見なされてきたため、この分野の能力向上は（脆弱性の認識を相手に抱かせるだけでも）戦略的なゲームチェンジャーになり得る。[10] さらにＡＩ搭載のＩＳＲシステムがキネティック作戦を遂行するスピードは、紛争の段階的緩和（デエスカレーション）に寄与するオプションの幅を狭めてしまう。現在開発中のテクノロジーの中には、明らかにそうした用途で設計されているものがある。たとえばアメリカ海軍は現在、短距離ソナーを搭載した自律型水上小型艇のプロトタイプ（「シーハンター」）の実用試験をしている。[11] 従来、こうした技術は国家の第二撃能力への信頼性に対して信憑性のある脅威であると認識されるまでには至っていなかった。[12] また、この技術の実現可能性（フィジビリティ）についても、今のところ論争の的である。[13] このような技術的課題が残っているため、短期的には相互確証破壊に基づく核抑止が、ＡＩで増強された対兵力能力によって覆されることにはならないだろう。[14]

中国の核戦力の専門家の中には、中国が基本的な「欺騙と分散」戦術にしたがっている限り、アメリカは中国が保有するすべての地上配備型移動式ミサイルの位置を特定する能力を開発することはほとんど不可能に近いと主張する者もいる。[15] しかし、そうした確信がアメリカの対兵力打撃能力の正確性や遠距離観測能力の技術的向上によって覆されることになれば、中国の移動式ミサイルの残存性とともに「危機の安定性」に深刻な影響を及ぼすことになる。第４章で論じたように、中国とアメリカのエスカレーション制御に対する過信は、通常戦が期せずして核レベルにまでエスカレートするリスクを高めてしまう。[16] もし中国の指導者がアメリカによる対兵力攻撃が差し迫るなか、「欺騙と分散」といった戦術行動が通用しないかもしれないとの疑念を抱き、ＡＩ搭載の対兵力攻撃が先制攻撃の先触れとして自国の残存可能な核軍備を根こそぎ無力化してしまうのではないかと恐れるに至った場合、北京は優勢な立場——またはエスカレーションの主導権——を取り戻そうと、限定核攻撃に踏み切らざるを得ないと判断するかもしれない。[17]

従来、中国（およびロシア）の戦略家たちは常にアメリカの能力を参照し、その将来の能力が自国の安全保障の脅威になると想定してきた。そうした彼らの習慣を考慮すれば、敵の移動式ミサイルの位置データの合成に利用される技術分野の穏やかで漸進的な改良であっても、既存の恐怖と不信感はいやがうえにも増幅する。[18] ＡＩ分野での将来のブレークスルーが移動式ミサイル戦力の位置標定、照準化、破壊のためのゲームチェンジャーとなるかどうかはさておき、それらの能力獲得を追求しているアメリカの意図を、中国とロシアがどう認識するかは明白である。言い換えれば、アメリカが言葉でどう取り繕おうと、将来の戦争で敵の軍用ＡＩ能力が自国の核戦力の残存性を低下させるために利用されないとも限らない——アメリカが数十年にわたって準備してきた不測の事態である——との不安を捨て切れないだろう。[19]

そのうえ、将来の戦いでは、敵対国の核戦力と通常戦力両用のＩＳＲ、早期警戒、指揮統制通信情報（Ｃ３Ｉ）システムが緒戦から標的とされることを考慮すれば、「攻撃国の意図を見極める」という問題はさらに複雑になる。[20] 将来の米中紛争（または米ロ紛争）において、双方は相手の核戦力と通常戦力両用のC3I能力を早い段階で先制攻撃したい強い誘惑に駆られるだろう。[21] 抑止が有効に機能するには、敵対国間で信憑性ある脅威（そして背信行為がもたらす重大な帰結）を相互に明確に伝達し合えるコミュニケーションが重要であり、そうしたシグナルの送り手と受け手が、ある状況を同じように解釈するためには同じ状況認識を共有していることが前提とされる。[22] おそらく両者は最悪のシナリオを想定した対応行動をとり、相手がリアルタイムの戦場情報を利用できないように「戦争の霧」をますます悪化させるだろう。[23] こうしてAIイノベーションが引き起こす移動式核システムの脆弱性が高まると、これまで核革命を支えてきた抑止の前提――堅牢化と隠蔽化によって核戦力の残存性と信憑性を確保する――が覆されるかもしれない。[24]

理論上、国家はビッグデータ解析、サイバー能力、AI実装の自律型兵器を組み合わせて構築した通常戦型長射程ミサイルの一斉射撃により相手国の核兵器を攻撃できる。そして、AI実装のISRやATRシステムで強化されたミサイル防衛により、残存する相手国の核報復能力を掃討することができる。[25] こうしたISRシステムやミサイル防衛能力の向上は、相手国の戦略アセット（移動式ミサイルや、核戦力と通常戦力両用の早期警戒・C3Iシステム）を目標とした先制攻撃への誘因を強めるだろう。[26] 第4章で述べたように、この種の相互運用性は、核能力と非核能力の混在の進展と相俟って、核抑止のための新たなエスカレーション経路を生み出す可能性がある。[27]

核レベルより低い脅威は政治的に許容されるだろうが、降伏か、核使用のエスカレーションに訴えるかで、相手国は「ホブソンの選択」〔選択の余地がない状況〕を強いられる。[28] アナリストのエリック・ヘジンボサム（Eric Heginbotham）によると、「通常戦型ミサイルの捜索により、中国の核兵器搭載可能なミサイル戦力は消耗し」、不安定な「使うか失うか」のジレンマを生み出してしまう。[29]つまり、AIで増強される能力（サイバー兵器、ドローン、精密打撃ミサイル、極超音速兵器）は、AIで可能となる能力（ISR、ATR、自律型センサー・プラットフォーム）と組み合わされて、移動式核兵器類を従来よりも速く、低いコストで、より効率的に追跡することができるのである。[30]

以上の議論を踏まえると、AIを実装し増強された能力は、個々のパーツを集積したものよりも「戦略的安定性」に重大なインパクトを与えるということとなる。言い換えれば、軍用AI導入の戦略的含意は、他のいかなる軍事タスクがもたらす含意よりも重要となるだろう。

第2節　AIが実現する「海洋の透明化[31]」

海洋では、AIを実装したスウォーム内通信やISRシステムに支援された無人潜水艇（UUV）、無人水上艇（USV）、無人航空機（UAV）が敵の防御システムに飽和攻撃を行ない、核兵器搭載型潜水艦や非核の攻撃型潜水艦を標定・無力化・破壊するため、攻防両用の対潜水艦作戦が同時展開されるようになるかもしれない。[32] 現在の水上艦艇からの潜水艦の追跡（他の潜水艦による追跡も同様）は、作戦調整上の課題に加え、最新のディーゼル電力式の攻撃型潜水艦やＳＳＢＮのステルス技術（音響シグネチャの最小化）が発達したため、比較的恵まれた条件のもとでも困難な任務である。[33]

対潜水艦戦の分野では、潜水艦の静寂化という問題（サイズの小型化、探索範囲の拡大）を克服するためのセンサー技術が進歩している一方、他の技術的課題は未解決のままである。そうした技術の中には、多様なシステム間の海中通信、処理能力の性能、バッテリー寿命、海洋仕様のシステム改修などがある。[34] しかし、これらの技術的ハードルで乗り越えられないものはなく、一部の物理的限界はスウォーム技術で克服することができるだろう。[35] 実際、現代のＡＳＷ能力は既存の潜水艦の有効性を低下させている。つまり、潜水艦の哨戒エリアへの展開を遅らせ、発射位置への移動を妨害し、攻撃の調整を混乱させるために運用されているのである。[36]

オーウェン・コート（Owen Cote）によると、「潜水艦の隠蔽の問題はますます困難となっている。それは特定の潜水艦の状況、その潜水艦を誰がどこで狙っているのか、といった条件によって左右される」[37] という。たとえばＳＳＢＮは数カ国が潜水艦を運用しているエリア内で活動することにより、おそらく探知されずに済む。つまり海洋で活動する潜水艦――戦略型であれ非戦略型であれ――の数が多いほど、衛星や高高度の海上監視システムが戦略型潜水艦を確実に識別できる確率は低下するのである。

しかし、近年のセンサー、通信、処理技術——特にビッグデータ解析やマシンラーニング技術——における進歩は、将来のＡＳＷにおいて破壊的インパクトのある革新的技術となる。そして、リアルタイムで潜水艦の位置を標定・攻撃し、潜水艦とその随伴兵器システムのステルス性や耐久性を向上させる。ＡＩのマシンラーニング技術とビッグデータ解析を組み合わせると、冷戦時代のセンサー技術を用いて潜水艦から放出される放射線や化学排出物を検知できるかもしれず、長射程の対潜水艦「撃ちっ放し（ファイア・アンド・フォーゲット）」作戦において、相手の位置を特定し、魚雷追跡装置（シーカー）に信号を伝送する新たな能力が実現可能になる。[38]

一部の研究者は、海中領域を「透明化」する国防高等研究計画局（ＤＡＲＰＡ）の「シーハンター」のような自律型システムは、ステルス性ＳＳＢＮの第二撃能力に期待される抑止の効用を失わせる恐れがあると仮定しているが、そうなれば「使うか失うか」のジレンマに陥ってしまう。それに対し、技術的に信頼性が高く、効果的なこの種の新しい能力は、当面の間は運用可能になると期待することはできないと主張する研究者もいる。[39]いずれにせよ、これらの問題は現在、技術的な実現可能性をめぐり盛んに議論されているところだ。一方では、ＡＩや量子通信、ビッグデータ解析といった新興技術により、海中における核抑止を時代遅れにするような運搬性の高いセンサー・通信・信号処理用プラットフォームの新たな開発工程が軌道に乗ると予想する専門家もいる。[40]

他方、前述の仮定〔シーハンターのような自律型システムが第二撃能力に基づく従来の抑止効果を失わせるという考え〕は、技術的にも運用的にも時期尚早であると見なしている専門家もいる。その理由は第一に、特定のプラットフォームに搭載されたセンサーが深海に潜んでいる潜水艦を確実に探知できる可能性は低いということ。第二に、ASW用長距離センサーは、最適なエリア監視、追跡、データ伝送のための信頼性の高い複数のシステムを制御するシステムを必要とするが、そうした能力はいまだ開発されていないということ。第三に、センサーの有効範囲（ドローンの航続距離）は電源の制約を受けるということ。[41] 第四に、仮に夥しい数の自律型スウォームが偵察任務に投入されたとしても、抑止任務に就いているSSBNの潜航エリアの広大さを考慮すれば、発見される可能性はごくわずかということである。[42]

武装化した自律型スウォームがターゲットに到達するまでに要する時間は、SSBNがデコイ、ジャミング、欺騙（たとえばSSBNと同一の音響周波数を放出する無人水中艇を配備）などの対抗措置を講じるのに十分な「機会の窓」を与えてしまう。[43] 第2章で論じたように、冷戦期の経験から言えることは、「革新的テクノロジーはゲームの仕方を変えてしまうほどの戦略的影響をもたらす」と信じている「新しもの好き」が陥りがちな危険性についてであった。[44]

自律型システムが潜水艦の偵察活動にゲームの仕方を変えてしまうほどのインパクトを与えるよう

になる前に、電源、センサー技術、通信分野の大幅な進歩が必要となる。[45] そうした進歩がなくても、AIを利用したコンピュータ処理、リアルタイムの海洋モデリング技術、ドローンのスウォーム能力（無人航空機、無人水中艇、無人水上艇）はASW——発見および発見阻止の両方の分野——に重大な質的インパクトを与える可能性が高い。[46] 敵の艦艇がドッグ入りする航路の隘路（チョークポイント）（あるいは出入口（ゲートウェイ））に配置されたドローン群は、たとえば特定の軍事ゾーンで潜水艦を運用する機会を敵に与えないため、多層的な物理的障害物の役目を果たすことができる。[47] 無人水中艇は、地上レーダーシステムに対する航空機からの電子戦と同様、水中プラットフォームの放射体と組み合わせてリアルタイムに音響妨害を行なうために配備することができる。[48] また、無人水中艇は被発見阻止行動の一環として、偽の標的を装うデコイとして運用することもできる。

戦術的視点に立てば、効率的な潜水艦の探知・追跡のため、ドローン群は必ずしも外洋全域をカバー（すなわち「外洋全域の透明化」）する必要はない。イギリスのジョン・ガワー（John Gower）海軍少将によると、センサーを均等に分散配置すれば「実効性ある捜索」に十分であり、「外洋を対象とした探知計画は実現可能である」[49] という。さらに移動式センサー・プラットフォームの進歩により、スウォームで運用されるドローンは、出港後、隘路を通航する敵潜水艦の位置を標定することができる。たとえば中国の比較的小規模なSSBN艦隊はインド太平洋の外洋に進出するとき、アメリカ海軍による探知を避けるため、泊地を離れた後、緊要な隘路——ルソン海峡や琉球諸島の周辺海域

――を回避せざるを得ないという問題にすでに直面している。

現在の無人潜水艇は潜航速度が遅く、また行動する地理的範囲と時間枠が拡大すれば、バッテリー不足の問題が生じる。このため、相手の後を自律的に追跡――潜水艦に付着するヒルのように――することは、現時点では現実味がないように思われる。(50) 将来、MLで増強された無人潜水艇と無人水上艇が段階的開発サイクルに組み入れられ、分散した無人潜水艇にモバイル・ネットワーク・システムのセンサーを搭載し、隘路で敵の潜水艦を追跡することができれば、従来、原子力潜水艦と有人水上艦艇が果たしてきた役割を補完するどころか、最終的には完全に取って代わることができる。(51)

もしある国が、自国が保有する核兵器（とりわけ核搭載型潜水艦）の残存性が危うくなっていると判断すれば、ドローン群による通常能力は戦略レベルに不安定な影響を与えることになる。(52) それゆえ、ＩＳＲのみの（つまり防衛的姿勢を示す）任務でＳＳＢＮの追跡・監視を行なうドローンのスウォーム行動であっても、それが抑止を不安定な状態に陥らせるのであれば、武装化したドローン攻撃と同じ効果をもつ。(53)

つまりスウォーム攻撃が第一撃能力の無力化を意図したものでなくとも――技術的には可能であるそれが実現可能であるとの認識を生み出すだけで核保有国間に不信感を引き起こし、敵対国の間に非対称性が存在する場合〔たとえば核戦力の質的または量的な格差〕でも、不安定な状態をもたらしてしまう。(54)

また、ＡＩのスピードによって防御側は明らかに不利な立場に置かれるため、先制攻撃への誘因を一段と高めてしまう。ドローンのスウォーム攻撃などのテクノロジーが生み出す脆弱性により、能力の低い国――自国の戦力の劣勢を敵に乗じられる弱点と見なしている国――にとっては先制攻撃が望ましいオプションとなる。[55] さらに能力上の非対称性のギャップが拡大するほど平時に不安定の力学を引き起こし、潜在的には危機発生時においてもエスカレーションへの圧力が強まる。[56] 要するに、核の領域に新たな軍事技術が導入されると、その影響は国家の特性に応じて異なったものとなる。すなわち、その影響度は国家の戦略的兵力構造の相対的な強さに依存するのである。[57]

たとえば理論上、アメリカのＡＩ実装型の無人潜水艇は、中国の核弾道ミサイル搭載型潜水艦および非核の攻撃型潜水艦の存在を脅かすことができる。[58] たとえアメリカの無人潜水艇が中国の非核（あるいは非戦略的な）攻撃型潜水艦の艦隊のみを標的とするようプログラミングされていたとしても、中国軍の指揮官たちは――アメリカやロシアのＳＳＢＮ艦隊と比較して――騒音が大きく、小規模な自国の海洋ベースの核抑止戦力があっという間に無力化されてしまうことを恐れるかもしれない。[59] 緊張の段階的緩和に向けたアメリカ側の共感[60]（相手の立場に立って考えること）がない場合、マシンラーニング技術を取り入れたセンサー技術――中国のＳＳＢＮの正確な探知を可能にする設計――の進歩によって、優勢な核保有大国は正確に標的を照準に収め、「安全保障のジレンマ」の力学を作動させることになると、北京は恐怖心を募らせることになる。[61] このため中国は、量子コンピューティング、高度なC3Iシステムといった能力を鋭意追求している。これらはアメリカの対潜水艦能力（特に無人潜水艇）による妨害を受けることなく、SSBNとの間で確実に通信連絡を確保するためのものである。[62]

マシンラーニング技術を取り入れたニューラルネットワークにより増強された中国の有人・無人の双方から成るドローンの共同作戦は、将来の南シナ海におけるアメリカの航行の自由作戦を妨げるだろう。[63] 中国が巡航ミサイルや極超音速滑空体の能力にAIや自律性技術を組み入れた場合、台湾海峡や南シナ海、東シナ海での接近戦は錯綜し、通常戦力レベルと核戦力レベルの双方で偶発事態が起こりやすい不安定な状況を招くだろう。[64]

理論上は、アメリカのAI実装型の無人潜水艇は、中国の核弾道ミサイル搭載型潜水艦および非核の攻撃型潜水艦の双方を脅かすことができる。こうしたリスクに対応するため、中国海軍は「海中の長城」（Underwater Great Wall）を構築し、海底におけるアメリカの軍事的優位に挑戦するという遠大な目標の一環として、無人潜水艇を開発・配備し、海面下の監視と対潜水艦能力を強化しようとしているのである。[65]

結　論

本章では「ＡＩにより能力を向上させた情報収集・分析システムは、国家の核抑止能力の残存性と信憑性にどのような影響を及ぼすか」という観点から分析した。第1節では、移動式ミサイルの発見はもともと困難であったため、発見を可能にする方向への漸進的な技術改良は――その実現が間近に迫っていると「認識」されるだけでも――戦略的なゲームチェンジャーになり得ることを明らかにした。それゆえ、将来のＡＩ分野で起こるブレークスルーが、移動式ミサイル戦力の位置を標定し、狙いを定め、破壊するゲームの仕方を変え得るような手段を生み出すかどうかにかかわらず、そうした捜索能力を追求しているアメリカ側の意図を中国側がどのように認識するか、という問題のほうがはるかに重要なのである。

たとえば仮にＡＩによる対兵力能力の遠隔探査技術の開発が進み、アメリカが中国の「欺騙・分散」戦術を克服し、移動式核ミサイルの位置の標定が可能になると、米中間の「危機の安定性」への影響は深刻化する。第4章で述べたが、中国は核の先制不使用政策を採用する一方で、「エスカレーション優位」を取り戻すため、限定核によるエスカレーションに関与せざるを得ないと感じるかもしれない。さらにアメリカが保有する能力を自国にそっくり導入しようとし、アメリカの意図を悪意あるもの（将来のアメリカの能力が中国の安全を脅かすとの主張）と受け止めてきた中国の戦略家たちのこれまでの慣例を考慮すれば、敵対国の移動式ミサイルの位置データの合成を可能にする技術の漸進的な進展は、これまでの不安や不信感をより一層悪化させることになるだろう。[66]

こうした分析を通じ、ＡＩにより向上（enhance）する能力は、ＡＩが可能（enable）にする能力と組み合わされて移動式の核兵器類をこれまでよりも速く、低いコストで、より効率的に探し出せるということが理解できる。ＡＩにより可能となり向上する能力は、単なる部分の集合にとどまらない深刻な影響を「戦略的安定性」にもたらす。核の移動式システムにＡＩイノベーションがもたらす脆弱性の増大は、核革命を下支えしてきた核抑止の前提——核戦力の残存性と信憑性を確保するため、堅牢化と隠蔽化により抑止力を高める手法——を覆してしまうかもしれない。

第２節では、近年のセンサー、通信および処理技術（ビッグデータ解析やマシンラーニング）の進歩が、ＡＳＷや海中プラットフォームを対象とした将来の段階的開発サイクルに変革をもたらすことを明らかにした。そうした変革をもたらす技術により、リアルタイムで潜水艦を標定・追跡・破壊する能力——広大な海洋を舞台に、魚雷シーカーを探知・発射するＡＳＷの「撃ちっ放し」任務など——を向上させることができる。しかし、こうしたシナリオの技術的な実現可能性については、現時点ではいまだ論争中である。

専門家の中には、ＡＩや量子通信、ビッグデータ解析といった新興技術の活用により、運搬性に優れたセンサー・通信・信号処理技術の開発が実現すると主張する者がいる一方で、革新的テクノロジーが必然的に変革的な戦略的効果をもたらすと思い込むことの危険性を指摘する専門家もいる。というのも、自律型システムが潜水艦の偵察や抑止に対し、ゲームを変えてしまうほどの戦略的インパクトを与えるようになる以前に、電力、センサー技術、通信の各分野で大幅な進歩が実現される必要があるからである。

最終的にＡＩのインパクトは、国家の戦略的戦力構造の相対的強さによって異なる。能力上の非対称性のギャップが広がるにつれ、平時には不安定の力学が働き、危機においてはエスカレーションの圧力が強まる。中国のＳＳＢＮの発見につながるマシンラーニングを取り入れたセンサー技術の進歩は、たとえば軍事的に優勢な大国（すなわちアメリカ）から狙われているという北京の恐怖心を強めるにちがいない。

これまでの議論を要約すると、広域に分散したデータセットを活用して予測を行ない、地下サイロにある戦略ミサイル戦力、特に移動式ＩＣＢＭ発射機、ステルス航空機、ＳＳＢＮ、トラックや鉄道貨車に搭載された国家の戦略ミサイル部隊の位置の標定・追跡・照準化を行なうＡＩが将来に開発されることになるであろう。[67]

次にドローン群や極超音速飛翔体など、ＡＩを実装した自律型兵器システムは、なぜ、どのように核の安定性に影響を及ぼすのだろうか？　この問題について、第６章で取りあげたい。

第6章　猛烈なスピード——ドローン群と極超音速兵器

　ＡＩによって強化されたドローンのスウォーム行動と極超音速兵器は、ミサイル防衛をいかに複雑にし、国家の核抑止力を弱め、エスカレーションのリスクを増大させるのだろうか？[1]人命を失う危険性が少ないと思われるケースで、ＡＩで強化された無人システムは、エスカレーション、抑止、紛争管理にどのような影響を及ぼすのだろうか？　ＡＩによって強化された自律型兵器システム——特にスウォーム戦術に用いられるドローン——の拡散は、将来の戦いにおける核セキュリティとエスカレーションに重大な戦略的意味をもつ可能性がある。[2]

　無人自律型システム（ＵＡＳ）は、これまでアクセスできなかった複雑な環境における任務（たとえば海中での対潜水艦戦など）に使用される可能性があり、空中や海中で群れをなすドローンは、最終的には核兵器の運搬手段として、大陸間弾道ミサイル（ＩＣＢＭ）と弾道ミサイル搭載型原子力潜水艦（SSBN）に取って代わるかもしれない。[3]

複数のオブザーバーは、AIで強化された高度なUAS（兵器化されたものと非武装の両方を含む）が近い将来、情報・監視・偵察（ISR）や攻撃任務のために配備されると予測している。[4] UASが通常戦タイプの作戦でのみ運用されるとしても、その拡散は不安定をもたらし、偶発的な核のエスカレーション・リスクを増大させる可能性がある。たとえば、ある核保有国が戦略資産（発射施設ならびに早期警戒施設およびそれに付属しているNC3システムなど）を防御している地上配備型の防空システムをAIで増強されたドローン群によって攻撃された場合、攻撃を受けた国は「使うか失うか」の状況に置かれ、核使用の圧力が高まるかもしれない。[5]

第Ⅱ部で論じたように、AI技術の進歩により、軍事大国が一連のUAS（地上、航空、海上および海中のドローン）の開発に対して認める作戦上の価値は著しく高まり、それがUASに殺傷権限を委譲する抵抗感を弱め、情勢をますます不安定化している。[6] 戦略的ライバル国よりも最新の戦争アセットを所有し、技術上の優位を確保するためとはいえ、伝統的に保守的な軍隊は、信頼性に疑問があり、未検証で安全でないUASを配備するという潜在的リスクを回避するかもしれない。[7] つまり、核の状況下において生成途上のシステムの過早な展開は、重大な結果を招きかねないからである。[8]

本章では、次のことを議論する。第一に、AIは既存のUASをどのように強化するかである。さらに国家が直面する速度と正確性のトレードオフについて検討し、潜在的に事故を起こしやすく予測不能で信頼性の低いUASを、人間が適切に制御もせず、責任を負うこともなく配備することによって生じる不確実性とリスクについて考察する。

第二に、AIで強化されたドローン群が実行しうる戦略的行動（攻勢と防勢）と、これらの作戦が「危機の安定性」に与える影響について検討する。第三に、マシンラーニング（ML）が可能にする極超音速運搬システム（極超音速滑空体《HGV》、極超音速スクラムジェット、極超音速巡航ミサイルなど）の質的向上が長射程精密弾――通常型および核搭載型――がもつエスカレーション効果をどのように増幅する可能性があるかについて検証する。

第1節　AI増強型ドローン群――人間を意思決定ループから排除する危険性

自律型システムは、視覚認識、音声認識、顔認識、画像認識、意思決定ツールなどの技術を組み込んで、人間の介入や監視から独立し、航空阻止、水陸両用による地上攻撃、長距離打撃、海上作戦などを実行する。[9] 現在、人間の介入なしに目標の選定と交戦を行なえる兵器システムは数えるほどしかない。徘徊型攻撃兵器（LAMs）――徘徊型兵器あるいは自爆ドローンとも呼ばれる――は、あらかじめプログラムされた目標選定基準に基づきターゲット（敵のレーダーや艦艇、戦車など）を捜索したり、搭載したセンサーが敵の防空レーダーを探知したときに攻撃を開始する。[10] 巡航ミサイル（LAMと同様の機能を果たすよう設計されている）と比較して、LAMはAI技術を利用し、人間のパイロットよりもはるかに長い時間を飛行（または滞空）し続け、はるかに素早く飛来する飛翔体を撃ち落とすことができる。このような特性は、国家が自律的な攻撃を確実かつ正確に探知することも、その攻撃元を特定することも困難にするだろう。[11]

たとえば、低コストで一匹狼のドローンは、アメリカのF‐35ステルス戦闘機にとって大きな脅威とはならないだろう。[12] しかし、数百機のAI ML自律型ドローンが群れをなして出撃すれば、敵の最新かつ高度な防衛能力――中国東部や沿岸部などの堅固な防御地域でさえ――を回避し、圧倒することができるかもしれない。さらに、これらのシステムのステルス型バリエーション（極小型の電磁波妨害装置やサイバー兵器を搭載）は、敵の照準センサーや通信システムを妨害または破壊し、[13]〔味方の〕攻勢作戦のため、敵国の防空能力を低下させることもできる。[14]

2011年には、アメリカのクリーチ空軍基地の航空機のコクピット・システム――中東で無人機MQ‐1およびMQ‐9を運用――が除去困難な悪意あるマルウェアに感染し、アメリカのサイバー攻撃に対する脆弱性を露呈した。[15] しかし、このような脅威に対しては、F‐35のような有人ステルス戦闘機に将来的にAIを組み込むことで対抗できるようになるかもしれない。[16] 近い将来、有人タイプのF‐35戦闘機はAIを活用したロボット工学により、機体の近くで小型のドローン群を制御し、センシング、偵察、ターゲティング操作――たとえばスウォーム攻撃への対抗措置など――を実行できるようになるだろう。将来的には、パイロットはコクピットから自軍のドローン・チームを直接操縦し、やがて「ウィングマン・ドローン」のチームを同時に指揮できるようになるだろう。[17] ドローン群への代替的な対抗措置としては、群れを探知・追跡するレーダーや、それらを破壊する高エネルギー・レーザーなどが考えられるが、[18] 無人航空機（UAV）や支援プラットフォームの耐久性が向上すれば、ドローン群がそうした対抗策を生き延びるための能力を向上させる可能性もある。

元アメリカ国防副長官ロバート・ワークによれば、軍事力の行使においてアメリカは「意思決定するうえで、マシンに致死的権限を委譲することはない」という。しかし、ワーク氏は「マシンへの権限委譲に我々よりも積極的である戦略的に対等に近い競争国（特に中国とロシア）」が存在する場合、このような自制心が試される可能性があるとも付け加えた。[19] 第8章で論じるように、マシンに対する権限の事前委譲と、危機の意思決定プロセスから人間の判断をさらに遠ざけることは、将来戦における核兵器の安全性、レジリエンス、信憑性に深刻な影響をもたらす可能性がある。[20]

歴史的記録には、核兵器のニアミスの事例が数多く存在する。それらは危機における敵対国間の誤算と誤認（すなわち相手国の意図、レッドライン、武力行使の意思）のリスクを軽減するうえで、人間の判断がいかに重要であるかを実証している。[21] かかるリスクを回避するため、中国は四つの軍種〔陸、海、空、戦略ロケット軍〕すべてに先進的UAVを広範に導入している。[22] さらに中国はAI M

L技術を実装したAI技術をUAVやUUVのスウォーム任務のために導入する計画である。外交レベルでは、北京は致死性自律型兵器（LAWs）の禁止を原則的に支持することを表明しているものの、同時にAIと自律性の軍事的応用の開発に積極的に取り組んでいる。[23] たとえば中国は「蜂の群れ」型UAVのデータリンク技術を研究し、アメリカの空母を標的としたネットワーク・アーキテクチャ、ナビゲーション、対電波妨害能力を重視している。[24]

軍の指揮官は情報による状況認識と、危機の際の意思決定に対する心理的コントロールを何よりも重視する。したがって、軍は事故を起こしやすいUASの能力を使用する場合には細心の注意を払う必要がある。何ごとにも統制と組織利益を重んじることへの軍の根強い選好は、戦時のUASの効用に対する軍の認識に影響を及ぼすだけでなく、平時における抑止と軍備管理（または軍備競争）の意思決定にも影響を与える。[25] 第2章で論じたように、恐怖やリスク回避にともなうエスカレーション・リスクにより、事態の成り行きは安定化もすれば不安定にもなる。したがって、意図的でないエスカレーションと意図的なエスカレーションのリスクを見分けることが重要なのである。

世界の国防コミュニティは今日、ダイナミックで複雑な環境――そしておそらく先験的に未知の環境――で運用される、AIで強化された自律型システムが、いかなるリスクをもたらすかについて適切に評価していない。[26] 一方、国際的な対話によって、LAWS――たとえば無人戦闘機、スマート弾システム、戦闘ロボットなど――に関する相互理解が進み、武力が行使される際の人間による制御の重要性については一般的合意が得られている。しかし、何をもってLAWSと見なすのか、どのような政策を実施し、監督し、管理し、検証するかという複雑な定義上の問題はいまだ解決されていない。さまざまな努力にもかかわらず、これらの概念が実際には何を意味するのか、どのように運用されるのかに関する共通理解はないように思われる。(27)

これらの問題には、人間と自律型兵器システムの間の適切な相互作用のレベルはどこか、どのくらいの期間、いかなる状況のもとで、人間は人間の介入なしに自律的に行動するマシンを信頼すべきなのかといった未解決な問題がある。

LAWSをめぐる現在の言説をみると、武装化されていない自律型ドローンを利用することによる潜在的に重大なインプリケーション——敵対国の領土内で高度なISR活動が可能——を十分に考慮に入れているとはいえない。(28) 第I部で述べたように、自律性とAIの進歩によって、以下に述べる戦略的課題は、より切迫したものとなっている。要約すると、①マシンの速度で動く事故を起こしやすいUASの配備にともなう不確実性と予測可能性、そして②不透明な（核・通常戦力両用の）アルゴリズムに対する制御の委譲を促している地政学的な競争圧力〔丸数字は訳者〕は「危機の不安定性」を深刻化させ、「安全保障のジレンマ」を悪化させるという課題である。(29)

第2節　スウォーム行動と新たな戦略的課題

群れ（スウォーム）で運用されるドローンは、敵の移動式核ミサイル発射機とSSBN、その支援施設（たとえば指揮統制・通信・情報《C3I》およびび早期警戒システム、アンテナ、センサー、空気取入口）に対する先制攻撃や、核ISR任務を実施するという運用上の要求を満たしている。[30]たとえば国防高等研究計画局（DARPA）の自律型水上航行無人艇のプロトタイプ「シー・ハンター」は、潜水艦偵察を含む対潜水艦作戦を支援するように設計されている。[31]第5章で論じたように、一部の専門家は「シー・ハンター」のような自律型システムは海中領域を「透明化」する可能性があり、SSBNの抑止の効用を低下させてしまうことを懸念している。要するに、拡大・分散したデータセットを合成して将来を予測し、核兵器（たとえば地下サイロのICBM発射装置、ステルス爆撃機やSSBNに搭載されているものなど）の位置を標定・追跡し、照準化するための将来のAI能力は日増しに高まっている。[32]

現在の技術的可能性にかかわらず、DARPAの「シー・ハンター」のような自律型システムは、新世代の自律型兵器が統合作戦を支援するための反復的なターゲティング・サイクルをいかに加速化するかを示しており、その結果、核の第二撃攻撃能力の信頼性と残存性に関する不確実性を高め、それらを「使うか失うか」の状況を誘発してしまう可能性がある。[33]

ＡＩが核抑止に最も不安定な影響を与えるのは、ＭＬで強化された各種センサーと自律性との合成の分野である。それにより、国家の第二撃能力の残存性に対する信頼性を損ない、極端な場合、「報復的」な第一撃を誘発することにもなりかねない。さらに前述したリスク要因が相互に作用することで、先制行動を誘発し、危機や通常戦力による紛争の際に、核保有国間の誤認や誤算のリスクを悪化させ、エスカレーションのリスクを高める可能性がある。[34]

これらの力学を説明すると、A国は極秘の任務で敵の領空にドローンを飛ばし、B国はそれを主権の侵害もしくはA国による計画的攻撃の前兆であると見なす。このようにライバル国間で使用されるＵＡＶは先制攻撃のリスク、すなわち先手必勝のインセンティブを生み出す。たとえばA国がある情報をつかんだ場合（部隊の不審な動き、基地からミサイルが搬出されたという情報など）、B国が対応する前にいち早く戦略的優位を得たい（あるいは紛争を終結させたい）という願望に動機づけられ、A国が状況をエスカレートさせる可能性がある。さらにA国は、低コストでさほど重要ではないドローンを通常戦レベルで制御可能なものとして運用することに先行者利益を見いだすかもしれない。この状況は、少なくとも紛争の初期段階では魅力を増すと思われる。しかし、A国のＵＡＶがB国に撃墜された場合、A国はこの脆弱な資産の喪失を受け入れるか、事態をエスカレートさせるかの選択を迫られる。[35]

これまでの議論をまとめると、コンピュータ性能の飛躍的な向上と、リアルタイムでデータを高速処理できるＭＬ技術（特にＭＬで強化されたリモート・センサー）の進歩とが相俟って、地中や海中に隠蔽されている核抑止戦力の捜索という、ますます複雑な任務遂行能力をＡＩはドローン群に与えることが予想される[36]（第5章参照）。

次に掲げる四つのシナリオは、ＡＩで強化されたドローン群が実行可能な戦略レベルの作戦を描いている。[37]第一に、ドローン群は分散した（核および通常弾頭の）移動式ミサイル発射装置と、それに付属する核・通常戦力両用のＣ３Ｉシステムの位置を標定・追跡するＩＳＲ活動を行なうために展開されるだろう。[38]具体的には、ＡＩを導入したＩＳＲ、自律型センサー・プラットフォーム、自動標的認識（ＡＴＲ）、データ解析システムを組み込んだドローンの群れが、センサー用ドローンの有効性と速度を高め、移動式ミサイルの位置を特定し、敵の防衛網を回避することが考えられる。[39]そして、ドローン群からの衛星画像と信号情報がステルス戦闘機や武装ドローンに送られ、ミサイルを破壊するだろう。さらにＡＴＲシステムは、ある無人機が別の武装ドローンにターゲティング情報を自動的に引き渡すという、複数の無人機による高度な共同ターゲティング作戦を可能にするために使用されることになるだろう。[40]このように、高度なＡＩを搭載したドローン群における自律性は、核と通常戦力の混在問題を悪化させ、「戦略的不安定性」を増大させる可能性が高い。[41]

第二に、スウォーミング技術は、従来の通常兵器や核兵器の運搬システム（たとえばＩＣＢＭや潜水艦発射型弾道ミサイル（SLBM）など）を強化するだけでなく、極超音速飛翔体にも組み込まれる可能性がある（この点については後の節で論じる）。少なくとも二つの核保有国が核兵器運搬用として使用可能なUAVまたはUUVのプロトタイプを開発していることに注目すべきである。[42] AIの利用は運搬システムのターゲティングと追跡能力を強化し、現世代のミサイル防衛に対するドローン群の残存能力を向上させるだろう。逆説的ではあるが、これらのシステムでドローン群に依存すると――第7章で取りあげるサイバー防衛と同様――攻撃（たとえばスプーフィング、操作、デジタル妨害、電磁パルスなど）に対してより脆弱になり、衝突・相互干渉・通信遮断といったリスクが生じる可能性がある。[43] そうした脆弱性を軽減するため、センサー用ドローン群の編隊はAIで強化されたISR機器を装備して、情報収集やスウォーム内通信、画像分析能力を強化し、活動の地理的範囲を拡大させる。そして、スウォームへの潜在的脅威を監視することによって、スウォーム編隊の残りの群れに攻撃行動を行なわせることができる。[44] たとえばDARPAは最近、最小限の（あるいは使用不能となった）通信のもとで、ドローン群がどのように協働し、戦術的決定を調整するかを試験している。[45]

第三に、スウォーム戦術は敵対国の防衛能力（防空、ミサイル防衛、対潜水艦戦）を無力化または制圧する能力を強化し、敵の報復能力に対する攻撃への道を切り開くことができる。[46] ドローン群は（対艦ミサイル、対電波放射源ミサイル、通常の巡航ミサイルや弾道ミサイルに加え）サイバー戦や電子戦の能力を備え、広範な攻勢作戦に先立ち、敵の早期警戒探知システムやC3Iシステムを妨害・破壊することができるかもしれない。[47] たとえば2019年、中国のドローン製造会社の珠海紫燕有限公司が迫撃砲、手榴弾、機関銃を搭載可能で、統制のとれたスウォーム飛行で自律的に運用可能なヘリコプター型ドローンを開発したと報じられた。[48] さらに非国家集団（イラクのISISやイエメンのフーシ派など）も、市販の小型マルチローター・ドローンを使って砲迫攻撃を支援する実験を行なっている。[49]

第四に、海洋領域ではAIを搭載したスウォーム内通信とISRシステムに支えられた水中無人潜水艇（UUV）、無人水上艇（USV）、UAVを攻守両面における対潜水艦戦に同時展開することができる。これにより、敵の防衛力を飽和させ、核搭載型潜水艦または非核の攻撃型潜水艦の位置を特定・無力化し、破壊することができる。[50] また、ますます静寂性を増す敵潜水艦への対抗策として、センサー技術の開発（たとえばサイズの小型化や探知範囲の拡大など）が進められているが、他の技術的課題もいまだ残っている（第5章参照）。それは複数のシステム間の海中通信、処理能力の向上、バッテリーの寿命とエネルギーの生成、システムの拡張などの課題である。

通常戦力による対兵力作戦では、たとえば電子戦やサイバー能力を備えたドローン群によって敵のセンサーや制御システムを攻撃し、統合防空システムの機能を低下させることができる（たとえばスプーフィングや電磁パルス攻撃）。[51] 同時に、国家は別のドローン群を使用し、自国の兵器システムを敵の攻撃から引き離し、センサーを保護することもできる。[52] これを通常兵器や核兵器を搭載したドローンに護衛された長距離（有人または無人）ステルス爆撃機の前衛として運用することもできる。さらにドローン群はスウォーム対スウォームの戦闘シナリオでも使用されるかもしれない。そこでは、核・通常戦力両用の二重ペイロードや極超音速兵器を搭載したドローンなどが投入されるが、現状はマシンとマシンとの協働は開発のごく初期段階にある。[53] 逆にドローン群は前述したような攻勢的脅威の対抗手段として、国家のミサイル防衛を強化することができる。たとえばスウォームが防御の壁を形成して、飛来するミサイルを吸収・迎撃したり、搭載されたレーザー技術でコースを外す囮（デコイ）の役割を果たすことができる。[54] そのうえ、スウォームの攻撃に対しては、高出力マイクロ波や子弾の詰まった大型ショットガンなどで対抗することもできる。[55]

技術的な課題（特に電力供給）は残るものの、ML技術と融合したロボット・システムの群れは、将来の紛争において、範囲、精度、質量、連携、知能および速度の向上といったパワフルな相互作用を生み出す可能性がある。[56] 致死性、非致死性を問わず、確固たる法的・規範的枠組みに縛られない自律型兵器は、交戦規則が曖昧で比較的リスクが低い強力な手段と見なされ、軍事的に優勢なライバルの軍備と決意を弱体化させる非対称的能力となり得る。この非対称的能力は強制手段と軍事的優位を得るため、そして敵対者がこの能力から利益を得ることを阻止するため、ますます魅力的な手段となる可能性が高い。[57] たとえば自律型ドローン・システムは、敵の意志（または決意）を徐々に削ぐ「サラミ・スライシング」戦術として運用される可能性があるが、エスカレーションを誘発する閾値（または心理的レッドライン）を踏み越えることはない。[58]

第3節　極超音速兵器とミサイル防衛

先進的な非核兵器は、広範な戦略目標に脅威を及ぼす可能性がある。特に極超音速兵器の技術的進歩によって、それが巡航ミサイル、ミサイル防衛能力とともに配備され、ドローン群に支援された場合は、敵のレーダー、対衛星兵器、移動式ミサイル発射機、C3Iシステム、発射台付ミサイル運搬車（トランスポーター・エレクターズ・ローンチャー）を標的とすることができる。[59]

将来的には、AIで強化されたUAVのスウォーム編隊が移動式ミサイル発射機などの分散した標的を識別・追跡し、敵の防空システムを制圧するために配備され、やがて通常弾頭または核弾頭を搭載した極超音速の自律型運搬システムのスウォームが出現する道を開く可能性がある。[60] ブースト・グライド技術を利用し、通常弾頭（潜在的には核弾頭）[61]を推進する極超音速滑空体（HGV）のような攻勢優位の兵器の開発・配備は「攻撃目標の曖昧性（ターゲット・アンビギュイティ）」の問題をさらに深刻化させ、偶発的エスカレーションのリスクを高める。これは、全体として核の閾値を押し下げることにつながる。[62]

中国、アメリカおよびロシアのドローン関連の文書には、通常型の極超音速兵器はこれまで核兵器だけが脅威を与えることのできたターゲットを危険にさらし、それによって自国の戦略的抑止力を強化できるという、極超音速兵器の潜在的効用に関するスタンダードな見方が記述されていることに注目すべきである。(63) さらに米中（あるいは米ロ）間の将来の紛争では、三カ国すべてが相手の核・通常戦力両用のC3IおよびISR両用能力を早期かつ先制的に攻撃する強いインセンティブをもつことが予想される。(64) ロシアのアナリストと同様に、中国のアナリストは極超音速巡航ミサイルを、中国の核抑止態勢を強化し、アメリカのミサイル防衛を突破し、先制的な極超音速作戦を支える攻勢プラットフォーム（たとえば極超音速滑空プラットフォームDF‐ZFなど）を強化するための有効な手段であると見なしている。(65)

極超音速兵器の機動性は、従来の力学を複雑化し、既存の不安定要因に「目的地の曖昧性（デスティネーション・アンビギュイティ）」という不安定要素を追加する。弾道ミサイルとは対照的に、極超音速兵器の予測不可能な軌道は、相手に意図を伝達する手段としてこの兵器を使用することを難しくし、状況をエスカレートさせる可能性が高い。さらに敵対国の核・通常戦力両用のISR、早期警戒、C3Iシステムが紛争初期に攻撃対象とされた場合、攻撃者の意図を判断するという難題はより一層複雑化する。何の前触れもなく「青天の霹靂（へきれき）」のように襲撃され、極超音速攻撃の飛翔経路や最終目標を判断することができない相手国は、最悪の事態（すなわち「使うか失うか」の状況）を想定する可能性が高く、相手に意図を伝達するつもりでこの兵器を使用した場合であっても、状況をエスカレートさせてしまう。たとえば中国のアナリストたちは、自国の核戦力に対する「青天の霹靂」のような極超音速攻撃が発する微かなシグネチャを早期警戒システムで探知することができず、対抗手段がないことに懸念を表明してきた。こうした見解は、中国の早期警戒システムが（特にアメリカに対して）不十分であると認識されていること、そして、アメリカのグローバル迅速打撃能力の開発の進展を反映したものだといえる。[66]

地政学的な競争と不確実性を背景に、相互に奇襲攻撃に対する懸念を払拭できないでいる状況は、誤算が生じるリスクを高め、事態をエスカレートさせる可能性がある。たとえばアメリカ海軍の自律型UUVがISR任務で南シナ海をパトロールしていたとしても、これらの能力が将来、より攻勢的な任務に使われることはないと北京を納得させることができるだろうか？　第5章で論じたように、UUVのような自律型システムを紛争地域に配備する最大の理由は、抑止または安心供与のシグナルとしてではなく、軍事的な有効性、精度、信頼性および情報収集といった純粋に作戦上の要請からであろう。[67]

たとえば中国の早期警戒システムがアメリカ本土から発射された極超音速兵器を探知した場合、北京は意図された攻撃目標が中国本土であるかどうかの確信がもてない（「目的地の曖昧性」）。また中国が攻撃目標であることが明らかになった場合でも、中国の指導者は、アメリカがどのようなアセットを破壊するつもりなのか依然として判断がつかず（「ターゲットの曖昧性」）、さらには弾頭が核兵器なのか通常兵器なのか（「弾頭の曖昧性」）をその時点で判別することができない。[68] 一方、北京はアメリカの「核・通常戦両用（デュアル・ケイパブル）能力」をもつプラットフォームを追跡・捕捉するためにドローン群を使用せざるを得ないと感じ、偶発的かつ不本意なエスカレーションのリスクを高めるかもしれない[69]（第4章参照）。

仮にアメリカが低出力弾頭の潜水艦発射型弾道ミサイルと巡航ミサイルを配備するという２０１８年の『核態勢の見直し』で打ち出されたオプションを実行に移すならば、この戦略的曖昧性はますます強まるだろう。[70] さらに（ロシアやアメリカが現在維持しているような）「攻撃下の発射」(launch-under-attack) が可能な核態勢に向けて、中国のミサイル早期警戒システムが改善されれば、アメリカのブースト誘導攻撃の早期発見がより一層重要になることを意味する。[71]

イギリスの国防アナリストのジェームズ・アクトン (James Acton) によると、極超音速兵器の運用を成功させるためには、その運用を「実現する能力」(enabling capability) が必要である。[72] 特に迅速な意思決定（すなわち標的の位置確認、追跡および攻撃の確実な実行）を必要とする軍事行動では、一般的に先制攻撃や奇襲攻撃よりも攻撃の計画・実行を「実現する能力」（とりわけＩＳＲ）が強く求められる。しかし、指揮統制、インテリジェンスの照合と分析および戦闘損耗評価システムは未開発のままであり、極超音速兵器技術の進歩と比べても、この分野は後れをとっている。[73]

極超音速運搬システム――その他の長距離通常兵器と核搭載型精密弾――の開発にあたり、ＡＩの

ＭＬ技術は以下に掲げるように、実現システムのすべてにおいて大幅な質的改善をもたらすと予測されている。[74]

（１）自律型航法と高度な視覚誘導システム[75]
（２）攻撃目標（ターゲティング）の選定と目標（特に移動中のもの）を追尾するＩＳＲシステム
（３）ミサイル発射とセンサーシステム
（４）大量のデータ・セットからパターンを抽出し、識別と目標追尾のための情報分析を支援するＡＩＭＬシステム[76]
（５）ミサイルの「撃ちっ放し」を実現する意思決定支援システムに有用なパターン解析[77]
（６）エスカレーション予測[78]（第８章参照）

たとえば、特に中国とロシアは現在、高速のため手動で操作できない極超音速滑空体（ＨＧＶ）用の制御システムを構築するためのＭＬアプローチを開発中である。[79]

このような自律型のバリエーションは極超音速ミサイル防衛を強化し、妨害、攪乱、欺騙、スプーフィング（なりすまし）などのノンキネティックな対抗手段へのレジリエンスを強化することができる。[80]構想上、ＡＩ ＭＬシステムは数分のうちに極超音速飛行計画（人間は点検と認証を行なう）を生成し、飛行中にリアルタイムで、予期しない飛行条件やターゲットの位置の変化を補正し、ミサイルを自己修正できるようになる。[81]理論的には、このようなＡＩの強化によって、極超音速自律型運搬システムのスウォーム編隊が敵の移動式ミサイル部隊を捕捉・照準化する際に軍が直面する技術的な課題のいくつかを回避できるようになる。[82] 具体的には、移動中の目標を追跡し、情報をリアルタイムで指揮官に伝達し、移動式発射機が移転する前に、迅速な奇襲または先制攻撃の合図を送ることができる。[83]

中国の膨大なオープンソース情報から、極超音速兵器の高速性と異常な高熱を発する再突入時の動力学に関連する技術的課題（熱制御、運動性、安定性、目標照準）に対処するため、ＡＩを活用したＭＬ技術（特に深層ニューラルネットワーク）の導入に向け、国内で盛んに研究が行なわれていることがわかる。[84] 中国のアナリストたちは複雑な飛行環境、非線形現象、急速な時間変動、ダイビング段階における運搬体の不確実性など、ＨＧＶの高度な飛行包路線（フライト・エンベロープ）（航空機の飛行可能な速度や高度、積載量の限界範囲）に関連する難題の多くがＡＩによって解決されると予測している。さらに中国の専門家は、ＡＩで強化された戦略的非核能力（特にドローン群やサイバー兵器）と同様、極超音速兵器は戦いのスピードを上げることで不安定化の要因になるという点では、米欧の専門家と大筋で一致している。

極超音速兵器を強化するためにＡＩのＭＬ技術を応用している中国の取り組みは、将来の多次元マルチドメイン戦のための「知能的な」自律型兵器の開発という、より広範な戦略目標の一部として理解することができる。[85] 極超音速兵器と核の安全保障（特にアメリカのミサイル防衛の突破）の間には、関連する多くの接点があり、中国の極超音速兵器は核・通常戦力両用の弾頭を搭載する可能性が[86]

ある。このため、これらの能力と、核抑止、通常抑止、領域横断的抑止（クロスドメイン）に与える影響との相互作用を理解することは、アナリストや政策立案者にとって重要な課題となってきている。[87]

結論

本章では、ＡＩによって強化されたドローン群や極超音速兵器がミサイル防衛を複雑化し、国家の核抑止力を弱め、エスカレーションのリスクを増大させる可能性について検討した。

長距離精密弾、ミサイル防衛システム、極超音速飛翔体に取り付けられたアルゴリズムは、戦いのスピードを加速させ、意思決定者が核危機に対応しなければならない「意思決定の時間枠」を短縮化する可能性がある。ＡＩで強化されたドローン群を配備するうえで残されている技術的障害が克服された場合、この能力は将来の戦いにおいて、行動範囲、精度、質量、連携、知能、スピードの向上というパワフルな相乗作用をもたらすことになるだろう。つまり自律型システムに権限を委譲してしまうことは、将来の戦いで、核兵器の安全性、レジリエンス、信頼性に大きな課題を突き付ける可能性がある。

コンピュータ性能の飛躍的な向上と（リアルタイムでデータを高速処理できる）ＡＩ ＭＬ技術の

進歩により、スウォーム編隊のドローンは敵の核抑止戦力の索敵、対核ISR活動や先制打撃の遂行、ドローン群、極超音速兵器、妨害・スプーフィング攻撃に対する防御力の強化など、一段と複雑な任務（攻勢および防勢）を果たすことが可能になるだろう。さらにML技術は、極超音速運搬システムを含む長距離精密弾の質的向上に大きく寄与することが予想される。

AIで強化されたドローン群を用いた戦略的行動には、次のようなものが考えられる。

（1）分散した移動式ミサイル発射機とそれに付属するNC3システムの位置を特定し、追跡する対核ISR作戦

（2）既存および次世代の通常兵器および核兵器運搬システム（たとえばICBM、SLBM、極超音速兵器など）の強化

（3）「敵の報復能力を壊滅させるための攻撃」の前段階として敵の防御（サイバー兵器や電子戦能力など）の無力化や制圧など

速度、持続性、範囲、調整および戦場における集中運用を組み合わせたUASは、紛争中の「接近阻止（アンタイ・アクセス）・領域拒否（エリア・ディナイアル）」地帯で軍事力を投射するための魅力的な非対称的オプションとなり得る。UASがゲームのやり方を変えるような戦略的インパクトをもつまでには、電源、センサー技術および通信分野での大幅な進歩が必要とされるが、核戦力が新たな戦略的課題に直面しているという認識

だけでも、核保有国間に不信感を招き、特に戦略部隊の非対称性が存在するところでは「安全保障のジレンマ」を悪化させる可能性がある。

ドローン群などの自律型兵器は、交戦規則が曖昧でリスクが低いと認識され、厳格な法的・規範的・倫理的枠組み（何をもってLAWSと見なすか）がなければ、技術的に優勢な敵対者に十分な脅威を与え得る非対称的（低コストで取得が比較的容易）手段として魅力を増していくと思われる。こうして誤解、誤算、不本意なエスカレーションにより、危機が紛争へと拡大する危険が高まるのである。(88)

マシンの速度で作動し、アクシデントを起こしやすいUASの配備にともなう不確実性と予測不可能性により、国家はますます不透明な（デュアルユースの）アルゴリズムに軍事的コントロールの権限を委ねるようになる。

「新アメリカ安全保障センター」（アメリカの国防・安全保障シンクタンク）の国防アナリストであるポール・シャーレによれば、「スウォーム戦闘で勝利するには、単に最高のプラットフォームをもつというよりも、優れた連携と迅速なリアクション・タイムを実現する最高のアルゴリズムをもてるかどうかにかかっている」(89)という。

このような力学がサイバースペースでどのように展開されるのか。また、AIで強化されたサイバー能力が核の安全保障にどのような影響を及ぼすのか。第7章では、この問題について取りあげる。

第7章　ＡＩとサイバーセキュリティ

ＡＩ技術を導入したサイバー能力は、国家の核戦力の信頼性・管理・使用を覆すために、あるいは利用を妨害するために、どのように使われる可能性があるのだろうか？　本章では、ＡＩで強化されたサイバー能力が、核兵器と非核兵器の混在や、戦いの速度の増大によって不本意なエスカレーションを招くリスクを高める可能性について議論する。[1]　また、核セキュリティ用のＡＩアプリケーションを搭載したサイバー（攻撃と防御の双方の）能力の潜在的意味についても検討する。これらを踏まえて本章では、ＡＩで増強されたサイバーによる対兵力能力は将来的にサイバー防衛の課題を複雑にし、攻撃的サイバー能力がエスカレーション効果を増幅させることを明らかにする。

アメリカの国家安全保障関係者の中には、サイバー兵器の戦力増幅装置として利用されるＡＩは、防御・攻撃の両面でサイバーセキュリティ分野に変革的な影響をもたらすと考える者もいる。[2]　元国家情報長官のダニエル・コーツ（Daniel Coats）は、ＡＩはサイバー攻撃に対するアメリカの脆弱性を高め、攻撃への対処能力を弱めるのに対し、敵の兵器や情報システムの有効性と能力を向上させ、アクシデントやそれに付随する責任問題を引き起こす可能性があると警告した[3]。むろん、ＡＩを利用するサイバー攻撃とサイバー防御の境界線を見分けることは難しい[4]。いまから60年前、核兵器の到来に警鐘を発したバーナード・ブロディーの言葉が胸に響く。「攻撃への過度の（軍事的）偏向は、技術的にまったく新しい状況の中で特殊な問題を生み出す。我々はバランスのとれた判断を下すために参考とすべき戦争経験をほとんど、あるいはまったくもっていないからである」[5]

一方で、ＡＩはサイバー攻撃に対する軍の脆弱性を緩和させるかもしれない。ネットワークの挙動パターンの中に変化や異常を検知し、ソフトウェア・コードの脆弱性を自動的に識別するサイバー防御ツール（カウンターＡＩともいう）[6]は、サイバー攻撃に対する強靭な防御手段となり得る[7]。たとえば個々のコードの断片が既存のマルウェア構造を模倣しているケースでは、ＭＬアルゴリズムによって攻撃者の正体を特定するための重要な証拠を見つけることができる[8]。

ペンタゴンの新しいＡＩ報告書によると、「ＡＩはさまざまな攻撃元からのサイバー脅威や物理的脅威を予測・識別し、それに対処する我々の能力を向上させることができる」[9]という。また、国防総省の「国防イノベーション実験ユニット」はＡＩを活用して確率的な一連のイベントをマッピング化し、代替戦略を策定するアプリケーション――「ＶＯＬＴＲＯＮプロジェクト」と関連している――を試作中である。これによりＡＩで強化されたサイバー攻撃に対する国防総省のシステムのレジリエンスを強化し、人間よりも迅速にエラーの修復を行なうことができる。[10]

他方、自律性そのものがサイバー攻撃への軍の脆弱性を高める可能性もある。ＡＩはサイバースペースにおける攻撃の匿名性を高める可能性が高く、特にステルス、隠蔽、欺騙、策略に適している。[11]たとえば敵対者はマルウェアを使って国防総省の「メイヴン・プロジェクト」などの自律システムの動作やパターン認識システムを意図的に制御・操作し、それを欺くことができる。このような攻勢的な攻撃（オフェンシブ・アタック）を実行するのは比較的容易であるが、それを検知し、攻撃元を特定し、効果的に対処することは非常に困難である。たとえば２０１１年にネバダ州のクリーチ空軍基地で、中東の紛争地帯上空を飛行中のアメリカの無人偵察機（プレデターとリーパー・ドローン）のコクピットの制御システムに感染したマルウェアを正確に識別することは、アナリストにとって非常に困難であることに気づいた。[12]皮肉なことに、ＭＬを利用してサイバーセキュリティを強化することによって、攻撃者がネットワークにアクセスし、介入するポイントを増大させてしまうのである。

こうした問題群は「サイバースペースでは、何がエスカレーション的行動（あるいは防火帯）と見なされるのか」という問題をめぐり、現在のところ合意された枠組みや理解が欠如しているため、より一層複雑化している。[13]したがってシグナルの伝達を意図した（すなわち強制外交としての）サイバー作戦は、ターゲットに検知されないか、最悪の場合、攻勢的な攻撃と誤認される可能性すらある。この種の作戦に関連する情報が時間的に正確に特定されたとしても、その背後にある動機は曖昧なままか、誤認されたままである。ロバート・ジャービスによれば、「攻撃対象とされた国は、いかなる効果も相手が意図したものであると思い込む可能性が高い」[14]のである。

攻撃と防御を組み合わせた戦略では、現実的にすべての悪意あるサイバー攻撃の抑止を期待することができないことをオブザーバーのほとんどが認めている。[15] ＡＩによって強化されたサイバー能力は抑止力を高めることはできるが、同時に他者に攻撃への誘因を促すことになり、サイバー領域における能力の向上と脆弱性の増大というパラドックスを悪化させる。[16] 歴史が示すように、両者とも特定の能力――たとえばＡＩやサイバーツール――に依存しているような状況では、この能力と脆弱性のパラドックスは強まる。かかる能力へのアクセスが可能で、それを利用できる状況は、先手必勝の誘因を生み出し、敵対者による「脆弱性を利用した侵害(エクスプロイテーション)」や妨害行動に対し、脆弱性をさらすことになる。[17]

本章は三つの節から構成されている。第1節では、核戦力のサイバーセキュリティを強化するように設計されたＡＩアプリケーションが、同時にサイバー依存の核兵器システムをより脆弱にする可能性があることを検討する。この章では、核兵器使用の決定には時間的圧力が重くのしかかり、核攻撃を開始するまでの短い時間枠の中で、ＡＩで強化されたサイバー攻撃の脅威を検知・確認し、攻撃元(アトリビュート)を特定することは困難であると論じている。第1節では、二つの仮想シナリオを用いて、この問題に取り組む。

第2節では、ＡＩの急速な発展と軍事的自律性の向上が、将来のサイバースペースにおける攻撃——特に敵の指揮統制システムを標的とした攻撃——のスピード、パワー、規模をいかに増幅させる可能性があるかについて考察する。また、軍事分野に最も関連性の高いＡＩシステムとサイバーセキュリティとの重要な接点について説明する。さらにこの節では、ＡＩのマシンラーニング（ＭＬ）技術が可能にする新たな攻撃コンセプト（つまり発射段階での阻止作戦《left-of-launch operation》）および先制攻撃の恐怖がサイバースペースにおける「使うか失うか」の状況をどのように引き起こすかについて説明する。[18] 最後の節では、ＡＩ ＭＬ技術の進歩によりデジタル情報が操作され、その情報をもとに核兵器に関する意思決定が行なわれるといった新たなエスカレーション経路が生み出される可能性について考察している。

第1節　サイバーセキュリティと核兵器

紛争の戦略レベルにおいて、核戦力のサイバーセキュリティを強化するために設計されたＡＩ用アプリケーションは、同時にサイバー依存型の核兵器システム（すなわち通信、データ処理、早期警戒センサー）をサイバー攻撃に対して、より脆弱にする可能性がある。[19] 今日、サイバー攻撃（スプーフィング、ハッキング、操作およびデジタル妨害）は核兵器システムに浸透し、通信保全を脅かし、最終的に（おそらく標的国に知られることなく）その――おそらく核・通常戦力両用の――指揮統制システムを制御することが可能になると考えられている[20]（第8章参照）。核兵器の使用の決定には厳しい時間的制約がともなうため――特に国家が警報即発射（launch-on-warning）の態勢を維持している場合には――核システムに対するAIで強化されたサイバー攻撃を検知・識別することはほとんど不可能である。さらに核攻撃を開始する短い時間枠の中では、警報シグナルの発信元を特定することはもとより、シグナルを確認することすら困難であろう。

中国、アメリカ、ロシアが共有している懸念（程度に違いはあるものの）は、AIを利用したサイバー戦が引き起こす潜在的脅威についてであり、そのため国家は警報即発射の核態勢か、あるいは危機時の先制攻撃政策を採用（またはそれに大きく依存）するようになるかもしれない[21]。つまり、AIを活用した情報・監視・偵察（ISR）を組み合わせた敵国の核抑止力（特に指揮・統制・通信・情報《C3I》システム）に対する通常攻撃とサイバー能力により、そうした作戦の潜在的不安定効果は増幅されるのである[22]。

AIの進歩はサイバー攻撃能力の強化をもたらすため、前述したサイバーセキュリティの問題を悪化させる可能性がある。たとえば「高度で持続的な脅威」（APT）作戦を自動化することにより、掩体で防護された核関連ターゲットに対するAPT作戦（あるいは「弱点探し（ハンティング・フォア・ウィークネス）」）の実行に必要な膨大なリソースと技能を劇的に削減することができる。[23] またAIを実装したサイバーツールが発揮するマシンの速度により、攻撃者は一瞬のわずかな機会を利用して敵のサイバー防衛網に侵入し、APTツールを使って新たな脆弱性を以前よりも迅速かつ簡単に見つけ出すことができるようになるかもしれない。アメリカの元統合参謀本部議長ジョセフ・ダンフォード（Joseph Dunford）将軍が警告しているように「戦争のスピードが加速すると、初期の失態から立ち直る能力は著しく低下する」[24]。たとえば潜水中はエアギャップにより安全が確保されている原子力潜水艦が、定期整備のため港湾に碇泊すると、新世代の低コストで──闇市場から入手できる──高速自動のAPTサイバー攻撃に対して脆弱性をさらすことになりかねない。[25]

また、攻撃者はAIを活用したML技術を利用し、ハッキング、妨害、スプーフィング（なりすまし）、欺騙などを行なえる「兵器化されたソフトウェア」を使って、自律型の早期警戒システムやオペレーティング・システム（たとえばC3I、ISR、早期警戒、ロボット制御ネットワーク）を攻撃対象に加えることが可能となる。そして、予測や検出が不可能なエラーや誤動作を引き起こすとともに、兵器システムの挙動を操作──「データ汚染（ポイズニング）」[26]〔攻撃者が細工したデータを学習データに注入し、これを攻撃対象のAIに学習させることで、その推論結果を誤らせるよう操作する手法〕──することができる。たとえば攻撃者はアルゴリズムが特定のパターン学習を阻害するためにデータセットに毒を盛り込んだり〔データ汚染〕、将来的にシステムを騙すために秘密のバックドアを埋め込むことができる。[27]

さらにデジタル・システムと物理システムの連携（またはInternet of Things《ＩｏＴ》）[28]が拡大すれば、敵対者はキネティック攻撃とノンキネティック攻撃の双方でサイバー攻撃を利用する可能性が高まる。[29]アメリカの元国家情報長官ジェームズ・クラッパー（James Clapper）は、２０１６年にＩｏＴによって国家の代理アクターが諜報活動に従事している特定の個人を監視、追跡、標的とすることが可能になると警告している。[30]

自律型システムの運用における重要なリスク変数は、システム障害（人間のオペレータが意図した方法とは異なる方法でマシンが動作してしまうこと）が発生してから、人間のオペレータが是正措置を講じるまでの経過時間である。システム障害が意図的な行為の結果である場合、この時間枠は短縮される。[31]

それでは、ＡＩで強化されたサイバー能力は、どのように偶発的または不本意なエスカレーションへと至る新たな経路を生み出すのだろうか？　この力学を説明してみたい。[32]Ａ国はＡＩ強化型サイバー攻撃を開始し、Ｂ国のＡＩ対応型の自律型センサー・プラットフォームと自動標的認識システムになりすまし、その兵器システム（たとえば人間が管理するＡＴＲシステム）が民間の物体（たとえば民間航空機）を軍事目標と誤認するよう仕組もうとした。[33]これに対し、Ｂ国は操作された誤った情報を鵜呑みにし、人間の監督者は兵器の自動標的認識アルゴリズムを欺いた偽装画像を検出することができず、是正措置も間に合わなかったため、偶発的に（そして意図せずに）事態をエスカレートさせてしまう。[34]

この例では、兵器システムのアルゴリズムに対するスプーフィング（なりすまし）攻撃により、ある画像を正規の軍事目標と区別がつかない表示に変えられてしまう。[35] そして「人間の目を欺くことは難しい」という誤った思い込みが、事態をエスカレートさせることにつながる。[36] つまり、サイバースペースにおいては、人間とマシンの相互作用が引き起こす複雑性とその結果を十分に理解もしくは予測することができなければ、単に混乱をもたらすだけでなく、たとえば敵の核・通常戦力両用C3Iシステムに対するサイバー（防勢または攻勢）作戦などは、偶発的に事態を戦略レベルへとエスカレートさせる可能性がある。[37]

またAIの説明能力の問題（「ブラックボックス」問題）は、こうした潜在的なエスカレーションの力学をさらに悪化させる可能性がある。[38] AIアルゴリズムがなぜ、どのようにして、特定の判断や決定に至るのかについての理解が不十分だと、データセットが意図的に侵害され、誤った結果を生み出している（たとえば戦闘中に誤った目標を攻撃したり、味方を誤誘導する）ことを判別する作業が複雑になる。[39] さらに人間とAIが特定のミッションを達成するためにチームを組んでいる場合、システムがどのような仕組みで決定に至っているのかを理解できないかぎり、オペレータはシステムのパフォーマンスに対して過度な信頼を寄せたり、逆に疑念を抱く原因となる。[40] こうした人間とマシンとの情報の相互作用に関する理解が欠如していると、ますます高度化するMLアルゴリズム、そしてAIと自動化に対する依存の深化とが相俟って、予測できないシステム動作と予期せぬ結果を招いてしまうだろう（第8章で再びこの問題に立ち返る）。

第1章で説明したように、システムのMLアルゴリズムがトレーニング段階でプログラムを終了させない限り、一度配備されると予期せぬことを学習したり、人間の設計者が予想しなかった作業や任務を実行する可能性がある。[41] つまり早期警戒システムによって処理・伝達される情報の信頼性と速度を向上させる技術は、逆説的であるが、こうしたネットワークの脆弱性を増大させる。そして、危機時に新たな先行者の優位性とエスカレーション経路を生み出し、意図の有無にかかわらず、戦争を引き起こしてしまうことになりかねない。[42] このように、技術が生み出すエスカレーション・リスクの増大は、人間の不注意や偶発的なものばかりではないのである。[43]

第2節　ＡＩによるサイバー銃――もぐら叩きゲームの負け試合

アメリカ海軍作戦部長のマイケル・ギルディ（Michael Gilday）は、最近の上院軍事委員会において、アメリカ海軍は「積極的に新しい未知のマルウェアを検知する能力を向上させなければならない……そうすることで、我々（アメリカ）はＡＩやＭＬが可能にする先進的な解析法を利用して迅速に行動することができる」とし、〔ＡＩやＭＬが〕悪意ある行為を早期に識別する「戦術的優位」を与えてくれると語った。[44] たとえアナリストたちが質の高い信頼できる情報を取得できたとしても、彼らはその情報を公開することを望まないかもしれない。なぜなら、それを公開することで、情報源や能力あるいは戦術を暴露する恐れがあるからである。[45]

　また、ほとんどのオブザーバーは、すべての悪質なサイバー攻撃を抑止できる戦略（攻勢型と防勢型のサイバー作戦を組み合わせたもの）など実在しないことを認めている。ＡＩで強化されたサイバー能力は抑止力を高めることができるが、同時に他者の攻撃を誘発する恐れがあり、したがって、サイバー領域における能力の向上（およびシステムの冗長性）と脆弱性の増大のパラドックスを悪化させることになる。歴史が証明しているように、このような「能力と脆弱性のパラドックス」は、国家が特定の能力（ＡＩやサイバーツールなど）に依存しているとき、その影響は大きくなる。その能力のアクセスやそれを利用する技能は、敵対者の「脆弱性を利用した侵害（エクスプロイテーション）」や妨害工作に対して脆弱となり、先制攻撃の誘因を生む。[46]

　ＡＩと軍事的自律性の急速な進歩は、潜在的なスピード、パワー、規模を増大させながら、サイバー攻勢型のツールを使ってデジタル環境を操作し、妨害する能力を増幅させる可能性がある。[47] この予期された脆弱性に対処し、先行者の優位性を獲得するため、ＡＩ強化型サイバーツールのスピードは増大する。こうして中国、ロシア、アメリカは、ＡＩを実装したサイバー防御力を強化し続けている。[48] こうした三国の類似した取り組みにもかかわらず、核（および核・通常戦力両用）のＣ３Ｉシステムに対するＡＩ強化型のサイバー攻撃がもたらすリスクの本質を、戦略コミュニティがどの程度認識しているかについては各国の間に隔たりがある。したがって、危機の最中に敵対国の指揮統制アセットを攻撃対象とするＡＩ増強型サイバーインテリジェンス収集ツールの活用は、核戦力に対する先制攻撃の前兆であると誤解され、「戦略的安定性」を損なう危険性がある。[49]

ＡＩシステムとサイバーセキュリティの間には、軍事領域に特有の三つの重要な接点がある。第一に、自律性とＭＬ技術の進歩は、物理システムが広範囲にわたってサイバー攻撃（たとえばハッキングやデータ汚染）に対して脆弱になることを意味する。[50] 第二に、ＡＩシステムに対するサイバー攻撃により、攻撃者はＭＬアルゴリズム、アプリケーションで使用される学習済みモデル、顔認証や情報収集・分析システム（たとえば精密弾やＩＳＲ任務に用いられる衛星ナビゲーション、画像システム）からの膨大なデータにアクセスすることが可能となる。

第三に、ＡＩシステムを既存の攻撃的サイバーツールと併用することで、高度なサイバー攻撃をより大規模に——地理的にもネットワーク的にも——より速いスピードで、複数の軍事領域で同時に、なおかつ匿名性を高めながら実行できるようになる。ＡＩ ＭＬは「発射段階での阻止作戦」[51] のような新たな攻勢コンセプトを実現するかもしれないが、それによってサイバースペースでの先制攻撃の曖味さと恐怖心が増幅され、「使うか失うか」の状況を引き起こす。[52] システムによる攻撃的サイバー能力の開発には、比較的穏やかな増強メカニズムが利用されているにもかかわらず、その結果、AIサイバーツールのスピードと範囲に不安的な影響を与える可能性が高くなる。[53]

サイバースペースでは、敵対者が情報収集を意図しているのか、それとも攻勢的なサイバー攻撃の準備を意図しているのか、サイバー作戦の初期段階では一般的に不透明である。とはいえ、攻勢的なサイバー攻撃は紛争シナリオの初期段階で実施される公算が高いことも確かである。[54] このような状況を例示してみると、[55] A国はAIで強化されたサイバー監視ソフトウェア（APTツールなど）をB国の指揮統制ネットワークに埋め込み、将来、A国が先制攻撃を行なう際のベースラインとして密かに利用するため、A国が使用できるデータを前述のソフトウェアに内蔵された予測アルゴリズムに供給する。B国がこの侵入を察知した場合、B国はA国による侵入の非攻撃性に疑問を抱く可能性がある。特にこれらのネットワークがB国の通常戦力と核戦力の両方をサポートする核・通常戦力の二重用途で使用されている場合はなおさらである。アメリカ国防総省の『2018年サイバー戦略』は「武力紛争のレベルに至らない活動を含め、悪意あるサイバー活動を、その発生源で妨害するか、阻止する」ことを目的とした「前方防衛」（defend forward）ドクトリンについて記述している。[56]

このように、一方のアクターが防御的措置としてサイバースペースに侵入を試みる「探り活動」（probing activity）は、（特に危機の間）侵入された国によって自国の通常戦力または核兵器に対する脅威として認識される可能性が高いのである。

第４章で論じたように、中国のアナリストたちは――たとえ攻撃者が相手からの将来の攻撃を防ぐためにサイバー脅威に関する情報を収集していたとしても――中国のＮＣ３システムがサイバー侵入に対して脆弱であることを、エスカレーションをもたらす可能性が高い国家安全保障上の重大脅威と捉えている。[57] これとは対照的に、ロシアのアナリストたちは自国のＮＣ３ネットワークが比較的隔離された、すなわちサイバー攻撃から防護されていると見なす傾向がある。[58] かかる相違にもかかわらず、国家の核戦力の信憑性と信頼性を損なうためにＡＩ強化型の「サイバー銃」(cyber gun) が使用される（または威嚇に用いられる）可能性――実際にあるかどうかは別として――によって生じる不確実性は、本質的に不安定なものであると考えられる。

歴史が証明しているように、合理的アクターは戦時中の駆け引きから生みだされるかもしれない和解の条件、すなわちリスクと報酬の利害構造を改善するため、嘘とはったりを使って自分が知っていることを偽るインセンティブをもっている。[59] 危機や紛争時にＡＩを活用したサイバー能力の有効性について、いささかなりとも不確実性が認められた場合、両者のリスク許容度が下がり、ヘッジ戦略として先制攻撃を行なうインセンティブが強まるだろう。

包括的なインテリジェンスを前提とした安心感を生み出すには、国家間の情報の対称性（インテリジェンスと分析システムへの平等なアクセス）と、これらのシステムの正確性と信憑性に対する信頼が共有されていることが必要である。おそらく「現状変更主義」の大国が台頭する世界において最も困難な問題は、こうした楽観的な力学を実現するためには、すべての国の意図が真に善良である必要があるということである。[60] さらに、他の形態の情報と同様、サイバースペースで集められたデータは、発信国が直接コントロールできない任務を支援するために、軍（特に同盟国）の間で共有されるであろうが、それはしばしば厄介な結果をもたらすことがある。[61]

たとえば危機的状況において、攻撃的なＡＩサイバーツールが敵対国の核兵器システムへの不正アクセスに成功し、「非対称情報」の状況が生じると、どちらか一方または双方が報復能力を過大評価（または過小評価）し、結果として危険なエスカレーションを引き起こすような行動をとる可能性が高まる。[62] つまり（第３章と第４章で説明した）国家が他者の意図を最悪の事態を想定して解釈する傾向のある競争的な戦略環境において、ある国家が戦略的兵力の残存性を高めようとする活動は、他国から見て自国の核報復能力、すなわち第二撃能力に対する脅威と見なされるということを意味している。[63]

第3節　核保有国間のデジタル操作――兵器化されるディープフェイク

ＡＩを活用したＭＬ技術は、核兵器の意思決定に使われるデジタル情報を操作することによって、エスカレーション・リスクを悪化させる可能性もある。競争的な戦略環境においては、悪意ある第三国（または国家の代理アクター）による秘密の偽旗作戦がきっかけとなってエスカレーションが生起することは容易に想像できる。[64] 危機の際、国家が攻撃者の意図を判断できないことで、あるアクターは相手の攻撃が（威嚇であれ現実的なものであれ）自国の核抑止力を弱体化するためのものであると結論づけるかもしれない。[65]

たとえば核武装したライバル国家どうしの対立を煽るため、Ａ国は代理ハッカーを使ってＢ国の上級司令官がＣ国への先制攻撃について謀議している様子を描いたディープフェイク映像を流す。[66] この映像をＣ国のＡＩ強化型の情報収集・分析システムに意図的にリークし、Ｃ国を刺激して状況をエスカレートさせて戦略的な影響力を行使する。Ｂ国は斬首攻撃を受けること、および先制攻撃の優位性を失うことを恐れ、速やかに事態をエスカレートさせる。[67]

サイバースペースにおけるエスカレーションを緩和するための「対ＡＩ（counter-AI）」能力とその他のフェイル・セーフ機構（回路遮断器（サーキット・ブレーカー）など）が未発達な現状では、このシナリオで描かれているような、いわれのないエスカレーションのダイナミクスを予測し、緩和することは非常に困難である。[68]

本章で述べてきたように、ＡＩシステムは対ＡＩ技術（たとえばデータ汚染、スプーフィング、誤警報、あるいはアルゴリズムをリバース・エンジニアリングするためのシステムを欺く技術）を用いた悪意のある攻撃から、ますますストレスを受けるようになるだろう。その結果、ネットワークに対する信頼性を損ない、新たな脆弱性や誤作動、意図しないエスカレーションのリスクを生み出す可能性がある。さらに（一般的なサイバーセキュリティと同様）新たなディープフェイクの軍拡競争において、検知ソフトウェアは、攻勢を実現するソリューション――または攻勢に利用されるソリューション――と比べ、進歩の面で後れをとる可能性が高いと考えられる。コンピュータ科学の専門家であるハニー・ファリド（Hany Farid）によれば「コンテンツを操作する技術を開発している人々の数は、（それを）検知する人の数よりも」[69]おそらく１００倍から１０００倍も多いようである。

効果的な抑止と意図の伝達には、信頼できる明確な情報の存在が前提となる。敵対者が入手できる情報が限られている（もっと悪いことに、それが不正確な情報の）場合、彼らはおそらく最悪の事態を想定し、それに従って行動するだろう。軍事バランスに関するライバル間の非対称的情報の状況は「危機の安定性」を脅かし、ひいては核対決へとエスカレートする合理的な誘因を生み出す可能性がある。その結果、特に現状維持の正統性が争われる状況（たとえば海洋アジア）において、国家は他者の意図を最悪のケースを想定して判断する傾向が強まるだろう。

第８章で明らかにするように、ますます複雑化するＡＩ強化アプリケーションの実戦配備――サイバー、Ｃ３Ｉシステム、自律型兵器システム、マシンの速度という顕著な戦術的優位をもたらすように設計された精密ミサイル弾など――にともなう自動化への過度の依存（または「自動化バイアス」）は「脆弱性を利用する侵害（エクスプロイテーション）」に対する脆弱性を増大させることになるだろう。さらに人間の認知をマシンの論理に置き換えることが増えれば、敵対者が「特化型」ＡＩ技術の限界（すなわち、人間でいう直感の欠如、複雑な現実世界の状況における脆さ、効果的に操作攻撃を検知したり対抗したりできないこと）を利用する機会が増加する可能性が高まる。(70)

結論

本章では、ＡＩを導入したサイバー能力が国家の核戦力の信頼性を損ない、その制御や使用を妨げるため、どのように運用され得るかを検討した。事例研究から導かれた主な知見は、次のように要約できる。

第一に、核戦力のサイバーセキュリティを強化するために設計されたアプリケーションの導入によって、同時にサイバーに依存する核支援システム（通信、データ処理または早期警戒センサー）がサイバー攻撃を受けてしまう可能性があるということである。ＡＩで強化されたサイバー戦がもたらす潜在的脅威に関して軍事大国が抱く共通の懸念は、各国に警報即発射（ローンチ・オン・ウォーニング）の核態勢を採用する——あるいは、より一層依存を強める——よう促すかもしれない。[71]

第二に、逆説的ではあるが、情報の強化を目的とした新技術は、効果的抑止に不可欠な、明確で信頼できる情報の流れやコミュニケーションを阻害する可能性がある。言い換えれば、情報の信頼性と処理速度を向上させる技術がネットワークの脆弱性を高めてしまう可能性があるということだ。危機の状況のもとで、こうした脆弱性は新たな先制攻撃への誘因を生み、エスカレーションのリスクを増大させる可能性がある。

第三に、攻撃的サイバー能力が改善されることで、ＡＩの進歩はサイバーセキュリティ上の課題を悪化させる可能性がある。つまりＡＩによって強化されたサイバーツールは攻撃者が狭い「機会の窓」を衝いて敵のサイバー防御線を突破したり、ＡＰＴツールを使って以前よりも迅速かつ容易に新しい脆弱性を発見することを可能にするかもしれない。

第四に、ＡＩによって強化されたサイバー機能は、偶発的または不本意なエスカレーションへの新たな経路を生み出す可能性がある。たとえば自動標的認識システムのアルゴリズムに対するスプーフィング（なりすまし）攻撃は、人間の目を欺くことはまずないであろうという誤った認識により、状況を悪化させる可能性がある。さらにＡＩの説明能力（explainability）に絡んだ問題群――いわゆる「ブラックボックス」問題――は、こうしたエスカレーションの力学をさらに悪化させる可能性がある。

第五に、ＡＩ ＭＬ技術は、核兵器の使用に関する意思決定で使用されるデジタル情報を操作することによって、エスカレーションへのリスクを悪化させる可能性がある。競争的な戦略環境では、悪意ある第三者（または国家の代理アクター）による、いわれのないエスカレーションに対して、軍隊は、たとえば核兵器を厳戒態勢に置くことで対応することができる。軍事力のバランスに関するライバル間の非対称情報の状況は「危機の安定性」を脅かし、ひいては事態をエスカレートさせる合理的な誘因を生み出す可能性がある。

最後に、状況を緩和するための「対ＡＩ」能力（および他のフェイル・セーフ機構）が現在も未発達であることが、ＡＩで強化されたサイバー能力にともなうエスカレーション・リスクを悪化させる可能性がある。したがって、研究者たちがこれまで説明できなかったＡＩの特徴が部分的にでも明らかになるまで、人間の誤りとマシンの誤作動は相互に悪影響を及ぼし、予期せぬ結果を招いてしまう。[72]

要するに、我々はＡＩとサイバースペースのパラレルな（そして共生的な）進化が進んでいる重要な岐路に立たされており、国家安全保障コミュニティは世界的規模で、そうした進化を受け入れる準備をする必要があるということである。[73]

ＡＩと自律性の進化により、指揮統制システムと早期警戒システムはどのような方向へ発展するのか。現代のＣ３Ｉネットワークは、サイバー攻撃に対してどの程度脆弱なのだろうか？　次の章では、戦略的意思決定プロセスにおけるＡＩの役割について考察する。

第8章　戦略的意思決定と知能マシン

戦略的意思決定にＡＩを活用した場合、安定と不安定のいずれをもたらすのだろうか？　ＡＩを核の指揮統制通信（ＮＣ３）のための早期警戒システムと融合することは、核のエンタープライズにどのような影響を及ぼすのだろうか？[1]　コンピュータ革命にともなう探知と意思決定の時間枠の短縮化は、まったく新しい現象というわけではない（第2章参照）。すでに冷戦時代、米ソ両国は先制攻撃に対する報復能力を強化するため、核の指揮統制、ターゲティング、早期警戒探知システムを自動化していた。[2]

１９５０年代に開発されたテクノロジーは、現在の海底センサー、衛星通信、超水平線（オーバー・ザ・ホライズン）レーダーへの道を開いた。[3]　さらに、１９６０年代に導入されたシステムと概念の多くは今日でも使用されている。たとえば１９７０年に打ち上げられた弾道ミサイル発射警報のための最初の国防支援プログラム衛星〔通称、DSP衛星〕は、現在でもアメリカの早期警戒インフラの中核を成している。[4]

洗練された高度なNC3ネットワークは、次の四つの面で核抑止力と結びついている。[5]

（1）早期警戒衛星、センサー、レーダー（たとえばミサイル発射を探知するため）

（2）指揮統制（C2）計画作成のための情報の収集、集約、処理、通信（安全で信頼できる命令を送受するため）[6]

（3）核抑止力と戦争遂行態勢の重要な構成要素としてのミサイル防衛システム

（4）NC3で使用されるセンサー技術、データ、通信チャンネルおよび兵器発射プラットフォームの安全性と信頼性の監視、試験および評価[7]

特にNC3システムは国家の核戦力と指導部をつなぐ重要な役割を果たし、意思決定者が核戦力を指揮統制するために必要な情報と時間を確保するのに役立っている。つまりNC3システムは、国家の抑止と通信の重要な柱――あらゆる状況のもとで核兵器に対する強固で信頼できる指揮統制を確保するため――であり、戦争の戦い方、管理、終結の方法に大きな影響を与える。アナリストの中にはNC3を核抑止力の「第5の柱」と呼ぶ者もいる。それはトライアドの3本柱〔ICBM、SLBN、戦略爆撃機を指し、これを戦略核戦力のトライアドという〕と核兵器そのものにNC3を加えた呼び名である。[8] NC3システムは核のエンタープライズの中枢を占め、その優秀性は核兵器の規模の不均衡に勝るとも劣らないほどの価値を有する。したがって多数のミサイルを保有していても、性能の劣るNC3システムしかもたない敵対者を不利な立場に置くことができる。

核セキュリティの専門家は、コンピュータのエラー、部品の欠陥、早期警戒レーダーの故障、敵の能力と運用（特にミサイル防衛システム）に関する知識不足、核事故につながる人間の錯誤など、長いリストを作成し、本質的に脆弱なNC3システムの限界と悪意のある妨害の可能性を検証している。[9] 冷戦時代からNC3システムに内在するリスクとトレードオフ（両立できない関係性）は、緊密に結合されたシステムの複雑な相互作用と不確実性の中で意思決定を行なうヒューマン・エージェントの社会的、感情的、ヒューリスティック的、認知的進化を反映し、AIがもたらす複雑性と予測不可能性によって増幅される可能性が高い。[10]

AIによって強化されたシステムがマシンの速度で作動し、人間の理解を超えるスピードで状況に反応することは、意思決定における指揮官の自然な戦略的心理的能力（すなわち直感、柔軟性、ヒューリスティックス、共感）に対する挑戦を意味する。それはエスカレーション制御に関する倫理的問題を提起し、人間の道徳的責任の放棄に向かう危険な兆候でもある。[11] それは、マシンが人間の意図を解釈し、基本的には非人間的な方法で自律的な戦略的意思決定を行なうことから生じる不確実性と意図せざる結果である。

本章は二つのパートに分けて議論を進める。第1節では、国防計画担当者が戦略的意思決定プロセスにおいてＡＩをどのように活用するかについて説明する。ここでは国防計画担当者の懸念に反して、軍司令官が戦略的意思決定プロセスにＡＩを使用する方法と理由について、人間心理学の概念を適用して考察する。また、戦略的意思決定プロセスにおけるマシンの役割を――うかつにも、あるいは別の理由で――増大させるリスクとトレードオフについて考察している。政治体制のタイプ、核ドクトリン、戦略、戦略文化、兵力構造などの違いによって、国家が戦略的意思決定を行なうにあたりＡＩを活用する傾向は強まるのだろうか（あるいは弱まるのだろうか）？　本章の第２節では、ＡＩとＮＣ３早期警戒システムの一体化が核のエンタープライズに及ぼす影響について考察する。この一体化は安定をもたらすのだろうか、それとも不安定をもたらすのだろうか？　非核保有国（および非国家主体）は核保有国に圧力をかけるため、ＡＩをどのように活用できるのだろうか？

第１節　ＡＩによる戦略的意思決定――魔法の８ボールか？

近年の複雑な戦略ゲームにおけるＡＩシステムの成功は、将来の軍事戦略的意思決定にとって潜在的に重要な意味をもつ特徴を証明してみせた。[1-2]たとえば２０１６年、ディープマインド社の「アルファ碁」システムは、プロの囲碁棋士イ・セドル（Lee Sedol）を破った。ある対局でＡＩプレイヤーは「人間なら絶対にやらない」[13]戦略的な一手を打ち、セドルを驚かせたといわれている。その3年後、ディープマインド社の「アルファ・スター」システムは、「スタークラフト2」（リアルタイムで相互作用する複数の主体が広大なアクション・スペースで繰り広げる複雑なマルチプレイヤー・ゲーム）で世界有数のeスポーツ・ゲーマーに勝ち、人間のプレイヤーにはできそうもない方法で複雑な戦略を考案し、それを実行した。[14]つまり既存のルール・ベースのマシンラーニング（ML）アルゴリズムを用いてC2プロセスをさらに自動化することは十分可能であると思われる。

AIに対する警戒論者（アラーミスト）たちが抱く懸念は、二つの関連する問題に焦点を当てている。第一に、人間の知能を超えたAIが秘めているディストピア的で（たとえば「ターミネーター」のスカイネットの予言者的なイメージ）人類の絶滅につながる結末である。第二に、人間の感情（人間のマインドの心理的属性を対象とする理論）[15]をもたず、設定された目標をひたすら追い求める――あるいは独自の目標を追求しようと頑なに同じ動作を繰り返すだけの――マシンが、将来に自発的な意思をもち、意図しなかった予想外の結果を引き起こす危険性についてであり、さながら「ドクター・ストレンジラブ」の終末装置のようである。[16]このような自然の力が備わっていないとすれば、マシンは人間が発するシグナルをどのように（誤）解釈するのだろうか？

人間の指揮官はAIのサポートを受けることによって――より高速で機能し、非人間的なプロセスを使用し、不完備情報による複雑な状況の中で意思決定の時間枠を短縮する――AIで強化された自律型兵器システムの行動を判断する指揮官固有の能力（クラウゼヴィッツの「天賦の才能（ジニアス）」）を阻害してしまうかもしれない。[17] 今のところ、核保有国の間では、たとえ技術開発によって可能になったとしても、核の指揮統制に直接影響するような意思決定の役割をマシンには委ねるべきではないという点で一般的なコンセンサスがある。これは特に、MLアルゴリズムに関連する説明能力、透明性、予測不可能性の問題があるためである。[18]

心理学者は、人間はアルゴリズムから得られる情報（レーダーのデータや顔認識ソフトウェアなど）をなかなか信用したがらないが、情報の信頼性が向上するにつれ、マシンの判断が誤りであることを示す証拠が現れた場合でさえ、マシンを信用する傾向が強まることを実証している。[19] 慎重な情報検索、クロスチェック、十分な処理プロセスを監督する代わりに、ヒューリスティックな代替手段として自動化（自動意思決定支援システム）に頼る人間の傾向は「自動化バイアス」として知られている。マシンが生成した情報に対する人間の本質的な不信感があるにもかかわらず、AIが複雑な軍事的状況（ウォーゲーム）に関与し、人間（または超人的）レベルで対処できる明白な能力を実証することができれば、国防計画担当者はアルゴリズムが生成した決定を人間が下した決定と同等（あるいは優れているとさえ）見なす傾向が強まるだろう。たとえこれらの決定が、「人間」は合理的であり「マシン」はファジーであるという一般的常識を欠いていてもである。[20]

従来、専門家たちは、特に安全性が最も重要視される高リスクの分野において、人間とマシンの知能の合成ミスから生じる認識論的、形而上学的な混乱について研究してきた。[21] 人間心理学の研究によると、人間は権威のある者から他者を傷つけるように命令されると、それに従う傾向があることがわかっている。[22] ＡＩを搭載した意思決定ツールが軍に導入されると、人間のオペレータはこれらのシステムを権威あるエージェント（つまり人間よりも知能が高く権威がある）と見なすようになり、たとえ従わないほうが賢明だという情報がある場合でも、マシンの勧告を鵜呑みにする傾向が強まる。

　このような傾向は人間のバイアス、認知的弱点（特に意思決定のヒューリスティックス）、思い込み、人間心理の生来の擬人化傾向などの影響を受けやすく、場合によっては助長される。人間はタスク志向の責任を共有するマシン（自動意思決定支援システム）を「チームメンバー」として扱う傾向があり、多くの場合、人間どうしと同様の集団内バイアスを見せることがこれまでの研究から明らかになっている。[23] マシンへの責任の委譲は、この「人間とマシンの協働」における責任共有の意識を希薄化する可能性がある。[24] その結果、人間の努力や警戒心が低下し、エラーや事故の危険性が増大する。[25]

　一般常識に反し、人間を意思決定ループの中枢に置くこと（ヒューマン・イン・ザ・ループ）は、自動化バイアスを緩和しないように見える。[26] ところが、驚くべきことに、意思決定の監督と責任分担に見られる人間とマシンの協働作業は、人間が他の人間と責任を分担するときに起こるのと同様の心理的効果をもたらす可能性がある。つまり「社会的手抜き（ソーシャル・ローフィング）」（集団内で冗長な作業を継続していると、あるタスクで個人作業をするときよりも努力を減らす方法を模索してしまう人間の性向）が発生する。[27] こうした性向が引き起こす人間の努力と忍耐力の低下は、凡ミスと不慮の事故を招くリスクを増大させる。そのうえ、複雑で脅威の高い状況下で自動化（オートメーション）の判断に依存すると、人間は矛盾した情報に対する注意力を欠き――あるいはそれを意識から排除しやすくなり――自動化を情報検索のヒューリスティックな代替手段（またはショートカット）として利用する傾向が強まる。[28]

核関連アセットを自動化する決定は、核保有国の政治的安定性と政権が抱く脅威認識に影響されるといえる。統治に対する国内政治的な挑戦や外国からの干渉に危惧を抱いている政権は、ごく少数の限られたメンバーだけで核のエンタープライズを運営できるように、核戦力の自動化を選択するかもしれない。[29] たとえば中国は核の指揮統制構造（核弾頭と運搬システムを分離）を厳重に管理している。オープンソース情報によれば、北京は先制攻撃を受けて指導部が崩壊した場合に備え、報復の発射権限を指揮系統の下部組織にあらかじめ委譲している形跡は見当たらない。要するに、中央集権的な指揮統制機構と核兵器の使用に対する厳格な監督を維持する手段として、ＡＩによる自動化は、中国のような権威主義体制にとって受け入れやすい選択肢なのかもしれない。

権威主義国家は、敵対者の意図を民主主義国家とは異なる形で認識することがある。体制の存続や正統性が危機に瀕しているとの信念によって、指導者は最悪のシナリオに基づく判断を下し、攻撃的現実主義（オフェンシブ・リアリズム）の学者たちが予測するような振る舞いを見せるかもしれない。[30] 逆に、中国のような閉鎖的な政治体制で活動する非民主主義的な指導者たちは、国際関係で認識される脅威への対応能力に強い自信や楽観的見通しを示すかもしれない。非民主主義体制の情報機関による偏った評価は、指導者の外交手腕と国家運営に対する過信――あるいは誤った安心感――を強めることも考えられる。[31]

さらに自国の第二撃能力――NC3システムを含む――を脆弱または不安定な状態にあると見なしている体制（北朝鮮やおそらく中国など）は、核戦力と発射態勢の自動化に傾く可能性がある。つまり、指揮統制構造が比較的中央集権的で、核兵器の生存能力にあまり自信がなく、政治的正統性と体制の安定性が公式のナラティブやドグマが広く受容されることで成り立っている非民主主義的な核保有国は、自動化のメリットを受け入れやすく、自動化の決定にともなう潜在的リスク（特に倫理的、人間の認知、道徳的な課題）にはあまり関心を抱かないようである。軍用AIの規制を支持するとの中国の公式声明にもかかわらず、中国のAI関連の取り組み（社会信用スコア・システムやユビキタス顔認証政策によって得られた社会監視用データの使用）の多くは、社会的安定への影響、特に潜在的な内部脅威から政権の正統性が影響を受けることのないように隔離する努力の一環として進められてきた。[32]

これとは対照的に、民主主義社会では、政治過程、説明責任（特に世論の影響を受ける選挙で選ばれた指導者と国家元首）、核発射プロトコル、核戦略とドクトリン、成熟した政軍関係、および同盟国（アメリカとNATO加盟国）間で共有された価値観により、核領域でのAIの利用に抵抗感がない——少なくとも、より慎重で排除はしない——はずである。[33] おそらく、ここで問われるべきは、ＡＩがＮＣ３システムに統合されるかどうかよりも、むしろ誰がどの程度、そして核のエンタープライズに対してどの程度のコストをかけるかということであろう。

第２節　予測革命とエスカレーションの自動化

理論的レベルでは、国防高等研究計画局（ＤＡＲＰＡ）の「知識主導型人工知能推論スキーマ（ＫＡＩＲＯＳ）」プログラムが、ＡＩ技術を導入したＮＣ３システムがどのように機能するかを実証している。ＫＡＩＲＯＳは核攻撃の環境的、時間的事象を、分析ベースのアプリケーションに統合し、関連性のある実行可能な対応を迅速に再現することができる。[34] またＫＡＩＲＯＳは、核・通常戦力両用兵器と支援システムの間の曖昧な境界線に対処するため、ＡＩで強化されたＮＣ３システムの必要性を強調している。この曖昧な（あるいは両兵器の混在という）問題は——第２章と第４章で説明したが——誤算と偶発的エスカレーションの可能性を増大させる。これに付随して、ＡＩで強化された早期警戒探知システムは、通常戦による紛争中にその核・通常戦力両用のＣ３Ｉシステム（たとえば通信衛星や監視衛星）に対する差し迫った攻撃が非核の攻勢作戦なのか、核対決にエスカレートする前段階のものなのかを確実に判断できるものでなければならない。[35]

KAIROSのようなシステムを配備するための最大の技術的課題は——グーグル・アシスタントやグーグル翻訳言語処理ツール、グーグル・スーパーコンピュータ「アルファ碁」など、今日の特化型（ナロー）アプリケーションによく見られる——反復学習プロセスを必要としない学習・適応能力を開発することである。さらに第1章で論じたように、「アルファ碁」のようなシステムを動かすアルゴリズムは、通常、膨大なデータセットで訓練されているため、実戦データのない核兵器のサポートには利用できない。核の早期警戒用のMLアルゴリズムの設計と訓練は、ほぼ完全にシミュレーション・データに依存することになり、安全性（セイフティ・クリティカル）が最も重要視される核の領域では非常にリスクが高い。[36]

こうしたデータ上の限界と、主観的で考えの変わる人間の指揮官（または心の理論（セオリー・オブ・ザ・マインド））の性質を捉えることができないアルゴリズムの能力上の限界とが相俟って——ただし知能マシンと相互交流する機会は日増しに増大している——当面の間、戦略的意思決定は基本的に人間の努力に頼り続けるしかないだろう。[37]つまり、AIは技術の複雑性と独立性に付随する問題を効果的に管理するために、引き続き人間の関与を必要とし——特にマシンとの協働作業において——今のところは、軍事力行使の委任にともなうリスクを回避することができている。[38]

核の領域におけるAIの役割は、主に戦術的なもの——「支援の役割」を通じて——に限定されるべきであるが、それでも（状況によっては不本意に）核兵器を含む戦略的意思決定に影響を与える可能性はある。つまり、ＡＩのインパクトは戦術的レベルと戦略的レベルの二元論では明確に区分することができない。[39] 自律型の戦術兵器を強化するために設計されたテクノロジー（たとえばＮＣ３、ＩＳＲおよび早期警戒システム）は、殺傷兵器の使用に関する決定をサポートするものであるが、それは戦略レベルの戦況計算にも利用される。[40] たとえばアメリカの２０１８年の『核態勢の見直し』では、国防総省はより有効かつ迅速に戦略的意思決定を促進する設計支援技術（ＭＬなど）を追求すると明確に述べている。[41] 要するに、戦術的レベルでのエスカレートは、容易に戦略的レベルに影響を及ぼす可能性があるということだ。

将校たちによる作戦計画の立案を支援（サポート）するため、ＤＡＲＰＡはＡＩを搭載した支援システム（統合戦闘指揮と「ディープグリーン」）を設計し、指揮官が敵の戦略的意図を可視化・評価・予測し、パラメータを使って複雑な環境がもたらす影響を予測できるようにした。[42] 中国のアナリストたちも、衛星画像の処理速度とインテリジェンス分析の強化、人民解放軍の早期警戒能力の支援、将来戦で「予測革命」を実現するなど、ビッグデータとディープラーニングＡＩ技術の利用を研究し始めている。[43]

２０１７年、ＰＬＡロケット軍工科大学は、知的推論と意思決定の問題をテーマに招集された国際ワークショップに参加した。[44] その他、中国はウォーゲームと軍事シミュレーションにＡＩを適用し、ＡＩ対応のデータ検索、リモートセンシング衛星からの解析を研究し、[45] 中国の早期警戒システムや状況認識（シチュエーショナル・アウェアネス）の強化、ターゲティング能力の向上に使用することが可能なデータや知見を生み出している。[46]

AIを利用した意思決定支援ツールは必ずしも不安定化をもたらすものではない。しかし、このツールのノンバイナリーな（二元的ではない）特徴により、戦略的意思決定プロセスにおいてAI「支援」ツールが人間の指揮官の批判的思考、共感、創造性、直観の役割を代替してしまうことが危惧される。道徳的責任を（不本意であろうとなかろうと）マシンに委ねる危険性は、これらのシステムに託される信頼と依存の程度をめぐって、さまざまな問題を提起する。

倫理学者たちはAIのことを――ベイズ推論やファジー論理とは対照的に――慎重な内省と熟考だけでなく、生活のさまざまな場面で人間と社会的に交流するために、人間の感情（特に共感）を効果的かつ確実に模倣（シミュレート）する能力を通じて推論を行なうことのできる、「道徳的エージェント」と見なすことが必要であると強調している。[47]

指揮官が核発射プラットフォーム（弾道ミサイル搭載型原子力潜水艦、爆撃機、ミサイル発射施設、発射台付きミサイル運搬車）あるいは核運搬車両および支援システム（大陸間弾道ミサイル、魚雷、ミサイル、核搭載長期滞空型無人航空機、NC3など）の権限を明示的に――少なくとも承認のうえで――マシンに委任するとは考えにくい。AIは戦略問題に関する意思決定を「支援」するものとして広く利用されることが期待されているのである。[48]

しかし、計画立案者がこの「支援」機能を人間の分析・意思決定にまつわる認知的誤謬を克服する万能薬と見なすようになれば、これらのシステムへの依存は不安定な結果を引き起こしかねない。第1章で論じたように、ＡＩによるＭＬアルゴリズムは学習プロセスで使用されているにすぎず、動作中に供給されるデータと情報以上の性能を発揮することはない。さらに核の分野では、ＡＩが学習に利用できるデータ量が少ないため、早期警戒システムに先制核攻撃に関する信頼できる情報を供給することを目的とした増強支援ツールを設計することはきわめて困難なのである。

軍事力を行使する際、ＡＩシステムはマシンのスピードと精度で機能するであろうが、あらかじめ設定された任務目標に忠実に従うアルゴリズムは、敵の意図や行動を判断し、予測するために必要な「人間への共感」ができない。意図は、危機の際に軍事行動を用いて相手に抑止または決意（事態のエスカレーションを厭わない意思）を示すために伝達されるものである。マシンは抑止に関する人間のシグナル伝達、特に段階的緩和（デエスカレーション）のシグナルを理解するのが不得手（少なくとも信頼性が低い）だろう。[49] マシンには人間の指揮官と敵対者を理解する必要があるだけでなく、敵対するＡＩのシグナルや行動を解釈する能力も必要なのである。

したがって、事前にプログラムされた目標を追求するために最適化されたアルゴリズムは、敵対者が紛争を回避し、事態の段階的緩和に努めながら、同時に決意のシグナルを送っていると誤解するおそれがある。アクターの意図を特定する信頼できる手段がなければ、ＡＩシステムは（人間の指揮官にとって）望ましくなく、意図せざるシグナルを相手に伝えてしまう危険性があるのだ。つまり、アクターが最後の手段として事態をエスカレートさせようとする意思と、瀬戸際から退くオプションを同時にもち続けているという微妙なバランスをAIは理解することができないのである。[50]

逆説的ではあるが、国家はNC3の自動化を、エスカレーションを管理し、抑止力を強化する手段と見なすかもしれない。そして攻撃（または攻撃の威嚇）が核の反応の引き金を引く可能性があるというシグナル――あるいは「不合理の合理性」という考え――を敵対者に伝える。[51] 危機や紛争が起こる前に、相手が自動化の態勢をとっていることを証明し、そのことを確実に伝達することは難しい。この暗黙の――おそらく検証することができない――脅威は、「危機の不安定性」を強める可能性がある。もし核保有国が自動化に依存するあまり柔軟性を発揮できず、このことを敵対者に伝達する手段をもたなければ、トーマス・シェリングのゲーム理論のように、チキンゲームの状況において、ハンドルを引きちぎりながら、それを窓から放り投げられずにいるようなものである[52]〔ハンドルを操作できないことを外部にいる者に知らせることができないでいる状況〕。このような状況がもたらす不確実性と戦略的曖昧さゆえに、シグナルが信憑性をもっているかどうかに関係なく、抑止効果をもつ可能性もある。[53]

さらに核の瀬戸際政策の場合は言うに及ばず、危機や紛争時に武力行使の権限をマシンに事前に委任している状況では、自動化バイアスとして知られるマシンへのいわれのない信頼と依存が不本意なエスカレーションを制御する国家の能力を損なうことになりかねない。[54] システムのエスカレーション予測能力、意図の計測能力――そして、より広範な脅威を抑止し、それに対抗する能力――への過剰な自信は、自動化バイアスに起因し、そうした過信はますます大きくなる。その結果、国家は（特に非対称情報の状況のもとで）より大胆になり、普段ならリスクが高すぎると考えられるような好戦的、挑発的行動を真剣に考えるようになる。[55]

こうした見当違いの自信は、本来であれば国防計画を立案する際に慎重さをもたらすはずの心理的不確実性を排除し、既存のエスカレーション・リスクを悪化させ、危機や紛争を招いてしまう。[56]たとえば第3章で論じたように、中国がＡＩを活用した意思決定支援システムに多額の投資と戦略的関心を寄せているのは、科学指向のプランニングを通じた情報優越の概念（ＰＬＡが対兵力攻撃に対して迅速に対応できるようにするため）を教義上重視しているからであり、これは中国の指揮官が自動化バイアスに陥りやすい可能性を示唆している。[57]

究極の危険負担競争（リスク・テイキング）ともいえる核の瀬戸際政策において、マシンと人間の戦略心理（あるいは思想戦）の相互作用は、自律型兵器のエスカレーションに関する事前委任（あるいは自動化エスカレーション）によって引き起こされる。それは、敵の意図（あるいは警告）を誤解するリスクを高め、それによって損害限定（ダメージ・リミテーション）〔相手の核攻撃による損害を最小限に抑えようとする戦略。主に①対核戦力攻撃、②ミサイル防衛、③一般市民用核シェルターの整備から成る〕の窓を閉ざし、「危機の安定性」を損なうとともに、先制攻撃の誘因を高めてしまう。[58]事前にプログラムされた目標を最適化するＭＬアルゴリズムは、敵対者が紛争を回避したり、状況を段階的に緩和しようとしながら、同時に核攻撃の決意を示していると誤解するかもしれない。さらにＡＩで制御されたＮＣ３システムは、サイバー攻撃による破壊に対してより脆弱になり、たとえ人間が「意思決定ループの中枢」にいても、人間やマシンの誤算やエラーによって不本意なエスカレーションを引き起こすリスクを高めてしまう。[59]

第Ⅱ部で論じたように、競争圧力によってアプリケーション（攻勢と防勢の両方）が十分な実験や検証の手続きを踏まず、技術的な成熟を遂げる前に導入されてしまう可能性がある。そうしたシステムはエラーを起こしやすく、破壊工作――特にサイバー攻撃――の影響を受けやすい。[60] 他方、十分に強化され、十分に訓練を積んだＡＩシステムであっても、検出が困難で、攻撃元の特定（アトリビューション）がさらに困難な破壊工作に対し、脆弱となる可能性がある。[61] つまり、効果的な情報と通信の流れを阻害する隠密のサイバー攻撃は、エスカレーションの誘因を高めるリスクがある。[62] システムのインプットとアウトプットを観察することは可能であるが、ＭＬメカニズムのスピードと規模が大きくなると、オペレータはどの部分がマシンによって生み出された予測や決定なのかを峻別することが困難になる。[63]

第3節　安定性の諸刃の剣

ＡＩを活用した支援システム、ＮＣ３における自動化の広範な利用は、既存の核のエンタープライズに対する信頼を向上させ、[64] ヒューマンエラー――特に誤った警告――による事故と核兵器の不正使用の可能性を抑制し、それによって「戦略的安定性」を高めることができる。第一に、何よりも重要なのは、ＭＬアルゴリズムと自律型システムは、物理的脅威（たとえば「指揮統制ノード」に対するキネティック攻撃など）あるいはサイバー脅威（たとえば攻撃的サイバー、ジャミング攻撃、高高度核爆発で発生する電磁パルスなど）に対するＮＣ３防御力の強化に使用することができるということである。

第二に、ＡＩを活用した通信システムは情報の流れと状況認識能力を改善し、複雑な環境、とりわけ情報が不完全な状況においても大規模な軍隊の活動を可能にする。こうして第1章で述べたように、技術は危機の際に指揮官が利用できる意思決定の時間枠を拡大できるかもしれず、これは世界の国防コミュニティがこれまで見落としてきた視点である。

ＡＩによる状況認識能力や予測能力の向上は、意思決定の権限を戦闘員から上級指揮官に移すことで、戦術的意思決定を個々の兵士に委ねることにより生じる不確実性を緩和できるかもしれない。兵士たちは――戦闘経験、歴史の教訓、政治的洞察力、道徳的勇気を発揮し――理論上は[65]、戦術的解決策を決定するうえで最適な立場にあり、指揮官の意図の実行――つまり「任務指揮（ミッション・コマンド）」――を委ねられている[66]。とはいえ、ＡＩによる能力の向上は意思決定プロセスを中央に集権化し、新種の「戦術将軍（タクティカル・ジェネラル）」――遠方からマイクロマネージする戦域司令官――を生み出す。これが軍事的有効性を向上させることになるか、不確実性をさらに悪化させることになるかは、今のところ定かでない[67]。

第三に、ＭＬ技術とリモートセンシング技術の進歩は、核の早期警戒システムや実験システムを強化し、エラーによる事故発生の可能性を低下させるかもしれない。

第四に、ＮＣ３の機能を自動化することで、認知バイアス、反復作業、疲労に起因するヒューマンエラーのリスクを緩和できるかもしれない[68]。たとえば信号ロケットの代わりに無人航空機を使用すれば、特に衛星通信が使用できない状況で航空通信ネットワークとして活用することができる。

こうした能力強化は、①サイバー、防空および電子妨害などの非核能力の強化、②目標識別とパターン認識システムの改善、③自律型プラットフォームの制御、④労働力や兵站の管理方法の改善など〔丸数字は訳者〕、さまざまな分野のパフォーマンスを向上させる。

ＤＡＲＰＡのＲＡＩＤ（Real-Time Adversarial Intelligence and Decision-Making）ＭＬアルゴリズムは、５時間先の敵軍の目標、動き、感情までも予測できるように設計されている。ＲＡＩＤは一種のゲーム理論を応用して問題群をより小さなゲームへと絞り込み、問題を解くのに必要な計算能力を効率化している。[69] 同様にBAEシステムズ社はDARPAとの共同で、認知主体のMLアルゴリズムとデータモデルの設計を行なっている。その目的は、宇宙監視者(スペース・オペレータ)が膨大なデータセットから異常な活動を識別し、物体の発射や衛星の動きなど宇宙空間における脅威の可能性を予測できる能力を向上させることである。[70]

このように、ML技術(特にニューラルネットワーク)を紛争やエスカレーションの予測に利用する動きが進んでいるにもかかわらず、現代戦の多様な変数や不確実性、複雑な相互作用を確実に把握することができるシステムは現在のところ出現していない。たとえば紛争がいつ、どこで発生するかといった予測である。[71] しかし、そうした予測ツールは、戦略的に実行可能な政策的助言を生み出すというよりも、蓋然性のあるシナリオを提示するヒューリスティックな意思決定ツールとして有用であることがいずれ証明されることになるかもしれない。また技術が成熟すれば、これらのシステムはリスク――人間が予期しないものも含めて――を見分け、戦略的オプションを提供し、最終的には全般作戦を計画することができるようになるだろう。[72]

AI、ML、ビッグデータ解析、センシング技術、量子通信、核の早期警戒システムと融合された5G対応ネットワークなどの最先端技術は、襲いかかる脅威を指揮官にいち早く警告するかもしれないが、これらの進歩によってもたらされる高い精度と拡張性が、次の二つの点でエスカレーションのリスクを悪化させる可能性がある。[73]

第一に、サイバー攻撃（たとえばデータ汚染、スプーフィング、ディープフェイク、操作、ハッキング、デジタル・ジャミングなど）の戦力増幅器として使用されるMLは、早期警戒システムによる探知を困難に――あるいは時間に間に合わなく――するだろう。[74] たとえば敵はMLのニューラルネットワークの盲点を狙い、人間のオペレータとAIの双方が変化を認識できないように、データを不正に操作する可能性がある[75]（データ・ポイズニングまたはデータ・ポリューションと呼ばれる）。

第7章で論じたように、AI MLの敵対的生成ネットワーク（GAIN）〔正解データなしで特徴量を学習する「教師なし学習」の手法の一つ〕が生成したディープフェイク、データ汚染攻撃は、核保有国間のエスカレーション危機を誘発する可能性がある。[76] たとえば国家または非国家主体がオープンソース情報から入手した軍の指揮官の画像や録音記録を使用して、偽の命令、情報または地理空間画像を含むディープフェイクを生成し、それを広めることで、相手国に混乱を生じさせ、最悪の場合、対立する核保有国間の緊張した状況や危機を悪化させるかもしれないのである[77]（このテーマについては以下で検討する）。この意味でディープフェイクは、偽情報や欺騙キャンペーンを展開する戦士たちの新たなツールキットの一つになる可能性が高い（あるいは、すでにそうなっている）[78]。

第二に、攻撃、妨害工作、敵による操作の検出が困難ななかで、マシンのスピードを考えると、脅威の特定（あるいはアトリビューション）もまた事実上不可能に近い。マシンがいったん起動した後、人間のオペレータがシステムの意思決定プロセスをリアルタイムに把握することはできなくなるだろう。このため、エスカレーションを効果的に監視・制御する――あるいは事態を段階的に緩和する――能力は損なわれてしまう。たとえ核の早期警戒システムが最終的に侵入を検知できたとしても、警報の発令が不確実性と緊張を高め、各軍種は戦略兵器の脆弱性を局限するために核兵器を厳戒態勢に置くだろう。要するに、敵対国間の非対称的な状況は、国家に核ドクトリンと核態勢の転換（たとえば先制攻撃や限定核攻撃のドクトリンの承認）を促し、核領域における融合と利用の拡大を――たとえ制御と安定性を犠牲にしてでも――助長するのである。[79]

危機や紛争の間、攻撃国の意図を判断する有効な手段をもたない国家は、その攻撃は（威嚇であれ実際の攻撃であれ）核抑止を台無しにするために計画されたものであるとの結論に至るかもしれない。これは「誤検出（フォルス・ポジティブ）」と呼ばれる。[80]

逆に悪意ある攻撃によって早期警戒システムが誤作動を起こした場合、核保有国は差し迫った核攻撃に気づくことができず、核の意思決定に支障をきたし、適切な対応ができなくなる可能性がある。これは「検出漏れ（フォルス・ネガティブ）」と呼ばれる。たとえば中国の計画立案者は、ＰＬＡの早期警戒システムではアメリカの対兵力指向の先制核攻撃に対応することが不十分であることを憂慮し、アメリカが強調する誤検出（非核兵器を核兵器と誤認）よりも、検出漏れ（核兵器を非核兵器と誤認）を局限することを優先させている。[81] 誤検出と検出漏れのいずれも事実誤認や誤判定を引き起こし、エスカレーションのリスクを悪化させる。即座に発射可能な核兵器があるなかで、このような歪んだ判断は最悪のケースを想起させ、不本意なエスカレーションを誘発する可能性がある。[82]

オープンソース情報によると、北米航空宇宙防衛司令部（NORAD）のオペレータが早期警戒システムから攻撃の初期兆候を評価・確認するまでの時間は3分未満である。[83] このように意思決定の時間枠が短縮されると、政治指導者は危機時に不完全な（そしておそらく誤った）情報をもとに、事態をエスカレートさせるかどうかを決定しなければならないという強烈なプレッシャーにさらされる。高度な技術が絡むNORADのような対処システムは特に問題である。ミサイルは呼び戻すことができないうえ、抑止のパトロール任務に就いている潜水艦は長時間連絡不能になる可能性があり、核兵器は偶発的に発射されてしまうかもしれない。[84]

冷戦時代にトーマス・シェリングが警告したように「速度が重要な局面では、事故や誤報の対応に追われる人々はひどいプレッシャーにさらされる」[85]。したがって情報の強化を目的とした新技術（5Gネットワーク、ML、ビッグデータ解析、量子コンピュータに支えられた近代化NC3システム）は、効果的な抑止に不可欠な、正確で信頼できる情報の流れや通信を損なわせるかもしれない。[86]

核保有国間の相互作用に加え、非国家主体（テロリストや犯罪者集団）や国家の代理アクターによる不正な情報操作は、平時・有事を問わず、効果的抑止と軍事計画の立案に不安定な影響を与える可能性がある。[87] AIによって強化されたフェイクニュース、ディープフェイク、ボットなど種々の悪質なソーシャルメディア・キャンペーンも——誤ったナラティブを作り出したり、誤報を増幅させたりして――世論に影響を与え、特に地政学的緊張や内紛が生じているときには、大規模な不安定効果をもたらし得る[88]。たとえば2014年にはアメリカ・ルイジアナ州セントメアリー部の住民数千人に対し、偽のツイッター・アカウントを通じて、その地域で「有毒ガスの危険性」があると警告する偽のテキスト・メッセージが配信されている。さらに爆発のループ映像の横に覆面のＩＳＩＳ戦士が立っている偽のユーチューブ動画も投稿され、サイトが炎上した[89]。

ソーシャルメディアの偽の報告（移動式ミサイルの動き、リアルタイムでの発射シーンのストリーミング、発射台付きミサイル運搬車《ＴＥＬｓ》の配備、偽の起爆レポートなど）は、戦略的意思決定に用いられる核の早期警戒システムの脅威センサーに影響を与える可能性がある。この種の攻撃を実行するために必要な高度な技術（すなわち技術的ノウハウやソフトウェア）のレベルは驚くほど低く、多くのプログラム（たとえば音声クローニングやＧＡＮソフトウェアなど）がインターネット上で比較的廉価で（無料の場合もある）利用することができる。この傾向は、より洗練された技術の民主化を予感させるものであり、この「情報カスケード」現象の根底にある人間の病理（認知ヒューリスティックス）――すなわち新規情報やネガティブ情報への人々の関心度やフィルターバブル〔検索サイトのアルゴリズムにより、インターネット上で利用者が見たい情報しか見えなくなること〕――を増幅させる。これはディープフェイクなどの技術がミーム〔ＳＮＳを通じて素早く広まる情報〕や虚為の永続化に適合している理由を説明している[90]。第２章で説明したように、高い圧力のかかる危機に際して、たとえ敵対者の行動に変化がなくとも、意思決定者は「平時とは異なる状況」を脅威と解釈しがちである。日常的な活動（たとえば部隊の移動など）も、早期警戒態勢のもとで観測されれば、それは威嚇的と見なされる。[91]

たとえば2017年、韓国の防諜当局は、アメリカ軍と国防総省の職員に対して朝鮮半島からの退避を勧告する虚偽の警報を携帯電話やソーシャルメディアを通じて受け取った。[92] このような情報攻撃は、非国家主体、国家の代理アクター――場合により、国家アクター――が政治的イデオロギーや宗教、その他の悪意ある目標のために核対決を引き起こすため、AIを用いて洗練さや策略の度合いを高め、巧みに言い逃れしながら、ソーシャルメディアが戦争の道具として利用される可能性を暗示している。[93] またAIによって国家（および非国家主体）は悪質な偽情報工作を支援するため、合成ソーシャルメディア・アカウントやコンテンツを自動化・加速化・大規模化するかもしれない。[94]

ソーシャルメディアによる誤報の増幅や偽信号の生成（すなわち誤検出と検出漏れ）は、危機や紛争時の指揮官と政治指導者および同盟国と敵対国の間の重要通信チャンネルを混乱させる可能性がある。[95] 権威主義的な政権（たとえば中国、北朝鮮、パキスタン、ロシア）は、国民に公式ナラティブと教義を受け入れさせることによって、自らの政治的正統性と体制の安定性を正当化している。このため、人民の真実に対する信頼（すなわち見聞きすることに対する信頼）が揺らぎ始めると、権威主義政権は強権的になる傾向がある。そうした人民との乖離は、権威主義的な体制や考え方をもつ指導者の言動によって埋められもする。[96]

さらに、このような力学は人間の認知バイアス——既存の信条や価値観というレンズを通して情報をフィルターにかける人々の性向[97]——によって拍車がかかる可能性がある。ある研究によると、人は曖昧な情報を既存の信条と合致するように解釈し——その見解と矛盾する情報を排除——不快な選択を回避できる情報を受け入れる傾向があるとされている。[98] また人間は——危機時の意思決定において、合理的に選好の優先順位をつけるために不可欠な——確率を直感的に理解する能力が低いとされている。[99] つまり人間はランダム性と非線形性を誤解し（あるいは認識せず）、あまり生起しない出来事の発生を事実上不可能と考える傾向がある。

権威主義的指導者（あるいは非国家主体）は、虚偽のナラティブや意見の統制・普及を確実にするため、AIで強化されたツール（たとえば「フェイクニュース」や「ディープフェイク」プロパガンダ）を使用して、この心理的弱点を利用するのに最適な立場にあるといえるだろう。そのうえ、人間は、情報の観察、収集、処理の方法に影響を与えるさまざまなバイアスをもつため、特定状況の現実を認識しにくくなり、既存の欲望、好み、信条のレンズを通して出来事を解釈する傾向を強くもつ。[100] こうした状況のもとで孤立化し、核武装した権威主義政権が下す戦略的決定——特に自らの生存が脅かされていると考える政権——は特に危険視されることになる。

したがって強靭で近代的かつ信頼性の高いNC3構造がなければ、軍事力行使の威嚇や状況をエスカレートさせる決定は、誤りのある、捏造された、誤認されたナラティブを前提にしてなされる可能性がある。[101] 非対称な状況において、NC3早期警戒システムの性能が劣っている場合（たとえば長距離センサーのないISRシステム、核兵器と通常兵器の運搬システムの微妙な差異を検出できないものなど）、「使うか失うか」の決断に迫られ、指導者は先制攻撃への強い圧力にさらされる可能性がある。さらに敵対諸国の不規則で不透明なコミュニケーションの流れも、誤認や誤算のリスクを高め、他者の意図を最悪なものと思い込む可能性がある。[102]

偶発的エスカレーションは、次のように開始されるかもしれない。A国とB国の緊張や危機が高まっているとき、第三者アクターやテロリストがA国の核兵器搭載可能な路上移動式TELsの不審な動きに関する虚偽の情報（たとえば衛星画像、3Dモデル、地理空間データなど）をオープンソースのクラウドソーシング・プラットフォームにリークした場合である。[103] B国はこの情報の真偽を確信をもって判断することができず、また対応を求める国民の圧力が高まるなか、B国はいわれのない攻撃の標的にされているという（誤った）確信のもとに事態をエスカレートさせる。[104]

敵対国のNC3システムと軍事能力との非対称性は、前述した架空のシナリオに描いたエスカレーションのメカニズムを悪化させる可能性がある。[105] GANソフトウェアの洗練さ、サイバースペースにおけるアトリビューションの問題（第7章参照）、本質的に核・通常戦力の両用性をもつAI、急速に複雑性を増すNC3システム、戦略的意思決定のための時間枠の縮小などを総合すると、偽旗作戦の閾値は今後も下がり続けるだろう。[106]

認知・心理学的な人間とマシンの相互作用には、スピード、精度、安全性、信頼性の間に恒常的なトレードオフ関係が存在するため、ＡＩシステムが人間の行為（すなわち選好、推論、判断）を再現するために、どのように、そして、どのような仮定に基づいて設計されているかをより重視する必要がある。[107] 元ＮＡＴＯ事務次長のローズ・ゴットモーラー（Rose Gottemoeller）によると、この協力関係の実現が成功するかどうかは、人間とマシンそれぞれの相対的な強みを理解し、どのような組み合わせが最も効率よく機能するか、そして「人間とマシンのチームの正しい融合——人間とマシンを我々の戦争遂行システムにいかに効果的に統合するか」にかかっている。[108] このように、ＡＩがどのようなプロセスを経て軍事力の使用に関する特定の判断に至るかという問題に対しては、徐々にではあるが信頼が寄せられつつある。しかし、どの程度の信頼を寄せればよいのか、そのバランスをとることは難しい。

非軍事組織の人間とマシンの協働に関する最近の研究では、ＡＩシステムに対する人間のユーザーの信頼を最適化することの複雑さが強調されており、これらのユーザーはマシンに対する理不尽なまでの嫌悪感から、今では理不尽な過信へと変化していることを示す検証結果がある。[109] したがってＡＩと自律性、量子コンピュータ、ビッグデータ解析などの新興技術が——さまざまな速度と洗練さの度合いで——国家のレガシーなＮＣ３システムと合成され、その上に積み重ねられると、新しいタイプの誤差、ゆがみ、操作（特にソーシャルメディア関連で）が起こりやすくなると考えられる。

政策立案者にとって重要な問題は、次のとおりである。[110] 核の早期警戒システムに対する脅威評価にソーシャルメディアを含めるべきか（あるいは無視すべきか）？　国家の早期警戒システムに核戦力の状態に関する情報をリアルタイムに提供できる第三者は存在するのか？　存在するとすれば、誰が情報の作成と検証の役割を担うべきか？

本書の中心的テーマを繰り返せば、自律型の核早期警戒システムにより、計画立案者は以前よりも迅速かつ確実に潜在的脅威を特定できるかもしれない。しかし、そこに人間の判断と監督がなければ──戦いのスピードの加速化とＭＬシステム固有の脆弱性とが相俟って──不安定な状況をもたらす事故や誤警報のリスクが高まる可能性が高い。この分析は、国家の核戦略、戦力構造およびドクトリンの乖離が核のエンタープライズにおけるＡＩの活用法──すなわち「ＡＩと核のジレンマ」[111]──にどのような影響を及ぼすかという、広範な問題と関連している。今日、ＡＩや自律性システムを核のエンタープライズに導入するか否かは、これまでも戦略的な安定性を求めて指導者たちが直面してきたのと同様の矛盾やジレンマ、トレードオフをはらんでいるといえよう。[112]

結論

本章では、戦略的意思決定プロセスにおいて、マシンの役割が増大することによって生じるリスクとトレードオフ、さらにはＡＩとＮＣ３早期警戒システムを統合することによって生じる核のエンタープライズへの影響について考察した。

核保有国の間には、核のＣ２アーキテクチャに直接影響を与える意思決定をマシンに委ねるべきではないというコンセンサスがある。しかし、それにもかかわらず、ＡＩが「超人的な」レベルで戦略計画に関与する能力を実証できれば、国防計画者はＡＩアルゴリズムが生成する意思決定内容を人間のそれと同様（または、それよりも優れているもの）と見なす傾向が強まる可能性がある。このような傾向はＡＩを擬人化する人間心理の特性によって助長される。最終的には、人間が戦略的意思決定の権限を放棄し、ＡＩシステムに人間のために行動する権限を与えるか否かを選択することになるだろう。しかし、このような権限の移譲にともない、結果責任と説明責任が免除されると仮定することは誤りである。[113]

本章では、核領域におけるＡＩの役割は主に戦術的な効用に限定されることを明らかにしたが、実際、ＡＩの影響となると戦術的レベルと戦略的レベルのどちらとも明確に区分することはできない。

表向きは自律型の戦術兵器を補強するために設計された特定のテクノロジーが、戦略的な戦争遂行に必要な情報を人間に与え、殺傷手段の使用に関する決定を支援（サポート）している。

このノンバイナリーなＡＩの特徴は、戦略的意思決定プロセスにおける人間の指揮官の批判的思考、共感、創造性、直感の役割をＡＩ搭載の意思決定支援システムが代替してしまう危険性をはらんでいる。さらに制御に関する広範な問題は、戦術的な支援システムが緊急事態に予想のつかない説明不可能な（すなわち非人間的な）方法で対応するのではないかという、より一般的な倫理的問題――マシンの行動（倫理的かそうでないか）に責任をもち、説明責任を負うのは誰なのか？――を提起する。

国防計画担当者がミサイル発射プラットフォーム、運搬システムまたはＮＣ３の権限をマシンに明確に委譲するとは考えにくいが、ＡＩ技術は戦略的核問題に関する意思決定の支援――意思決定支援システム――に広く用いられることが期待されている。[114] つまり核保有国はＡＩを実装した意思決定支援ツールを使用するかどうかだけでなく、これらのシステムが国家のリスク許容度（すなわち誤検出と検出漏れ）や第二撃能力に対する信頼にどのような影響を及ぼすかというトレードオフに直面しているのである。すべての条件が同じであれば、先制攻撃に対する報復能力に自信をもつ国家は、自律型システムに過度に依存しない方法で、ＮＣ３システムを設計する傾向が強まるだろう。[115]

このことは核のエンタープライズの安定性にとって諸刃の剣となり得る。プラス面については、もし改善されれば、国家の核システムに対する信頼性が高まり、敵対国が先制攻撃を計画していないことを指導者は認識することができるため、戦略的安定性が向上する可能性がある。たとえば不正使用が原因の事故リスクは、①物理的攻撃やサイバー攻撃に対するNC3の防御力の強化、②情報の流れと状況認識の改善、③核の警戒・試験システムの強化により人為的ミスが原因で事故が発生する可能性の低下、④反復作業と疲労によるヒューマン・エラーのリスクの軽減、⑤自動化されたNC3の利用の拡大〔丸数字は訳者〕などによって緩和されるかもしれない。

諸刃の剣のマイナス面は、前述した進展は次の二つの主要なベクトルを通じてエスカレーション・リスクを増大させる可能性があるということである。第一に、MLを駆使したサイバー攻撃を検知することがますます難しくなり、サイバー攻撃の効果はより一層強まる。第二に、万が一、攻撃の探知に成功した場合でも、マシンのスピードにより脅威の識別は事実上不可能になる。要するに、AI——量子コンピューティング、5Gネットワーク、ビッグデータ解析などの高度な新興技術——を核早期警戒システムに組み込むと、意思決定の時間枠が劇的に短縮され、「危機の安定性」が損なわれる可能性がある。

核の瀬戸際政策では、マシンと人間の戦略的心理の相互作用により、敵の意図を見誤るリスクが高まることから、先制攻撃のインセンティブが高まり、「危機の安定性」が損なわれる可能性がある。

さらにAIがサポートするNC3システムはサイバー攻撃による破壊行為に対してより脆弱であり

——人間またはマシンのエラーの結果として——偶発的にエスカレートするリスクが高まる可能性がある。[116] サイバー攻撃に対するアメリカのNC3システムの脆弱性を緩和するため、近年、国防総省はNC3インフラを更新するための多額の投資を行なう計画を提出した。[117]

非国家主体、テロリスト、国家の代理勢力——おそらく国家主体も含まれる——によるAIを活用したフェイクニュース、ディープフェイク、ボット、その他の悪質なソーシャルメディア・キャンペーンは、効果的な抑止と軍事計画に不安定な影響を与える可能性がある。特にソーシャルメディアの誤った報告（移動式ミサイルの移動、発射のリアルタイム・ストリーミング、TELsの配備、爆発事案に関する虚偽のレポート）は、戦略的意思決定に用いられる核の早期警戒システムの脅威センサーに影響を及ぼす。極端な場合、核対決が虚偽、捏造または誤認されたナラティブにより発生する可能性すらある。

さらにAIを活用したシステム（または自動化バイアス）への過度の依存と、サイバースペースにおける誤報（特に誤検出）のリスクとが相俟って、国家は曖昧な情報や操作された情報によってもたらされる脅威を誇張し、不安定化を拡大させる可能性がある。核の相互作用はますます核と非核（および非国家アクター）の複雑な相互作用をともなうようになり、この多極化の状況のもとでAIを活用することは核保有国間の関係を不安定化させる。

AIのような新しい技術が国家の旧式なNC3システム上に積み重ねられると、新たなタイプのエラー、歪みが起こりやすくなり、敵対国からの操作も受けやすくなる。第2章で論じたように、そうした変化が起こり得る枠組みは、核時代の大半を規定してきたものとほぼ一致している。今日の国家は、AIと自律性を核のエンタープライズに統合するか否かをめぐり矛盾、ジレンマ、トレードオフに――指導者が全般的に多極化する核世界の中で戦略的安定、効果的抑止、安全保障の向上を求めながら――直面している。

このような分析は、将来的に、何を意味するのだろうか？　AIがもたらす潜在的なエスカレーション・リスクを国家（特に大国）はどのように軽減し、また技術が成熟するにつれ、「戦略的安定性」を強化するためにAIをどのように活用することができるだろうか？　過去の新興技術の経験や最良の実践方法（ベスト・プラクティス）を参考にすることはできるのだろうか？　最終章では、これらの疑問について考察する。

最終章　ＡＩの将来を管理する

本書では、特化型（ナロー）ＡＩを核戦争のリスクを高める本質的な不安定化をもたらす要因と見なし、それに関連する事例を取りあげてきた。また先進兵器システムへのＡＩの急速な拡散と普及によって生じる不確実性をこのまま野放しにすれば、将来の不安定と大国間（特に米中）の戦略競争の重大な要因となることを説明してきた。さらに新興技術の広範なスペクトラム――ロボット工学と自律性、サイバースペース、極超音速兵器、５Ｇネットワーク、量子通信――の中で、ＡＩの最近の技術的発展について明らかにするとともに、これらの動向が核保有国間の将来の闘いに及ぼす影響について分析した。ＡＩがもたらす結果を予測し、それに備えることは、国際安全保障、国防計画の立案、国家運営にとって、すでに重要な――だが過小評価されている――課題である。

本書の四つの包括的な知見は、本書の理論的な部分と実証的な部分とを結びつけるのに役立つ。これらのテーマは、ＡＩによって強化された能力が「戦略的安定性」に及ぼす影響を考察した第Ⅱ部の各章に織り込まれている。第一に、ＡＩは真空中では存在しない。つまり軍用ＡＩがアプリケーションの独立したポートフォリオとして「戦略的安定性」に与える直接的な影響力は限られている[1]。それよりもむしろ、ＡＩは「兵器」そのものとしてではなく、さまざまな能力のポートフォリオを実現する強力な戦力増幅器（フォース・マルチプライヤー）と見なすのが最も適切である。つまり、軍用ＡＩは既存の高度な能力の不安定効果をさらに強める可能性がある。核兵器や戦略的な非核兵器――特に通常戦型の対兵力能力――とＡＩとの相互作用は、第２章で述べたデジタル（コンピュータ）革命にともなう核兵器の残存性を悪化させる可能性が高い[2]。

第５章では、ＡＩによって強化された情報・監視・偵察（ＩＳＲ）、自動標的認識および終末誘導能力が、移動式大陸間弾道ミサイルおよび弾道ミサイル搭載型潜水艦による抑止力をどのように侵食し始めているかを説明した。技術的な観点からは、第１章で説明したように、ＡＩはいまだ国家の第二撃能力の残存性を脅かすほどまでには進化していない。今のところ、ＡＩの開発状況（特にＡＩのサブセットであるマシンラーニング（《ＭＬ》））は、革命的というより、実務的で漸進的であるというのが実態に近い。しかし、ＡＩによって実現し、強化される能力は、各部分の総和（the sum of its parts）以上に深刻な（正または負の）影響を戦略的安定性に与える可能性がある。これらを踏まえると、軍用ＡＩの導入がもたらす長期的な戦略的意味は、特定の軍事作戦や能力がもたらす影響よりも大きいのかもしれない。

第二に、ＡＩが安定性、抑止、エスカレーションに与える影響は、ＡＩが技術的、戦術的、作戦的に何ができるかという「能力」の問題よりも、ＡＩが果たす機能に対する国家の「認識」によって多くが（あるいはそれ以上に）決定づけられる。つまり軍事的状況におけるＡＩの効果は認知的要素（つまり人為作用）を強くもち続け、その結果、誤認や誤算に起因する不本意または偶発的なエスカレーションのリスクを高めるのである。言い換えれば、ＡＩにより強化された能力の予測不可能性に対する認識が、ＡＩの技術的能力よりも「戦略的安定性」にどのような影響を及ぼすかを予測する際の重要な判断材料となる可能性が高いということである。

第8章で論じたように、こうした問題群は「脆弱で柔軟性に欠ける不透明なＡＩシステム」を情報の流れが混乱した状況の中に導入することで一段と悪化し、敵対者の意図を正確に評価することが――特に意図が変化した場合に――難しくなる。さらに構想が十分に具体化されないまま不安全なＡＩを過早に実戦配備すると、不確実性と予測不可能性をもたらし、国家がＡＩによって高められた能力の戦略的影響を過大評価したり過小評価したりする原因になりかねない。要するに「戦略的安定性」を動揺させるためには「あるレベルの紛争では信憑性の高かった報復がもはや鉄壁であるとは仮定できないという認識」をＡＩが植え付けるだけでよいのである。

第三に、大国（特に中国とアメリカ）によるＡＩの貪欲な追求は、軍事的状況におけるＡＩの不安定効果を増幅させる可能性が高い。第4章で論じたように、競争が激化する地政学的世界秩序において、未開拓の最先端分野（特にデュアルユース技術）で技術的優位を維持または獲得しようとする国家にとって、ＡＩによって強化された能力がもたらす潜在的な軍事的優位の追求は抗しがたいものになる。そうした意味でも、多様な分野でＡＩの軍事利用を進めている中国の動向は学術的にも継続的に注目し、検討していくに値する[3]。

第四に、ＡＩを搭載した兵器（特にＡＩと自律性）がもつ魅力的な戦術的、作戦的、戦略的優位性に対する認識に加え、自国の置かれた不都合な地政学的状況の中で「不安全で未検証な信頼性の低いＡＩ」を早期に採用することは、「戦略的安定性」に直接的なリスクをもたらすとともに、破局的な結果をもたらしかねない。たとえばＡＩアルゴリズムが核の早期警戒システムに導入されると、意思決定の時間枠が短縮され、システム自体が外部からの操作や妨害工作に対して脆弱となり、国家が自国の核兵器を高度な厳戒態勢に置く誘因を強めてしまう。第4章と第8章で論じたように、エスカレーションの自動化（またはマシンへの権限委譲）は「危機の安定性」を悪化させ、大国間の不本意なエスカレーション・リスクを高める可能性がある。

本書の第Ⅰ部では、「第二次核時代」の「戦略的安定性」に与えるＡＩの影響を正確に捉えるための理論的・技術的枠組みを提示した。第1章ではＡＩ（およびＡＩが実現する技術）の現状と、ＡＩのさまざまな限界を定義・分類し、それが自律型兵器システム――特に通常戦型の対兵力能力――の強化を妨げる可能性があると指摘した。こうした限界を考慮すれば、軍用ＡＩの実用化には慎重さが求められる。すなわち、①ＭＬの学習に必要なデータセットの質と量の不足、②先験的で複雑かつ敵対的な環境で動作するＭＬアルゴリズムに固有の技術的限界、③敵対的なＡＩ攻撃に対するシステムの脆弱性〔丸数字は訳者〕などである。また第1章では、ＡＩに大きな科学的ブレークスルーが起こらない場合でも、既定路線に沿った漸進的ステップにより、「戦略的安定性」に正負両面の影響が及ぶ可能性があることを明らかにした。

第2章では、核兵器と「戦略的安定性」の状況にＡＩと技術的変化がどのように位置づけられるかを論じた。その結果、「戦略的安定性」は多くの変数の複雑な相互作用の産物であり、技術（ＡＩを含む）は方程式の中の数ある変数の一つと見なすのが妥当であることを明らかにした。技術という変数には安定化効果と不安定化効果があり、軍事分野における新技術と革命の歴史を考慮すれば、現在（あるいは過去）の技術動向の延長上に将来を推定する際には慎重さが求められる。それゆえ、ＡＩが最終的に戦略的な変革をもたらすとしても、当面の影響は非線形的、段階的かつ平凡なものになる可能性が高い。本章では、軍用ＡＩは新興技術の確立された趨勢（核領域と非核領域の混在、戦いのスピード、意思決定の時間枠の短縮化）に沿った自然な現れ（原因ではない）として理解するのが最適であるが、そうした趨勢が国家に不安定な核戦力態勢を採用させる（または駆り立てる）ことを明らかにした。

本書の第Ⅱ部では、ＡＩ――および他の戦略的に重要な技術――をめぐって展開されている米中間の戦略的競争と、これらの進展が米中間の「危機の安定性」、軍備競争、エスカレーション、抑止に及ぼす影響について考察した。第３章では、ワシントンと北京がＡＩを積極的に追求する動機について考察し、ＡＩの急速な進歩と普及が戦略バランスに与える影響について分析した。本章では、ＡＩとＡＩが実現する技術をめぐり広範に繰り広げられている米中の戦略的競争の激しさ、特に技術的主導権に対するワシントンの脅威認識と対応について考察した。

第３章では、三つの有意義な知見が得られた。第一に、アメリカの国防関係者の間では、ＡＩが将来のパワー分布や軍事バランスに与える影響は、革命的（レボリューショナリー）とはいえないまでも、変革的（トランスフォーメーショナリー）なものになるというコンセンサスが形成されつつあるということである。第二に、軍用ＡＩの普及は、ＡＩの軍事利用という革新的技術の開発にアメリカが後れをとってきたという意識の高まりと軌を一にしている。最後に、ＡＩの融合的特徴〔ハードウェアやプラットフォームに搭載されて機能を発揮するＡＩの運用上の特徴を指す〕は軍の先端兵器システムと一体となったＡＩの普及と拡散を制約する可能性が高く、これは二極の戦略的競争が復活する兆しとなる可能性がある。

第４章では、第３章を踏まえ、ＡＩによって強化された技術が米中間の軍事的エスカレーションのリスクをどのように高める可能性があるかについて考察した。本章では、核と非核の軍事技術の混在状況がもたらすエスカレーション・リスクに対する米中の見解の相違が、これらの技術とＡＩの一体化が引き起こす不安定効果をさらに助長すると指摘した。ＡＩで強化されたＩＳＲ能力によって、アメリカの対兵力能力が中国の核アセットの位置をより正確に特定できるようになれば、核の残存性への信頼は損なわれ、「使うか失うか」の不安定な状況を引き起こす可能性があることが明らかになった。懸念すべきは、中国の戦略コミュニティでは、領域横断的抑止の概念や、人民解放軍の戦力が混在している状況にともなうエスカレーション・リスクを管理する方法をめぐる理解が（あるいは認識が）不足しているように見えることである。

要するに、核および通常兵器システムと一体化したＡＩと、抑止やエスカレーションとの多面的な相互作用を前提とすれば、この関係性――敵がこれらの力学をどのように見ているか――と危機時の意思決定に与える影響について深く理解することが、政策決定者にとって早急に取り組むべき重要課題になっている。(4) ＡＩと戦略兵器――いずれも戦略的効果を有する核兵器および通常兵器――の多面的な相互作用を考えると、ＡＩ技術、エスカレーション、危機時の意思決定の間のダイナミックな相互作用を深く理解することが必要なのである。

本書の第Ⅲ部では、ＡＩに関連するエスカレーション・リスクについて考察するため、体系的な事例研究を行なった。各章では、高度な戦略的非核兵器――特に通常戦力による対兵力能力――と融合した軍用ＡＩシステムが、将来の戦いにおいて、なぜ、どのようにエスカレーション・リスクを引き起こすのか、あるいは悪化させるのかを説明した。また、ＡＩにより強化された能力が、実際にどのように機能するのか、そして、なぜリスクがあるにもかかわらず、大国はそれらを配備しようとしているのかについて考察した。

第5章では、AIで強化された情報収集・分析システムが、国家の核抑止力の存続と信頼性に与える影響について検討した。本章では、AIによって強化された能力（ISRやリモートセンシング技術など）により、移動式核兵器の捜索を以前よりも迅速かつ低コストで効果的に行なえるようになる可能性を明らかにした。核の領域における軍事技術の質的向上は、国家にさまざまな影響を与える。また事例研究では、将来のAIのブレークスルーが、移動式ミサイル部隊の位置を特定し、照準に収め、破壊するゲームチェンジャーになり得るかどうかにかかわらず、相手国がこれらの能力を獲得しようとする意図が重要であることを明らかにした。

第6章では、AIによって強化されたドローン群や極超音速兵器がエスカレーションと抑止にどのようなリスクをもたらすかについて検討した。その結果、AIを搭載したドローン群を配備するため、残された未解決の技術的ハードルを克服することができれば、この能力は将来の紛争において行動範囲、精度、スウォームの規模、相互連携、知能、速度の向上という魅力的な相互作用をもたらすことが明らかになった。この事例研究では、コンピュータ性能の飛躍的な向上とMLの進歩により、スウォーム隊形のドローンがますます複雑な攻勢的・防勢的任務を遂行できるようになることも明らかにした。

ＡＩの導入によって、極超音速兵器を含む長距離精密弾は、大幅な質的改善を遂げることが期待されている。これらの改善により、国家の防衛システムをめぐる攻防のバランスは一気に攻撃側の優位に傾き、さらには国家の核抑止の信憑性を低下させる。要するに、ドローン群などの自律型兵器は、交戦規則が曖昧でリスクが低いと認識され、また確固たる法的・規範的・倫理的枠組みが不在であるため、技術的に優勢な敵対者を打ち負かせる非対称な**フォース・マジュール**〔疑問の余地なく導入すべき兵器〕としてますます魅力を増していく可能性が高いのである。

第７章では、ＡＩとサイバーセキュリティの関連性に注目し、ＡＩを導入したサイバー能力は、核兵器と非核兵器の混在および戦いの高速化が原因となって、エスカレーション・リスクを高める可能性があることを明らかにした。ＡＩで強化されたサイバー兵器がもつ対兵力能力としての将来的な開発プロセスは、サイバー防衛の課題を複雑化し、攻撃的サイバー能力がもたらすエスカレーション・リスクを増大させる。また事例研究では、核戦力のサイバーセキュリティを強化するために設計されたＡＩツールは、同時にサイバーに依存する核支援システムがサイバー攻撃からの影響を受けやすくする可能性を示した。

逆説的なことを言うと、ＡＩのように情報の信頼性と処理速度を向上させる技術は、これらのネットワークの脆弱性を増大させる可能性がある。危機的状況のもとでは、こうした脆弱性が新たな先行者の優位性を生み出し、エスカレーション・リスクを増大させる可能性がある。「説明能力」という

ＡＩ問題群（第1章参照）は、これらのリスクをさらに悪化させる可能性がある。つまりＡＩの専門家が説明不可能なＡＩの特徴を解明するまでは、人間によるエラーとマシンによるエラーが互いに増幅し、予測不可能な結果をもたらしてしまうということである。

最後の事例研究を扱った第8章では、指揮官が戦略的意思決定プロセスでＡＩをなぜ、そして、どのように使用するのか、また核のエンタープライズにおけるマシンの役割の増大がもたらすリスクとトレードオフ、特にＡＩと核関連の指揮・統制・通信システム（ＮＣ3）の一体化による影響を解明するため、人間心理の観点から考察した。[5]

指揮官がマシンに明示的に発射権限を委譲することは考えにくいものの、戦略的な核の問題に関する意思決定を支援するためにＡＩが幅広く利用されることは十分に予想される。[6] こうした漸進的な変化は、既存の核のエンタープライズに質的改善をもたらし、核戦力に対する信頼を高め、「戦略的安定性」を向上させる可能性がある。

これらの事例研究から明らかなことは、ＡＩの影響を戦術的レベルと戦略的レベルという二元論（バイナリー）では捉えきれないということである。この二元的（ノンバイナリー）ではないという特徴は、ＡＩを搭載した意思決定支援システムが戦略的意思決定プロセスにおける人間の批判的思考、共感、創造性、直感の役割を代替するリスクを——おそらく不用意のまま——もたらしかねない。ＮＣ3早期警戒システムの場合、ＡＩとの融合によって意思決定の時間枠がさらに短縮され、安定性を損ないかねない新たなネットワークの脆弱性が生まれる可能性がある。

さらにＡＩによって強化されたフェイクニュース、ディープフェイク、ボット、その他の悪質なソーシャルメディア・キャンペーンが多用されるようになれば、これらは効果的抑止と軍事計画の立案に負の影響を与える可能性がある。つまり、ＡＩを含む新たなテクノロジーが国家のレガシーなＮＣ３システムの上に重ねられると、ソーシャルメディアに関わる新たなタイプのエラー、歪曲、操作が発生する可能性が高くなると考えられる。事例研究では、国家がまったく異なる対応をする可能性のある重要問題を提起した。キルチェーンのどこに人間のオペレータを関与させるべきか、またＡＩにどのような意思決定権限をもたせるべきか？　人間の意思決定はどの段階で、ＡＩと自律性から得られる利点（スピードと正確性）を損なう可能性があるのだろうか？

第１節　軍用ＡＩの管理――ＡＩの安全性と「底辺への競争」(*)の回避

インセンティブをどのように変えれば「戦略的安定性」を向上させることができるのだろうか？　本書全体を貫いているテーマ――戦略的安定性と核セキュリティに対するＡＩの潜在的影響を広範な視野から理解するための中心的テーマ――は、マシンの速度で動くＡＩシステムが戦闘のペースを

「人間の意思決定者が状況を制御したり、理解したりする認知と身体的能力を上回るレベル」まで押し上げることに対する懸念であった。

多極化の状況でAIがもたらす安定への脅威に対処するため、ここで考えられるマルチトラック（トラック1、トラック1・5、トラック2での協議）の政策対応は、大きく二つのカテゴリーに分類できる。(7) 第一に、研究者、グローバルな国防コミュニティ、意思決定者、学者、その他の政治的・社会的利害関係者の間で討論と議論を深めること、第二に、軍事大国が交渉の議題とし、履行するための具体的な政策提言である。(8) こうした活動を成功させるには、軍事領域におけるAI技術の設計と実戦配備に関するコンプライアンスを制度化し、それを確保すること、そのために一貫したガバナンス・アーキテクチャの構築に向けた措置をとる必要性と、相互利益を生み出す可能性をすべての利害関係者の間で共有することが求められる。

しかし、第3章で明らかにしたように、AIの追求によって得られる先行者の優位性を保持（アメリカの場合）あるいは新たに獲得（中国の場合）しようとする軍事大国間の地政学的緊張は、前述した問題に対し、協力を回避するインセンティブを生み出す可能性が高いのである。

〔＊底辺への競争：特定の政策目標を優先するあまり、一般的な社会的価値を損なう結果を招いてしまうこと。たとえば企業誘致のための減税、労務基準や環境基準の緩和を競い合うことで、結果的に労働環境や自然環境、社会福祉の水準が最低レベルに至ってしまうことなど、主に経済分野で用いられてきた概念〕

第2節　議論と対話

軍用ＡＩの潜在的な不安定効果を緩和する、あるいは少なくとも管理するために、軍事大国は、本書を通じて強調してきた安定性に対するリスクの発生を未然に防ぐ信頼醸成の取り組みに向けて慎重に調整しなければならない。[9] 特に大国は、ＡＩによって強化された軍事能力の開発と配備に関するガバナンス、規範、規制、そして透明性を確保するための国際的枠組みを確立する必要がある。[10] さらにこれらの枠組みには、現在だけでなく、将来の潜在的な発展、特にＡＩアルゴリズムに何が組み込まれ、何が組み込まれていないか（第1章参照）、また殺人ロボットやマシンによる支配（オーバーロード問題）に固執しすぎないように、公共の議論をいかに抑制するのが最適かといった問題を含める必要がある。

いくつかの理由から、政府はこうした取り組みの過程で困難な課題に直面するだろう。第一に、ＡＩの研究開発は地理的に広域に分散しており、不透明な問題であるということ。第二に、システム・エンジニアによる開発段階において、ＡＩアプリケーションの潜在的に不安定で事故を起こしやすい特徴を見分けることが困難であること。第三に、ＡＩが予測できない行動をとった場合、ライアビリティ・ギャップ――意図しない、予測できない危害が生じたときに発生する法的問題（危害が発生した場合に責任を負う者がいない状況〕――を引き起こす可能性があるということである。[11] 宇宙法、インターネット規制、航空基準など、デュアルユース技術を管理するための既存の枠組みは、ＡＩの規制を検討するうえで貴重な知見を提供してくれるかもしれない。これは競争の激しい軍事領域においてさえ、国際的コンセンサスと妥協点を見つけることができることを示唆している。[12]

さらに意思決定者は軍用ＡＩが生み出す複雑性と相互依存の増大、さらには脆弱性との間の微妙なトレードオフを慎重に検討しなければならない。軍事システムが開発まもない初期型ＡＩ――潜在的にアクシデントを起こしやすい――を搭載することは既定路線なのではなく、これらの決定は人間の政策立案者によってなされるのである。彼らは、トレードオフを慎重に検討し、最終的には技術革新の成果をＮＣ３システムのような安全性を最重視すべき（セーフティ・クリティカル）システムに実装する義務を課せられている（第８章参照）。

サイバー領域と同様、こうした取り組みへの抵抗は、軍用ＡＩ（特に攻撃型）能力を明らかにすることで、これらのツールが潜在的に有する抑止の効用が覆されることを懸念する国家から起こる可能性が高い。[13] こうした政策の調整と実施という課題には、地域的アジェンダ、学際的抵抗、戦略的ライバル国間で悪化する「安全保障のジレンマ」を回避するための大胆かつ先見性のあるリーダーシップが必要となるであろう。軍備管理協定としてのＡＩに関する正規の条約は長く複雑な交渉と批准プロセスを必要とし、規制対象の技術的変化が激しいため、発効する前に法的枠組みそのものが陳腐化する可能性がある。しかし、このような人類が直面する難問は、歴史的に克服可能であることがこれまでに何度も証明されている。[14]

次に、シンクタンク・コミュニティ、学者、ＡＩ専門家は互いにリソースを結集し、次に掲げるような安全保障上のさまざまなシナリオに軍用ＡＩが与える影響を調査するべきである。①ＡＩ搭載兵器システムに対するＡＩ ＭＬバイアスの影響、②核・非核兵器の混在と領域横断（クロスドメイン）抑止に与えるデュアルユースＡＩシステムの影響、[15] ③汎用型人工知能の登場に備え、それに対応するための方策、④ＡＩ搭載型軍事システムの攻守のバランスに研究開発投資が与える影響、⑤核保有国、非核保有国および非国家主体によるＡＩの攻撃使用を事前に阻止し、緩和する手段〔丸数字は訳者〕などである[16]（第7章、第8章参照）。

「人工知能に関するアメリカ国家安全保障委員会（The US National Security Commission on Artificial Intelligence）」は、２０１９会計年度ジョン・S・マケイン国防権限法（John S. McCain National Defense Authorization Act for Fiscal Year 2019）によって設立された新しい超党派委員会である。[17] 同委員会の初期の活動は、学界、市民社会組織、民間部門による共同作業の珍しい例であり、国家安全保障の目的に照らしたＡＩ利用の機会とリスクに焦点を当てている。ＡＩに固有のデュアルユースな性格から、この対話は民間のＡＩやサイバーセキュリティの専門家、商業部門、倫理学者、哲学者、市民社会、世論など、多様な分野の利害関係者を含めて拡大されるべきである。[18]

また国家はデュアルユースのＡＩ研究で協力し、ＡＩの低コストと規模の利点（自律型ビークルやロボット分野など）を活用するべきである。[19] ＡＩシステムの安全性、試験、強靭性に焦点をあてることは、制御されていない複雑な環境におけるエラー、バイアス、説明能力に起因する潜在的な脆弱性とリスクを軽減するうえで重要なステップとなる。[20] たとえばデュアルユースＡＩ技術の開発を加速するためには、多様な軍用ＡＩアプリケーションの性能と安全基準を公表することや、商用ＡＩアプリケーションを軍事用に転換するための明確なガイドラインを作成することが考えられる。

ロボット、サイバーなどデュアルユース・システムへのＡＩの統合の度合いは、リスクに対するアクターの態度、攻守のバランス、他国の意図と能力に対する認識に影響を及ぼし、戦略的抑止や核の安定性、軍備管理に重大な影響を及ぼす可能性がある。最近の研究には歴史的にデュアルユース技術――生物・化学兵器、宇宙兵器、暗号、インターネット・ガバナンス、核技術――がどのように扱われてきたかを調査したものがあり、その中には輸出規制や公表前審査など、ＡＩデュアルユースのリスク管理政策に応用できそうな知見も見られる。[21]

これらの分析から明らかになったことは、デュアルユース技術に対する規制、法律、規範の枠組みを築くことが非常に困難だということである。その一例として、１９９０年代後半に、暗号アルゴリズムやサイバーネットワークのセキュリティ・ツールを輸出規制しようとした努力が実を結ばなかったことが挙げられる。[22] さらに一般向けの流通が新たな脆弱性を生み出し、セキュリティを悪化させる状況（たとえば「敵対的ＡＩ」）では、公表する対象を信頼できる組織や主体に限定することも考えられる。[23]

立ち上がりのきっかけは、マルチレベル、領域横断的（クロスドメイン）、文化横断的、インフォーマルな取り組みなど、さまざまな形態が考えられるが、地政学的条件が整えば、より公式なレベル――ジュネーヴ条約や国際人道法（ＩＨＬ）の一部をモデル化したもの――で協力や議論を行なうことができる。[24]したがって軍事組織はＡＩが組織、戦略文化、将来のリーダー育成にとって、いかなる意味をもつかについて予測しておくべきなのである。これを怠ると、技術的変化を予測し、それに適応することができなくなり（あるいは躊躇する）、能力と作戦ドクトリンとの間のギャップが拡大している〔適応に失敗してきた〕軍隊の長い列に加わることになりかねない。[25]

第3節　ＡＩの軍備管理

軍備管理協定にＡＩのような新興技術を取り込むことはできるのだろうか？　ＡＩ時代に不拡散は有効なのだろうか？[26]　冷戦時代、軍備管理支持者の多くは、軍備の相互削減が先制攻撃の誘因を低下させ、その結果「戦略的安定性」が促進されると考えていた。軍備管理および「戦略的安定性」に関する研究は、それらの成功が「相手側の兵器プラットフォームを正確に把握する能力」に依存していたことを証明している。[27] 先進的な、とりわけデュアルユース技術の場合、この仮説の妥当性を検証する必要性は高まるだろう。[28]

長年にわたる核不拡散条約は、核技術の共有による相互利益を実現し、「戦略的安定性」を強化するとともに、新しい（つまり核）技術の兵器化がもたらす脅威を最小限に抑えるグローバル・ガバナンスの成功事例であった。しかし、第3章で論じたように、AIは核技術よりもはるかに広く普及しており、AI技術の研究、開発、応用には民間部門が深く関与している。核・通常戦両用能力や核と非核の境界線が曖昧なままでは、軍事管理はきわめて困難であり、戦略的競争や軍備競争が生じやすくなる。[29]

既存の軍備管理の枠組みや規範、さらには「戦略的安定性」の概念は、流動的で相互に結びついた現在の趨勢に馴染まなくなっている。AIは本来がデュアルユース技術であり、一元的ではない。このため、将来の議論では戦場と社会レベルの両方で、AI関連技術とAIが可能にする技術（第1章参照）の含意を考慮する必要がある。もう一つの複雑な問題は、今日、AIの安全性と堅牢性――いわゆる「AI制御問題」――を確保するための新たな規制や、軍備管理の枠組みを策定するために必要な「共通の定義」と「工学的方法論」が存在しないことである。[30] たとえば既存のツール（たとえば強化学習テクニック）では、AIによって強化された自律型システムが人間にもたらすリスクを解決できないとＡＩの専門家たちは考えている。[31]したがって現存するものとは異なるアルゴリズムが必要になると考えられ、ＮＣ３など、ＡＩを導入した複雑な軍事システムの安全性と堅牢性および解釈能力〔説明能力と同義〕が優先される。[32]

軍事分野におけるＡＩアプリケーションが検証可能であるかどうかは、今のところ未解決の問題である。システムの複雑性、特に正式な検証に必要な属性の定義が困難であるため、他のタイプのテクノロジーと比較してもそれを検証することは難しい。[33]たとえばアメリカ国防高等研究計画局（ＤＡＲＰＡ）のAssured Autonomy Programは、ＭＬアルゴリズムを使用し、自律的なサイバー・フィジカル・システム〔センサーで収集した現実世界の情報を仮想空間に取り込み、コンピュータで分析したものを再び現実の世界に最適な形でフィードバックさせるシステム〕の安全性を保証している。このプログラムは、システムの寿命を通じて継続的に学習するように設計されているため、従来の方法を用いて保証と検証を行なうことは非常に困難である。[34]

この課題は現代の抑止の領域横断化が進み、サイバー、極超音速反器、宇宙、ＡＩなど、核と非核の戦略領域で非対称性が生じているため、さらに複雑化している。[35]こうした懸念は、２０１８年のアメリカの『核態勢の見直し』でも取りあげられた。そこで強調されていたのは、地政学的緊張と核領域における新興技術の融合、とりわけ新規と既存の技術革新における予期せぬ技術的ブレークスルー——特に核の指揮統制に影響を与える技術——がアメリカが直面する脅威の性質と、それに対抗するためには必要な能力を変えるかもしれないということだった。[36]

急速な技術革新、大国の戦略的競争、核の多極化の時代に「戦略的安定性」を向上させるため、将来の軍備管理の枠組みの策定には、こうした新しい変化を反映させる必要がある。軍備管理の取り組みは、もはや二国間の取り決めに限定されるものではない。また各国政府はディープフェイクや致死性自律型兵器システムがもたらす影響への対応など、AIと国家安全保障の透明性と説明責任を高める方法を模索すべきである。[37] 非国家主体がディープフェイクなどのAI対応ツールを用いた誤報攻撃で、戦略的意思決定システムを操作・欺騙し、システムに介入する脅威への対策として、政府は――同盟国と敵対国の双方と連携し――NC3システムとプロセス（たとえば偽情報検出ソフト）の強化を継続することが望ましい。[38]

そうした目的のため、2017年にNATOは「戦略的コミュニケーション能力向上センター（Strategic Communications Center of Excellence）」を設立し、悪質な誤情報の流布によってもたらされる偽情報のリスクに対する認識を高めるための「最良の実践方法（ベスト・プラクティス）」の開発を支援している。[39] しかし、新たなディープフェイク競争において、探知の見通しは暗いように見える。[40] 写真フォレンジック専門家のハニー・ファリド（Hany Farid）教授によると「本物と偽物を完全に見分けることができる……フォレンジック技術を得るには、まだ数十年はかかりそうだ」[41] と述べている。たとえばアメリカと中国は現在中断されている戦略的安定対話（Strategic Stability Dialogue）――おそらくロシアを含む——を再開し、特に（1）AIとさまざまな軍事能力（核を含む）との一体化の影響、（2）「新時代」のAIを導入した対兵力兵器と自律型兵器が抑止を不安定化させる可能性、（3）不本意または偶発的な核のエスカレーション・リスクを軽減する措置、（4）AIが国際安全保障と核の安全性に与える影響に関する共同研究の推進といった諸問題を検討することができるだろう。[42]

さらに、すべての当事者が米中間の核ドクトリン、エスカレーションや危機管理に対する態度、「戦略的安定性」における相違を認識し、可能であれば、その解明を追求することが重要となるだろう（第4章参照）。そうした議論——たとえば国家意図の明確化、新たな軍事技術に関する意見交換、相互利益となり得る分野の特定——は、現在進行中の広範なトラック2会合、やがてはトラック1・5会合での対話と信頼醸成措置に組み込まれることになるかもしれない。[43]そうした非公式対話がどれだけのインパクトをもち、安全保障政策に目に見える成果をもたらすかについては、今のところ定かではない。また意思決定者はAIシステムから提供される情報を（特に従来の情報源と比較して）どの程度信頼するのか、また政治体制（民主主義と権威主義）の違いにより、指導者がシステムを信頼し、依存する傾向は強まるのか（それとも弱まるのか）を理解するには、さらなる研究が必要である。

中国政府は、AIの潜在的な不安定効果を抑制するための規制、安全性、軍備管理措置の探求など、AI関連の法的・倫理的問題の研究や構想を開始している。[44]たとえば中国の2017年『新世代人工知能開発計画』は「AIに関連する法的、倫理的、社会的問題に関する研究を強化し、法律、規制、倫理的枠組みを確立する」必要性を強調している。[45] こうした具体的なイニシアティブをめぐる協力は、米中の地政学的緊張と戦略的不信が背景にあるとはいえ、国内における理解と透明性の改善のための基礎を生み出すかもしれない[46]（第3章参照）。とはいえAIの先行者の優位性をめぐる大国間の戦略的競争は、制御と安全性の問題が解決されぬまま、両者にとってネガティブサム〔両者が損をする状況〕となる可能性が高い。極端な場合、当事者の見返りは「マイナス無限大」になるかもしれない。[47]

正式な軍備管理措置やその他の法的拘束力のある協定の代わりに、大国が相互に利益を得ることが可能な規範的取り決めの例としては、敵国のNC3システムを標的とする悪質なソフトウェアやサイバー能力の開発の禁止、核兵器の発射許可に関わるAIやその他の新興技術の利用に対する規制などがある[48]（第8章参照）。また安定性を向上させるその他の措置としては、核兵器の数量を減らすこと、核軍備の厳戒態勢（または警報即発射状態）を解除すること、核弾頭と運搬システムの切り離し（または核弾頭の隔離保管）、抑止力に絞った（または最小限抑止）兵力態勢への移行、現在の中国やインドのように「核の先制不使用宣言」政策の採択がある。[49] これらの合意の履行状況を検証できる可能性は——技術的にも政治的にも——低いかもしれないが、それでも規範的な枠組みや相互理解の方法を模索する価値はあるだろう。

新興技術に関する容認可能な行動ルールの採択にあたり、これまでで最も称賛すべき取り組みの一つは国連（ＵＮ）から示された、このテーマに関する国連総会決議であった。具体的には、国連は新興技術（特にサイバー）が「国際の安定と安全を維持するという目的と両立しない」悪意ある目的に使用される可能性があるという一般的な懸念を表明し、国家による「規範、規則、原則など、それらに対処するための協力措置」を検討するための専門委員会の設置を提案した。[50] ２０１５年、専門委員会は「悪質な情報通信技術のツールとテクニックの拡散を防ぐため」[51]の中核となる一連の規範を明確にしたのである。

この基本的枠組みは任意で拘束力をもたないが、ＡＩに関する国家間の将来の軍備管理協議にとって有用なツールとなる可能性がある。本書の第Ⅱ部で述べた理由により、ワシントンと北京（またはモスクワ）が、それぞれのＮＣ３やその他の重要インフラを標的にする技術の使用に関する国際的な制約を受け入れる可能性は低い。それでも国連のような機関、商業部門の著名な専門家や国家指導者がこのような規範（たとえばデジタル領域での自制と暗黙の駆け引きを可能にするレッドラインとルールの明確化）を議論し、推進する努力を続けることは依然として重要である。[52]

ここで重要な問題を考えておかなければならない。もしマシンが国際人道法（ＩＨＬ）を侵害し、戦争犯罪を行なった場合、誰がその責任を負うのだろうか？　システム・オペレータなのか、設計者なのか、命令を下した文民当局なのか、それともマシンの配備を決定した司令官なのか？[53]

一部のオブザーバーは、この問題を「結果責任と説明責任のギャップ」と定義し、自律型兵器の使用は基本的に非倫理的であると見なしている。[54] 最近、この問題への対処に向けた最初の取り組みが官民の中から出ている。２０１９年、アメリカ上院は「ディープフェイク報告法」を可決し、「判断を誤らせることを意図し、音声、映像、テキスト・コンテンツを捏造または操作する」ディープフェイク技術の使用に関する年次報告書を作成するようアメリカ国土安全保障長官に要請した。[55] 民間部門では、フェイスブックが２０１９年に、顔認証操作の検出に関する研究動向を調査する産業・学界・市民社会組織による共同作業「ディープフェイク検出チャレンジ」を開催した。[56] ディープフェイクが高度化するにつれて、デジタル・フォレンジックに関する研究も歓迎されるだろう。非国家アクター（すなわちテロ組織や犯罪者集団）および第三者アクターによる追求が、核保有国の戦略環境にどのような脅威を及ぼすかについて、さらなる研究が求められている。

第４節　サイバーセキュリティにおける「最良の実践方法」とベンチマーク

コンピュータ・セキュリティなど、デュアルユースの問題に対処するための洗練された「最良の実践方法」がＡＩに適用されることになるかもしれない。たとえばネットワーク・セキュリティを強化し、強固な組織、ガバナンス、業務要領を確立するためのレッドチーム演習の広範な活用などである。さらにAIとサイバーを対象としたレッドチームの活用（DARPAのサイバー・グランド・チャレンジなど）により、エンジニアとオペレータは特定の（攻勢と防勢）作戦の実行に必要とされる技能を習得し、システムの脆弱性、敵対的エクスプロイテーション、ストレステスト、ソーシャル・エンジニアリングの課題を管理することができる。[57]

AIによって強化されたサイバー兵器が引き起こすリスクを回避し、軽減するためのサイバーセキュリティを中心とした対策の具体例として、網羅的ではないものの、次のリストが挙げられる。[58]

第一に、AIがシミュレートしたウォーゲームのコーディネート、レッドチームによる創造的な思考訓練、エラーを検出し、脆弱性を修正し、特にNC3（第8章参照）のような軍事システムの信頼性・安全性・強靭性を高めるため、ネットワーク内の冗長性を確保するバックアップやフェイル・セーフ装置である。たとえばAIで強化されたネットワークで検出された脆弱性、妨害工作、その他の人為的操作を修正するための機密報告を実施する業務手順が確立される可能性がある。

第7章で強調したように、ある種のAI攻撃はサイバー攻撃をともなわずに生起するが、サイバー防御がより一層強固になれば、データ汚染のようなAIシステムへの特定の攻撃を実行する難易度が高まる可能性がある。こうした見方は、AI関連の侵入行為、そして脅威を管理するために開発された対抗措置の拡散を追跡するために使用されるかもしれない。[59] しかし、AIデータやアルゴリズムは本質的に攻撃に対して脆弱であるため、こうした攻撃からシステムを保護するには、新たなツールや戦略が必要になる。

第二に、政府は検証方法とプロトコルを正式化する取り組みを率先し、どのような状況のもとで、どのような種類のＡＩシステムに対して正式な検証を実施できるのかといった問題を検討することができる。[60] またＭＬやビッグデータ解析、検証手法の拡大など、同様の目標を達成するための他のアプローチが新たに開発されるかもしれない。[61] ＭＬおよびその他の非決定論的で非線形・高次元の継続的な学習システムを採用する場合、そこには定義上の問題が存在するため、検証、試験、評価の新しい基準が必要とされる。[62] アメリカ議会がＡＩイニシアティブについて国防総省に委任していた最近の報告書において、報告書の作成者たちは――国防総省と世界の国防コミュニティにおける――ＡＩの検証、妥当性の確認、試験および評価の現状は、[63] 特に安全性が最重視（セーフティ・クリティカル）されるシステム（すなわち核戦力）が関係する場合には「ＡＩアプリケーションの性能と安全性を確保するにはほど遠い」状態であると結論づけている。[64]

民間部門が主導した、稀ではあるが有力な事例として「デジタル版ジュネーヴ条約」がある。これは、第二次世界大戦後のジュネーヴ条約をモデルとして、サイバー攻撃による負の影響から文民を保護することを目的としたサイバー・イニシアティブで、特にマイクロソフト社のブラッド・スミス（Brad Smith）社長が支持している。[65] 別のアプローチとしては、化学兵器禁止条約のもとで義務づけられているものと類似した業界内の協力レジームが考えられる。そこでは、製造業者は顧客を把握し、固定翼ドローン、クワッドコプター、ロボット・ハードウェアなど、兵器化の疑惑がもたれる可能性のある品目が大量購入された際に報告する義務が課せられる。[66]

第三に、世界の国防コミュニティは、AIサイバー防衛ツール（分類エラーの解析、リモート脆弱性スキャンの自動検出、モデル抽出の改善など）、AI中心の安全なハードウェア、その他のフェイル・セーフ機構やオフランプ（たとえばアメリカ証券取引委員会が株式市場で使用している回路遮断器など）の開発に積極的に設備投資し、紛争の段階的縮小（デエスカレーション）を可能にし、防止すべきである。また事態をエスカレートさせる決定には、外的要因（主に政治的、戦略的状況によるもの）が絡むことを考慮すれば、この種の技術的制御や自制は必ずしもエスカレートのリスクを緩和するわけではないのである。さらに技術的制御を適用することによって、国家のMLアルゴリズムの中にあらかじめ（しばしば無意識のうちに）プログラミングされている偏見や思い込みの問題に直面することになる。[67]

これまで述べてきた提言と関連し、今後さらなる検討が必要なインプリケーションとしては、次のようなものがある。[68] 既存のツールは、AIシステムの脆弱性に対してどの程度有用なのか？ これらのツールは、複数の軍事領域で横断的に運用されるAIシステムにどのように活かされるのだろうか？ 軍用AIシステムにおいて「パッチ」に該当するものは存在するのか？ 軍事領域の既存のハードウェアに対する有意義な改革を奨励し、その実行を確実にするため、どのような政策が考えられるのか？　ＡＩが引き起こすエスカレーションを管理するうえで、オフランプや防火帯はどの程度有効なのだろうか？　どれも興味をそそられる問題であるが、現時点では推測の域を出ることはない。だが技術が成熟するにつれ、答えは次第に明らかにされるにちがいない。[69]

歴史家のメルヴィン・クランツバーグ（Melvin Kranzberg）は、１９８５年に「テクノロジーは良いものでも悪いものでもなく、中立でもない」[70]と述べている。つまりＡＩのような新しい技術は価値中立的なものではなく、また必ずしも合理的ではない。むしろ人間の創造者の偏見、認知の特異性、価値観（宗教、文化など）、思い込みを反映している。これらのアプリケーションが機能する社会的背景に十分な注意を払うことなく、手続き上の公平性と公正性のみの最適化（すなわち中立的アルゴリズム）に焦点をあてたＡＩ　ＭＬバイアスへの対策は、単に現状維持（ステイタス・クオ）を強化するだけである。

ＡＩシステムは人間の価値観、偏見、思い込み、それらが内在する社会を反映しているため、これらの問題を解決することは、技術的な問題と同様に、政治的、倫理的、道徳的な問題なのである。[71]ＡＩは人間の意図的な行動と決定の産物として「安定化させる力となるか、それとも不安定化させる力となるのか」という問題は、その技術的設計（決定から行動までの待ち時間を占める）、オペレータの訓練と文化、人間とマシンの間のインターフェイスやトレードオフ、そしてドクトリンへの吸収を含めて、どのように実用化され、運用されるかに大きく依存することになるであろう。

一部の国がＡＩシステムを導入している（あるいは間もなく導入する予定である）ことを認識した

うえで、専門家の間では、一般にＡＩが殺傷力のある兵器システムおよびそれに付属する支援システムに組み込まれる以前に、さらなる実験、試験および検証を必要とするという点では意見が一致している。[72] 人間の自律性、安全保障、平和、生存といった問題に対し、ＡＩは深刻な影響を与える可能性があるため、ＡＩ研究はそうしたシステムの開発がもたらす倫理的・法的結果と真剣に向き合わなければならない。１９５０年にアラン・チューリング（Alan Turing）が予言的に述べたように「私たちは目の前のわずかな距離しか見ることができないが、やるべきことが数多く残されていることはわかっている」[73] のである。

解題——訳者あとがきに代えて

本書は２０２１年9月にイギリスのマンチェスター大学出版局から刊行されたジェームズ・ジョンソン（James Johnson）氏の著書 *Artificial Intelligence and the Future of Warfare : The USA, China, and Strategic Stability*（Manchester University Press, 2021）の全訳である。

現在、著者のジョンソン博士はイギリス・スコットランドにあるアバディーン大学の政治・国際関係学部戦略研究科の助教（Assistant Professor）を務め、またレスター大学名誉研究員、ＥＲＣ資金による「第三次核時代に向けて」プロジェクトの非駐在員、戦略国際問題研究所（ＣＳＩＳ）「核問題プロジェクト」のミッドキャリアでもある。それ以前は、アイルランドのダブリン・シティ大学助教、アメリカのウェストポイント現代戦争研究所非常勤研究員、カリフォルニア州モントレーのジェームズ・マーティン核不拡散研究センター博士研究員の経歴をもつ。

専門分野は核戦略と抑止論であり、大国間競争、戦略的安定性、新興技術（特に人工知能）をテーマに研究している。イギリスのレスター大学で政治学と国際関係学の博士号を取得。学界に入る前は主に中国で金融業に従事しており、中国語に堪能である。

本書は *The US-China Military & Defense Relationship During the Obama Presidency*（Palgrave Macmillan, 2018）および *USA, China & Strategic Stability*（Manchester University Press, 2021）に続く著者としては3冊目の本である。なお4冊目となる *AI and the Bomb: Nuclear Strategy and Risk in the Digital Age*（Oxford University Press, 2023）は２０２３年３月に発刊されたばかりであり、ＡＩ技術の最新動向を踏まえ、本書と同様の軍用ＡＩの戦略的影響をテーマに最新の議論を展開している。

他にも *Journal of Strategic Studies* や *The Washington Quarterly* など多数の専門誌に論文を寄稿し、数多くの実績を積み上げているジョンソン博士は、本書のテーマである新興技術と核抑止論の分野において、すでに第一人者としての地位を確立しているといえる。

本書のテーマ

戦場ではマルチドメイン・センサーがあらゆる物体をとらえ、長距離精密射撃は観測されたものすべてを照準に収めることができる。戦場に解き放たれた自律型兵器は上空からあらゆる標的を攻撃し、戦車や装甲車の弱点を衝くことができる。戦いの長期化・消耗戦化が軍事作戦の失敗とほぼ同義と見なされつつある時代にあって、戦闘のスピードは将来の戦いにおいてますます重要な要素となるだろう。そして現在、戦闘の高速化、精度の向上化、戦場の透明化に不可欠な技術として注目されているのが人工知能技術を活用した軍用ＡＩである。

２０２２年11月に一般公開された対話型ＡＩ「チャットＧＰＴ」は、高度なＡＩ技術を使って人間のように自然な会話ができる革新的なサービスとして注目を集めている。生成した文章の精度の高さや人間味あふれる応答が大きな話題を呼び、公開後２カ月足らずの間に世界のユーザー数は１億人を超えたという。プロンプトを入力するだけでジャーナリストさながらの信憑性あるニュース記事を作成し、新製品を宣伝する気の利いたコピーを生成してくれる。そうした利便性から、ビジネスや社会生活のさまざまな分野での活用が期待されている。

他方、わずかな労力で無限に近い量のオリジナル・テキストを生み出せる言語モデルの普及は、悪意ある者の手にかかれば偽情報をいとも簡単に拡散させる道具ともなりかねない。「チャットＧＰＴ」の公開と同時に、そうした懸念も国内外でにわかに高まっているのも事実だ。すでに一部の国では利用を規制する動きが見られる。[1] 要は、いかに優れたマシンが登場しても、問われるのは「人間がそれをどのように使いこなせるか？」なのだ。

本書『ヒトは軍用ＡＩを使いこなせるか』は、ＡＩを搭載した兵器システムが大国間の戦略的安定性にどのような影響を及ぼすのかを考察している。ＡＩで強化された軍事システムは戦いのペースを速め、人間の意思決定の時間枠を超越する。他方、ＡＩがうまく機能しなければアクシデントを引き起こす危険をともない、さらに悪用されたときの影響は国家間関係を不安定化する可能性をはらむ。とりわけ本書が対象とする核保有国どうしの関係では、軍用ＡＩの開発と配備は熾烈な覇権競争を加速する要因となるばかりか、偶発的な核戦争へとエスカレートする引き金ともなりかねず、その影響は計り知れないものとなるだろう。

相互確証破壊ともいわれる冷戦期の核抑止理論は、仮に相手国から先制攻撃を受けた場合でも、残存する第二撃（反撃）能力によって相手国の都市や残存兵力に甚大な被害をもたらすことを可能にする報復能力を保持することで成り立っていた。軍用ＡＩは従来の核抑止にどのような影響を与え、核の第二撃能力の信憑性に影響を与えるのだろうか？　知能マシンの導入は、人間対人間、人間対マシンの相互作用にいかなる影響を及ぼすのか？　そもそも、既存の抑止理論は軍用ＡＩにも適用可能なのか？　こうした問題意識から著者は核抑止の理論と実践に関する豊富な研究成果をもとに、軍用ＡＩが及ぼす多面的な影響を明らかにしている。

本書の鋭い視点は、戦術次元と戦略次元とを結びつけ、戦術レベルの戦いを有利にするために開発・配備された軍用ＡＩ兵器（システムやプラットフォーム）の運用が、戦略レベルの国家間の安定性に影響を及ぼす経路とメカニズムを解き明かしている点にある。この両者を媒介する橋渡しの役目を果たしているのが人間の認知（政治心理）である。著者は政治心理学、認知神経科学、戦略研究からの研究成果をもとに、核戦争のリスク認識に人間の認知的効果がもたらす影響を強調している。

本書が分析対象とする核のエスカレーションとは、意図的・計画的な核の使用ではなく、軍用ＡＩで強化された非核の通常戦力が引き起こす「不本意な」あるいは「偶発的な」核の使用を指している。とはいえ、核の使用を最終的に決断するのは人間であることに変わりはない。冷戦期以降の議論では、このような不本意あるいは偶発的な核の使用は人間の不注意による事故や指導者の誤算により引き起こされる可能性が危惧され、それは人間の人為的ミス、人間とシステムとの相互作用の失敗、システムエラー、組織内手続きの錯誤など、さまざまな要因が組み合わされて起こるものとされてきた。実際の政策現場でも、相手が誤って解釈した行動やシグナルが核の先制使用を誘発してしまうのではないかという不安と恐怖心が支配的だった。

つまり、偶発的なエスカレーションとは、従来から人間の認知や心理に絡んだ問題として扱われてきたのであり、これらの研究蓄積は軍用ＡＩをテーマとする本書の有益な出発点となっている。著者は次のように述べている。

要するに、エスカレーション・リスクを制御するということは、単に残存核兵器を確保するための定量的または工学的な問題ではなく、人間の認知と行動に関わる問題だということである（131頁参照）。

とはいえ従来の抑止論と異なり、本書が注目するのは人間だけでなく、知能マシン（ＡＩ）という非人間的エージェントである。軍事的エスカレーションを引き起こすのが人間であることは前述した通りであるが、速いスピードと精密な打撃で高い攻撃能力を可能にする軍用ＡＩの登場により、事態は急速にエスカレートし、紛争が一気に戦略次元の閾値を超えてしまう可能性が出てきた。

こうして軍用ＡＩの登場により、人間はマシンのスピードへの対応を余儀なくされる。それは戦いを制御するはずの人間の認知的・身体的能力を上回るレベルまで戦闘のペースを押し上げる可能性があるのだ。そのような環境は政策担当者の認知にどのような影響を及ぼすのだろうか？

本書の内容

本書の内容は文字通り、広範多岐な分野にわたっている。それを訳者なりに整理すると、軍用ＡＩが戦略的安定性に影響をもたらす要因は、①ＡＩによって増強または可能になる通常戦力の能力強化、②ＡＩそのものに内在する技術的限界（または欠陥）、③人間とマシンが融合した意思決定プロセス、④国家間の戦力構造の相違という四つに区分できるように思われる。

これらの要因が、これまで比較的安定的に推移してきた大国間の戦略的安定性（既存の核抑止論に基づく関係）を不安定化させる政治的心理を生み出し、国際危機や紛争へのエスカレーションを引き起こ

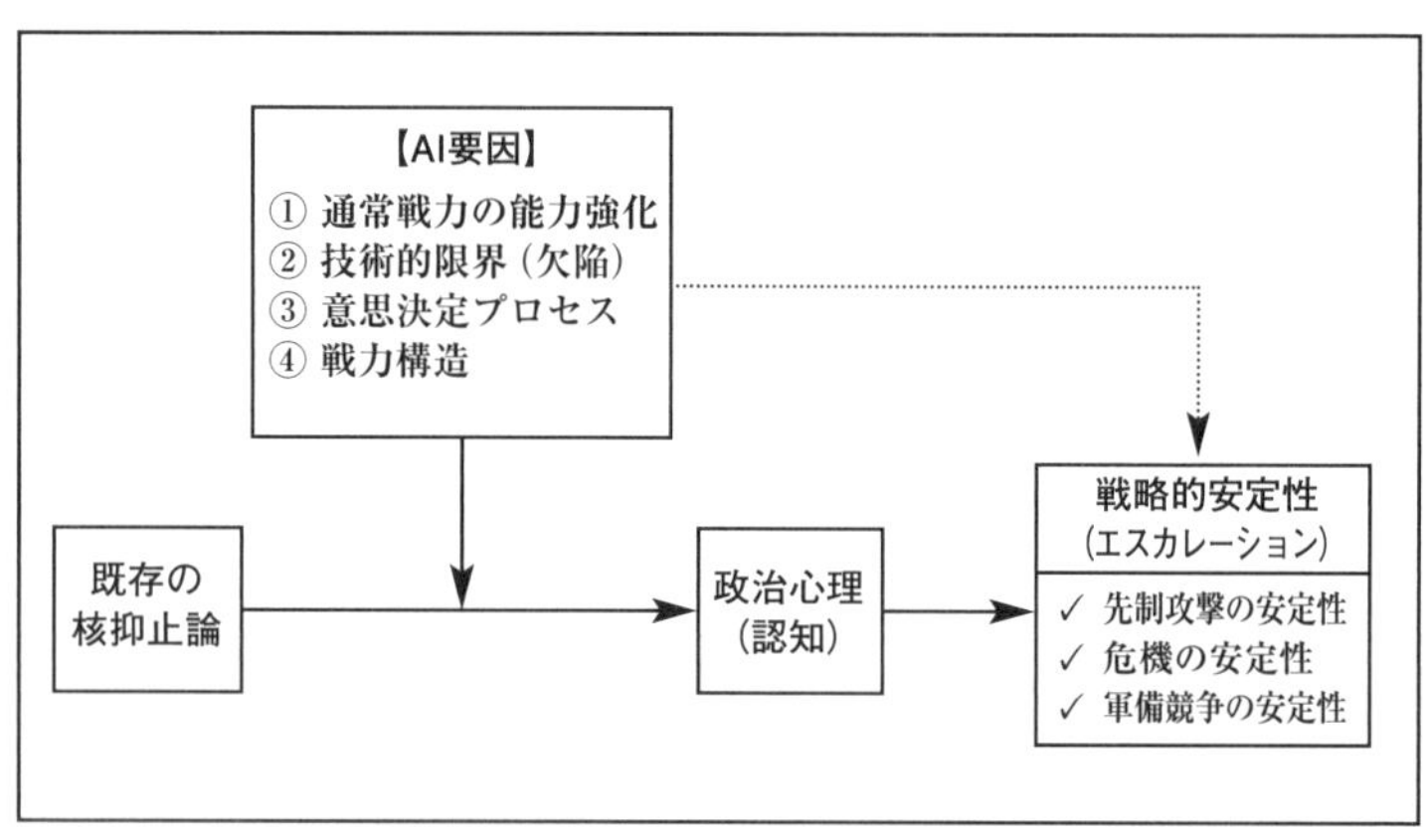

図１ 軍用AIと戦略的安定性の関係（訳者作成）

すという因果的経路を見いだすことができる（図1参照）。

ここでは訳者の印象に残っている一部の事例を紹介するにとどめるが、いずれも従来の抑止理論を成り立たせてきた核の第二撃能力の信憑性を覆す危険性を秘めているものばかりである（本文からの抜粋、一部要約）。

① AIによって増強または可能になる通常戦力の能力強化

●ＡＩによるビッグデータ解析、サイバー能力、ＡＩ実装の自律型兵器を組み合わせて運用すれば、通常戦型長射程ミサイルの一斉射撃により、相手国の核兵器を攻撃できる。またＡＩ実装のＩＳＲやＡＴＲシステムで強化されたミサイル防衛により、残存する相手国の核報復能力を掃討することができる。こうしたＩＳＲシステムやミサイル防衛システムの能力向上は、相手国の戦略アセット（移動式ミサイルや、核戦力・通常戦力両用の早期警戒・Ｃ３Ｉシステム）を目標とした先制攻撃への誘因を強めるだろう。

●中国の核戦力の専門家の中には、中国が基本的な「欺騙と分散」戦術にしたがっている限り、アメリカは中国が保有するすべての地上配備型移動式ミサイルの位置を特定する能力を開発することはほとんど不可能に近いと主張する者もいる。しかし、そうした確信がアメリカの対兵力打撃能力の正確性や遠距離観測能力の技術的向上によって覆されることになれば、中国の移動式ミサイルの残存性とともに「危機の安定性」に深刻な影響を及ぼすことになる。……もし中国の指導者がアメリカによる対兵力攻撃が差し迫るなか、「欺騙と分散」といった戦術行動が通用しないかもしれないとの疑念を抱き、AI搭載の対兵力攻撃が先制攻撃の先触れとして自国の残存可能な核軍備を根こそぎ無力化してしまうのではないかと恐れるに至った場合、北京は優勢な立場――エスカレーションの主導権――を取り戻そうと、限定核攻撃に踏み切らざるを得ないと判断するかもしれない（138～139頁参照）。

●マシンラーニング、ビッグデータ解析の融合によってAIで可能になる能力（情報・監視・偵察、自動標的認識、自律型センサー）が向上すると、従来は困難とされてきた移動式核ミサイル発射機の位置を標定・追跡・破壊する能力を劇的に高めることができる（第5章参照）。さらに群れで運用される水中ドローンは広大な海洋を透明化し、これまで核報復能力として重要な役目を果たしてきた核搭載型原子力潜水艦の捜索を迅速、低コストかつ効果的に成し遂げる可能性がある（第6

章参照）。

②ＡＩそのものに内在する技術的限界（欠陥）

●ＡＩが可能にする通常戦力の強化だけが不安定要因ではない。ＡＩそのものに内在する技術的限界（欠陥）が予想外の結果を生むこともある。たとえば一部の訓練用データしか記憶していないマシンラーニング・システムは新しいデータに遭遇すると機能しなくなることはよく知られている（第1章第2節参照）。

軍事分野においては、ＡＩシステムが活用できるプレラベル画像（たとえば路上移動式および鉄道移動式ミサイル発射機）が比較的少ないというデータ不足の問題があるため、ＡＩシステムは手元に豊富にある画像を代用して精度向上に努めざるを得ない。しかし、それは検出漏れの原因となる。言い換えれば、画像分類の精度を最大化するために基準を厳しくすると、通常のトラックを誤って移動式ミサイル発射機に分類してしまうといったように、マシンラーニング・アルゴリズムは誤検出を頻繁に引き起こしやすくなる（43〜44頁参照）。

●技術的な問題として引き合いに出されるのが、いわゆる「ブラックボックス問題」である。特にニューラルネットワークはいまだ不可解な部分が多く、学習段階で使用済みのデータセットに対してアルゴリズムが予想外の反応を示す可能性があり、セーフティ・クリティカルな核の領域で深刻な結果を引き起こすことが懸念される（46頁参照）。

③人間とマシンが融合した意思決定プロセス

●人間の認知的・身体的能力を上回るほどのテンポで戦いが進んだ場合、不完備情報による複雑な状況の中で人間は意思決定を迫られる。このため、人間の分析や意思決定に絡む認知的誤謬を克服するための自動意思決定支援システムを米中は開発している。

たとえばアメリカのDARPAは作戦計画の立案を支援するためのAIを搭載した統合戦闘指揮支援システム「ディープグリーン」を開発し、指揮官が敵の戦略的意図を可視化・評価・予測できるようにしている（206頁参照）。また「RAID」マシンラーニング・アルゴリズムは5時間先の敵軍の目標、動き、感情までも予測できるよう設計されている（213頁参照）。中国も将来戦の「予測革命」を実現するなど、ビッグデータとディープラーニングAI技術の利用を研究している。（206頁参照）。

●現在、核保有国の間では、たとえ技術開発の進展によって可能になったとしても、核の指揮統制に直接影響するような意思決定の役割をマンンには委ねるべきではないという一般的なコンセンサスがある（200頁参照）。しかし、情報の信頼性の向上や「自動化バイアス」によって、人間にマシンを信頼する傾向が強まることも科学的に実証されている。また「人間とマシンの協働」が慣例化されるにしたがい、人間心理の生来の擬人化傾向、ヒューリスティックス、責任意識の希薄化によって人間自身の努力や警戒心が低下し、エラーや事故の発生する危険性が高まる

（201～202頁参照）。

●核関連アセットを自動化する決定は、核保有国の政治的安定性と政権が抱く脅威認識に影響される。統治に対する国内政治的な挑戦や外国からの干渉に危惧を抱いている政権は、ごく少数の限られたメンバーだけで核のエンタープライズを運営できるように、核戦力の自動化を選択するかもしれない。北京は核の指揮統制構造を厳重に管理し、核弾頭と運搬システムを分離している。また先制攻撃によって指導部が崩壊した場合に備え、報復の発射権限を指揮系統の下部組織にあらかじめ委譲している形跡は見当たらない。

要するに、中央集権的な指揮統制機構と核兵器の使用に対する厳格な監督を維持する手段として、AIによる自動化は、中国のような権威主義体制にとって受け入れやすい選択肢なのかもしれない。（202頁参照）

④国家間の戦力構造の相違

●核関連の戦力構造は主に早期警戒・ISRシステム、核運搬システム、指揮統制システム、そして非核の通常戦力から成り、これらは「核抑止のアーキテクチャー」と呼ばれる（表1参照）。核関連施設または付属システムを核抑止力の重要な要素と見なす考えは、冷戦後の第2次核時代以降に登場したが、近年では特に自律型ドローン、極超音速兵器、サイバー攻撃など非核の戦略兵器が注

構成要素	軍用AIアプリケーション	該当する章
早期警戒（ISR）	・データ処理 ・予測・意思決定 ・探知・感知	第5章
運搬システム	・自律型航空・海上・海中ビークル ・巡航・弾道ミサイル ・極超音速兵器	第6章
指揮・統制	・サイバーセキュリティ ・信頼性・強靭性・復元性ある管理 ・システムの冗長性	第7章 第8章
非核通常戦力	・サイバー能力・情報戦 ・電子戦 ・宇宙・航空・ミサイル防衛システム	第5章 第6章 第7章

表1 核抑止アーキテクチャーの構成要素と軍用AIアプリケーション
（訳者作成）

目されている。冷戦期のトライアドは弾道ミサイル、戦略爆撃機、戦略原潜であったが、第2次核時代には新トライアドとして核弾頭、付属システム、非核戦略兵器が新たに追加された（196～197頁参照）。

こうしたアセットの拡大は、核能力と非核能力の混在状況から生じるエスカレーション・リスクを引き起こす。たとえば中国は地上配備の戦略核兵器と同一のエリア内に戦略的非核兵器を配備しているが、両戦力を統轄する指揮統制機能が共通のC3Iネットワークによって担われている。もしアメリカが通常戦力に限定した攻撃の準備段階として行なったC3Iに対する攻撃が、攻撃を受けた中国側にとっては核戦力に対する攻撃であると見なされる可能性は大いに考えられ、そうした場合、核の閾値を超える可能性が高まる。（第4章参照）

●中国では核と非核アセットの混在から生じる不本意なエスカレーション・リスクについて理論的な整理ができていないようだ。米欧の専門家たちは中国がアメリカの攻撃に対する非核攻撃の脆弱性を減らすため、故意に核戦力と通常戦力を混在させているとは考えていないが、混在状態がもたらす戦略的曖昧性により、結果的に中国に有利に作用していると指摘している。この曖昧性が存在する限り、北京は核兵器と通常戦力を分離して、不本意なエスカレーションが生じるリスクを減らそうとはしないかもしれない（131頁参照）。

以上、本書の中からごく一部を取りあげてみたが、「新たな米中覇権戦争」との副題が示すように、本書では中国の事例に多くの頁が割かれ、米中関係の安定性を複雑化させる要因について詳細にわたって検討されている。そこに含意されているのは、国家の政治体制（権威主義と民主主義）の違いによって軍用ＡＩひいては新興技術全般に対する考え方が異なっているという点であり、そうした思想的・文化的要素が核保有国（特に米中）間の緊張を悪化させ、危機を不安定化させる背景をなしているということである（特に第3章、第4章、第8章）。図1には表していないが、これをＡＩ要因と政治心理とを媒介する変数と見なすこともできる。

軍用ＡＩ研究と本書の意義

サイバー抑止論の分野にも見られるように、デジタル時代の抑止の理論と実践に関する初期の研究は、古典的な抑止アプローチに基づくものが主流であった。しかし、第２次核時代の特徴である多極化、非対称的脅威、非国家主体（ならず者国家やテロリスト）、核・非核の高度な戦略兵器といった新たな要素を取り込んだ研究（抑止研究の「第４波」[2]）の流れの中で、ＡＩ技術の普及・拡散をどのように扱うかが改めて問われているといえる。

従来、合理性（完備情報と合理的な意思決定）を極限まで推し進めてきた古典的抑止論は、ＡＩ（特にマシンという非人間的エージェント）に起因する不合理性の問題に取り組まなければならなくなっている。かかる潮流を反映し、デジタル時代の抑止は非人間的エージェントを対象とする現代抑止論の「第５波」として再構築すべきとの議論もある。[3]

デジタル時代の抑止論については、国際関係論や戦略研究分野では緒に就いたばかりであるが、本書はこのような問題に真正面から取り組んでいる。つまり本書の意義は、新興技術であるＡＩが古典的抑止論の前提に収まり切れない複合的影響をもたらし、それが危機や紛争時の意思決定者に不安や恐怖心を惹起して意図しない紛争のエスカレーションを誘発してしまうメカニズムを、過去の理論や概念を批判的に検証することで解明している点にあるといえよう。

このように考えると、古典的抑止に関する従来の理論や前提は、デジタル時代には適用が難しいという結論にいたる。軍用ＡＩの強化が核・非核の戦略技術に変革をもたらす可能性を考慮に入れた場合、人間の合理性、認知、感情や機微なシグナルを前提とした既存の抑止理論は再考を迫られているといえる。著者はこうした取り組みを成功させるため、すべての利害関係者が新しい規範を制度化・内面化し、軍事分野における軍用ＡＩと自律性の設計および実用面での遵守を保証するための包括的なガバナンス・アーキテクチャの構築に向けて第一歩を踏み出すべきだと結論の章で主張している。

折しも、２０２３年2月16日、ＡＩの軍事利用に関する国際会議がオランダで開催され、アメリカや中国を含む約60カ国が参加した。アメリカは①国際法に合致した形で軍用ＡＩを使用する、②核兵器の使用は人間が完全な関与を維持する、③自国軍のＡＩ開発や使用に関する原則を公表する、などを盛り込んだ規範案を提示し、各国に承認を呼びかけた。[4]

アメリカ政府の念頭にはＡＩ分野に巨額の投資を続ける中国をルール作りに取り込みたいという思惑があると思われるが、それにも増して懸念を強めているのが核兵器の分野である。核保有大国であるロシア、中国、アメリカの間でＡＩの導入が進み、軍用ＡＩへの依存度が高まれば、必然的にＡＩの誤判断によって核が使用される危険性をはらむことになるからである。

またウクライナの戦場ではドローン攻撃に軍用ＡＩが導入され、さらなる能力強化に必要なデータの収集や実験が進められているという。[5] 今回の国際会議の開催はこうした流れを受けて、多国間協力による軍用ＡＩの管理の必要性を各国が認識し始めた結果であろう。

国際社会ではいま、改めて「軍用ＡＩを使いこなせるか？」が問われているのだといえる。

◇◆◇◆◇◆◇◆◇◆◇◆◇◆◇

軍用ＡＩをテーマとした本書の考察の対象は、ＡＩを含む新興テクノロジー全般の戦略的影響にまで行き渡っており、分析の焦点は必ずしも核戦力そのものにあるというわけではない。言い換えれば「ＡＩによって高度化された非核の通常戦力がどのように紛争をエスカレートさせるのか」が考察されているのであり、エスカレーションの結果は必ずしも核戦争に限定されていないのである。

このため、本書の枠組みはＡＩで強化された通常戦力（ＩＳＲ、ドローン、極超音速兵器、電子戦、サイバー戦）が紛争一般のエスカレーションに与える影響を考察するうえでも有益である。紛争当事国の一方のみが核保有国である場合、もう一方の非核保有国にとっては、通常戦型の戦略兵器を運用する際に、核保有国との「危機の安定性」をいかに制御するかを考えるケーススタディの材料として、本書は大いに参考になるだろう。

最後に、企画から校正の細部にいたるまで丁寧に訳者を導いてくださいました並木書房編集部に改めて感謝の意を表します。軍用ＡＩに対する世界的な注目が集まるなか、このタイミングで本書を出版する意義を熱心に説かれ、また専門用語についても貴重なアドバイスをいただきました。ありがとうございました。

２０２３年３月25日

川村　幸城

（１）Paul Scharre, *Four Battlegrounds: Power in the Age of Artificial Intelligence*, W. W. Norton & Company, 2023, pp.117-126.

（２）Jeffrey W. Knope, "*The Fourth Wave in Deterrence Research*," *Contemporary Security Policy*, Vol.31, No.1 (April 2010), pp.1-33.

（３）James Johnson, "*Deterrence in the age of artificial intelligence & autonomy: a paradigm shift in nuclear deterrence theory and practice?*," *Defense & Security Analysis*, Vol.36, Issue. 4, 2020, pp.422-448.

（４）「読売新聞」（２０２３年2月28日朝刊）；US issues declaration on responsible use of AI in the military, *reuters*, February 16, 2023, https://www.reuters.com/business/aerospace-defense/us-issues-declaration-responsible-use-ai-military-2023-02-16/.

（５）Robin Fontes and Dr Jorrit Kamminga, "Ukraine A Living Lab for AI Warfare," *National Defense*, March 24, 2023, https://www.nationaldefensemagazine.org/articles/2023/3/24/ukraine-a-living-lab-for-ai-warfare

※ここに記した内容は訳者個人の見解であり、所属する組織の見解を反映したものではありません。

ARTIFICIAL INTELLIGENCE AND
THE FUTURE OF WARFARE
The USA, China, and strategic stability
by James Johnson

First published by Manchester University Press, Manchester, UK
Japanese translation published by arrangement with Manchester University Press through The English Agency (Japan) Ltd.

ジェームズ・ジョンソン（James Johnson）
イギリス・アバディーン大学の政治・国際関係学部戦略研究科助教。新興技術と核抑止論分野の第一人者。イギリスのレスター大学で政治学と国際関係論の博士号を取得。本書のほか、主な著書に以下のものがある（いずれも未邦訳）。*The US-China Military & Defense Relationship During the Obama Presidency.* (Palgrave Macmillan, 2018). *USA, China & Strategic Stability* (Manchester University Press, 2021). *AI and the Bomb: Nuclear Strategy and Risk in the Digital Age* (Oxford University Press, 2023).

川村幸城（かわむら・こうき）
陸上自衛隊教育訓練研究本部勤務（１等陸佐）。防衛大学校総合安全保障研究科後期課程を修了し、安全保障学の博士号を取得。訳書に『防衛の経済学』（共訳、日本評論社）、『戦場――元国家安全保障担当補佐官による告発』、『不穏なフロンティアの大戦略――辺境をめぐる攻防と地政学的考察』、『戦争の新しい10のルール――慢性的無秩序の時代に勝利をつかむ方法』、『陰の戦争――アメリカ・ロシア・中国のサイバー戦略』（以上、中央公論新社）、『ロシア・サイバー侵略――その傾向と対策』（作品社）、『AI、兵器、戦争の未来』（東洋経済新報社）がある。

ヒトは軍用ＡＩを使いこなせるか
―新たな米中覇権戦争―

2023年6月10日　印刷
2023年6月15日　発行

著　者　ジェームズ・ジョンソン
訳　者　川村幸城
発行者　奈須田若仁
発行所　並木書房
〒170-0002 東京都豊島区巣鴨 2-4-2-501
電話(03)6903-4366　fax(03)6903-4368
http://www.namiki-shobo.co.jp
印刷製本　モリモト印刷
ISBN978-4-89063-435-4

脚 注

序 章

1 人工知能（AI）とは、視覚認識、音声認識、意思決定など、人間の知能を必要とするタスクを実行できるコンピュータシステムを指す。これは、人間のような知覚、認知、プランニング、学習、コミュニケーション、または身体的な動作を必要とするタスクを解決に導く可能性をもっている。軍用AIの概要については第1章を参照。

2 第1章で説明するように、超絶知能的なAIやスーパーマン的なAIの人類への脅威に関する憶測は、現在のAI技術の能力に関する事実とは全くかけ離れたものである。たとえば Mike Brown, "Stephen Hawking Fears AI May Replace Humans," *Inverse,* November 2, 2017, www.inverse.com/article/38054-stephen-hawking-ai-fears (accessed March 10, 2020); and George Dvorsky, "Henry Kis singer Warns That AI Will Fundamentally Alter Human Consciousness," *Giz modo,* May 11, 2019, https://gizmodo.com/henry-kissinger-warns-that-ai-will-fun damentally- alter-1839642809 (accessed March 10, 2020) を参照。

3 たとえば George Zarkadakis, *In Our Image: Savior or Destroyer? The History and Future of Artificial Intelligence* (New York: Pegasus Books, 2015); and Christianna Ready, "Kurzweil Claim That Singularity Will Happen By 2045," *Futurism,* October 5, 2017, https://futurism.com/kurzweil-claims-that- the-singularity-will-happen-by-2045 (accessed March 10, 2020) を参照。

4 近年、「AI問題」に関連するさまざまな問題、とりわけ法的、倫理的、規範的、経済的、技術的側面を論じる国際関係論の研究が増えている。たとえば Max Tegmark, *Life 3.0: Being Human in the Age of Artifical Intelligence* (London: Penguin Random House, 2017); and Adam Segal, *Conquest in Cyberspace: National Security and Information Warfare* (Cambridge: Cambridge University Press, 2015)を参照。また、自律型兵器システムに関する最近の技術研究については Jeremy Straub, "Consideration of the Use of Autonomous, Non-Recallable Unmanned Vehicles and Programs as a Deterrent or Threat by State Actors and Others," *Technology in Society,* 44 (February 2016), pp. 1–112. For social and ethical implications see Patrick Lin, Keith Abney, and George Bekey (eds), *Robot Ethics: The Ethical and Social Implications of Robotics* (Cambridge, MA: MIT Press, 2014)を参照。

5 注目すべき例外として以下のものがある。Patricia Lewis and Unal Beyza, *Cybersecurity of Nuclear Weapons Systems: Threats, Vulnerabilities and Consequences* (London: Chatham House Report, Royal Institute of International Affairs, 2018); Mary L. Cummings, *Artificial Intelligence and the Future of Warfare* (London: Cha

tham House, 2017); Lawrence Freedman, *The Future of War* (London: Penguin Random House, 2017); Lucas Kello, *The Virtual Weapon and International Order* (New Haven: Yale University Press, 2017); Pavel Sharikov, "Artificial Intelligence, Cyberattack, and Nuclear Weapons – A Dangerous Combination," *Bulletin of the Atomic Scientists,* 74 6 (2018), pp. 368–373; Kareem Ayoub and Kenneth Payne, "Strategy in the Age of Artificial Intelligence," *Journal of Strategic Studies* 39, 5–6 (2016), pp. 793–819; and James S. Johnson, "Artificial Intelligence: A Threat to Strategic Stability," *Strategic Studies Quarterly,* 14, 1 (2020), pp. 16–39.

6 I. Emmanuel and C. Stanier, "Defining big data," in *Proceedings of the International Conference on Big Data and Advanced Wireless Technologies* (New York: ACM, 2016).

7 近年の進歩から、AIにはマシンラーニングなどの「特化型」AIと、人間の脳に近い規模と柔軟性をもつ「汎用型」AIという2つの分野がある。「特化型」AIはすでに民間のタスクで広く利用されている。第1章ではAIとは何か（また、何と異なるか）や、軍事的な観点から見た限界について説明する。

8 「囲碁」はアジアで人気のあるボードゲームで、チェスよりも数学的、戦略的にはるかに奥が深い。

9 「マシンラーニング」はデータセットのパターンを特定し、そこから学習・予測するために設計されたさまざまな技術を包含する概念である（第1章参照）。

10 Greg Allen and Taniel Chan, *Artificial Intelligence and National Security* (Cambridge, MA: Belfer Center for Science and International Affairs, 2017).

11 James Johnson, "Artificial Intelligence & Future Warfare: Implications for International Security," *Defense & Security Analysis,* 35, 2 (2019), pp. 147–169.

12 James Johnson, "The End of Military-Techno *Pax Americana?* Washington's Strategic Responses to Chinese AI-Enabled Military Technology," *The Pacific Review,* www.tandfonline.com/doi/abs/10.1080/09512748.2019.1676299?journalCode=rpre20 (accessed February 5 2021).

13 Center for a New American Security, University of Oxford, University of Cambridge, Future of Humanity Institute, OpenAI & Future of Humanity Institute, *The Malicious Use of Artificial Intelligence: Forecasting, Prevention, and Mitigation* (Oxford: Oxford University, February 2018) https://arxiv.org/pdf/1802.07228.pdf (accessed March 10, 2020).

14 しかし、これらのAIの脆弱性は従来のソフトウェアの脆弱性（たとえばバッファ・オーバーフロー）とは一線を画している。また、たとえAIシステムが人間の能力を超えたとしても、人間ではありえない予測不可能な方法で失敗することが多いことも指摘されている。

15 Robert O. Work, *Remarks by Defense Deputy Secretary Robert Work at the CNAS Inaugural National Security Forum* (Washington, DC: CNAS, July 2015), www.defense.gov/Newsroom/Speeches/Speech/Article/634214/cnas-def ense-forum/ (accessed March 10, 2020).

16 James Vincent, "Putin Says the Nation that Leads in AI 'Will be the Ruler of the World,'" *The Verge,* September 4, 2017, www.theverge.com/2017/9/4/162512

26/russia-ai-putin-rule-the-world (accessed March 10, 2020).

17 The State Council Information Office of the People's Republic of China, "State Council Notice on the Issuance of the New Generation AI Development Plan," July 20, 2017, www.gov.cn/zhengce/content/2017-07/20/content_211996.htm (accessed March 10, 2020).

18 軍事技術革命は、既存の軍事体制や戦争遂行手段を時代遅れにする急激な変化をもたらす（第２章を参照）。

19 National Science and Technology Council, *The National Artificial Intelligence Research and Development Strategic Plan* (Executive Office of the President of the US, Washington, DC, October 2016), www. nitrd.gov/PUBS/national_ai_rd_strategic_plan.pdf.

20 *Reagan Defense Forum: The Third Offset Strategy* (Washington, DC, US Department of Defense. November 7, 2015), https://dod.defense.gov/News/ Speeches/Speech-View/Article/628246/reagan-defense-forum-the-third-offset- strategy/ (accessed March 10, 2020). ディープラーニング技術を自律型システムに応用した最近の国防関連のイニシアティブとして、アメリカ空軍研究所の「自律型防衛サイバー作戦」、国家地理空間情報局の「コヒーレンス・アウト・オブ・カオス」プログラム（ディープラーニングによる衛星データの人間分析用キューイング）、イスラエルの「アイアン・ドーム」防空システムなどがある。

21 Fred Kaplan, "The Pentagon's Innovation Experiment," *MIT Technology Review*, December 16, 2016, www.technologyreview.com/s/603084/the-penta gons-innovation-experiment/ (accessed March 10, 2020).

22 中国とロシアは、AI 以外にも、サイバー戦ツール、ステルスと対ステルス技術、対宇宙、ミサイル防衛、誘導精密弾など、技術的に高度な（そして革新的な）兵器を開発している（第４章、第５章参照）。また、Timothy M. Bonds, Joel B. Predd, Timothy R. Heath, Michael S. Chase, Michael Johnson, Michael J. Lostumbo, James Bonomo, Muharrem Mane, and Paul S. Steinberg, *What Role Can Land-Based, Multi-Domain Anti-Access/Area Denial Forces Play in Deterring or Defeating Aggression?* (Santa Monica, CA: RAND Corporation, 2017), www.rand.org/pubs/research_reports/RR1820.html (accessed March 10, 2020) を参照。

23 専門家は、AI によって人間が軍事的エスカレーションの管理能力（結果に影響を与えたり、紛争を速やかに終結させる能力）を失い、戦略的な不安定性を悪化させる可能性があるとの懸念を示している。また、Jurgen Altmann and Frank Sauer, "Autonomous weapons and strategic stability," *Survival*, 59, 5, (2017), pp. 121–127; and Michael O'Hanlon, *Technological Change and the Future of Warfare* (Washington, DC: Brookings Institution, 2011)を参照。

24 たとえば中国の軍事指導部は最近、AI が重大な軍事革命をもたらすと主張している。 Elsa B. Kania, *Battlefield Singularity: Artificial Intelligence, Military Revolution, and China's Future Military Power* (Washington, DC: Center for a New American Security, 2017), p. 8.

25 "Press Gaggle by Secretary Mattis En Route to Washington, D.C.," Department

of Defense, February 17, 2018, www.defense.gov/News/Transcripts/Transcript-View/Article/1444921/press-gaggle-by-secretary-mattis-en-route-to-washington-dc/ (accessed March 10, 2020).

26 Statement by Lt. General John Shanahan, then Director of the DoD JAIC, *Before the Senate Armed Services Committee on Emerging Threats and Capabilities on 'AI Initiatives,'* March 12, 2019, www.armed-services.senate.gov/imo/media/doc/Shanahan_03-12-19.pdf (accessed March 10, 2020).

27 業界の専門家の間では、AI 技術の将来的な発展の方向性について依然として意見が分かれている。現在のところ、自律性、自動化、あるいは AI そのものを含む中心的概念の厳密な定義についてコンセンサスは得られていない（第1章参照）。

28 過去の技術革命は、後から振り返って初めてその全貌が明らかになることが歴史的に証明されている。したがって、AI が戦場に実戦投入されるまで、その影響は明らかにならないかもしれない。MacGregor Knox and Williamson Murray, "The future behind us," in *The Dynamics of Military Revolution, 1300–2050* (Cambridge: Cambridge University Press, 2001), p. 178.

29 Reid B. and C. Pauly, "Would US Leaders Push the Button? Wargames and the Sources of Nuclear Restraint," *International Security,* 43, 2 (2018), pp. 151–192; Jacquelyn G. Schneider, "Cyber Attacks on Critical Infrastructure: Insights From War Gaming," *War on the Rocks,* July 26, 2017, https://warontherocks.com/2017/07/cyber-attacks-on-critical-infrastructure-insights-from-war-gaming/ (accessed 8 January 2021); and Erik Lin-Greenberg, "Wargame of Drones: Remotely Piloted Aircraft and Crisis Escalation," August 22, 2020, *SSRN,* https://ssrn.com/abstract=3288988 (accessed March 10, 2020).

30 戦略的安定性の核心は、国家が先制核攻撃を行なう誘因を制限し、紛争をエスカレートさせるリスクを緩和することである。戦略的効果をもつ非核技術（AI など）は、こうしたリスクを逆に混乱させる可能性がある（第2章参照）。

31 歴史的な記録を見ると、戦争勃発の原因は新興技術の出現による軍事バランスの変化よりも、政治的要因によって説明される場合が多い。Keir A. Lieber, *War and the Engineers: The Primacy of Politics over Technology* (Ithaca, NY: Cornell University Press, 2005)を参照。

32 Johnson, "Artificial Intelligence & Future Warfare: Implications for International Security," pp. 147–169.

33 本書の主な焦点は、軍事大国（特に中国とアメリカ）間の戦略的安定性に対する AI の影響であるが、非国家主体（テロリスト、犯罪者集団、代理国家アクター）および非核保有国への AI 技術の拡散が戦略環境に与える影響（核戦争の可能性を高めるか否か）についても考察している。第4章と第9章では、これらの問題を直接取りあげているが、他の章ではごく一部の検討に限られている。

34 国防総省は、このような懸念を以前から認識していた。1991 年、無人航空機と巡航ミサイルの要素を取り入れた空軍の対放射源ミサイル計画「タシット・

レインボー」は、攻勢的任務で使用される自律型システムがもたらすエラーの危険性を主な理由として中止された。

35 Barry R. Posen, *The Sources of Military Doctrine: France, Britain, and Germany between the World Wars* (Ithaca, NY: Cornell Studies in Security Affairs, 1986)を参照。

36 See Michael C. Horowitz, *The Diffusion of Military Power: Causes and Consequences for International Politics* (Princeton, NJ: Princeton University Press, 2010); Gregory D. Koblentz, *Council Special Report. Strategic Stability in the Second Nuclear Age* (New York: Council on Foreign Relations Press, 2014).

37 James Johnson, "Washington's Perceptions and Misperceptions of Beijing's Anti- Access Area-Denial (A2–AD) 'Strategy': Implications for Military Escalation Control and Strategic Stability," *The Pacific Review,* 30, 3 (2017), pp. 271–288.

38 AIを活用したISRシステムの進歩は、移動式核ミサイル発射機の追跡と照準化に関する不確実性を緩和し、先制攻撃に対する脆弱性を高める可能性がある。Edward Geist and Andrew Lohn, *How Might Artificial Intelligence Affect the Risk of Nuclear War?* (Santa Monica, CA: RAND Corporation, 2018), www.rand.org/content/dam/rand/ pubs/perspectives/PE200/PE296/RAND_PE296.pdf (accessed March 10, 2020), p. 15.

第1章

1 この章は、非技術系の読者向けに「軍用AI」のガイダンスとなることを意図している。この分野は急速に発展しているため、本章の内容はある時点でのスナップショットを提供するのみである。とはいえ、ここで説明されるAI関連の技術的な概念と分析は近い将来にも適用できるはずだ。

2 AIとマシンラーニング（ML）は同じ意味で使われることが多いが、実際、この2つの概念は技術的に異なったものである。MLはAIシステムを動かすために使われる特定の手法（またはAI技術のサブセット）である（図1.2参照）。しかし、他の手法と比較してMLアルゴリズムが圧倒的に成功しているため、今日、多くのAIシステムは総じてML技術に基づいている。

3 「機械化（automatic）システム」「自動化（automated）システム」「自律型（autonomous）システム」を区別して使われることがあるが、これらの用語を同じように使う人もいる。本書では、そうした区別の存在を認めるだけで十分である。

4 Andy Pearl, "Homage to John McCarthy, the Father of Artificial Intelligence (AI)," *Artificial Solutions,* June 2, 2017, www.artificial-solutions.com/blog/hom age-to-john-mccarthy-the-father-of-artificial-intelligence (accessed February 20, 2021).

5 Nils J. Nilsson, *The Quest for Artificial Intelligence: A History of Ideas and Achievements* (Cambridge: Cambridge University Press, 2010).

6 Executive Office of the President, National Science and Technology Council, Committee on Technology, *Preparing for the Future of Artificial Intelligence,* October 12, 2016, https://obamawhitehouse.archives.gov/sites/default/files/ whitehouse _files/microsites/ostp/NSTC/preparing_for_ the_future_of_ai.pdf, p. 6 (accessed August 10, 2019).

7 多くのAIシステムは大量のデータに依存しているが、AIは「ビッグデータ」分析に必要な分量、速度、多様性を必ずしも、ともなうものではない。したがって、「ビッグデータ」は新しいものではなく、必ずしもAIを取り込むものではないが、AI技術はデータが豊富な情報源のマイニングを超高速化すると考えられる。E. Gray et al., "Small Big Data: Using Multiple Data-Sets to Explore Unfolding Social and Economic Change," *Big Data & Society* 2, 1 (2015), pp. 1–6.

8「マシンラーニング」はデータセットのパターンを特定し、そこから「学習」して予測を行なうように設計されたさまざまな技術を包含する概念である。「学習」を成功させるには、過去の行動や成功した結果に関する信頼できる膨大なデータへのアクセスが必要である。AIへの「ニューラルネットワーク」アプローチは、AI技術の向上のほんの一部に過ぎない。AIには、たとえば言語処理、知識表現（knowledge representation）、推論なども含まれ、これらはソフトウェア、ハードウェア、データ収集、データ保存の急速な進歩によって現実化しつつある。Jürgen Schmidhuber, "Deep learning in neural networks: an overview," *Neural Networks,* 61 (January 2015), pp. 85–117.

9 アメリカのテクノロジー企業は、2016年に「特化型」AIアルゴリズムに推定200〜300億米ドルを投資したと言われており、この額は2025年までに1,260億米ドルに達すると予想されている。Daniel S. Hoadley and Nathan J. Lucas, *Artificial Intelligence and National Security* (Washington, DC: Congressional Research Service, 2017), https://fas.org/sgp/crs/natsec/R45178.pdf, p. 2 (accessed August 10, 2019).

10 Stuart Russell and Peter Norvig, *Artificial Intelligence: A Modern Approach,* 3rd ed. (Harlow: Pearson Education, 2014); および Nilsson, *The Quest for Artificial Intelligence* を参照。

11 マシンラーニング・アルゴリズムは「学習」の過程で、それまで遭遇したことのない状況において、指定されたタスクを達成するための統計的モデルを生成する。最近のAIアプリケーションの進歩の多くは「非記号的」ML法、すなわち計算集約的な線形代数や入力と知識表現が数値で表される統計的手法（たとえば画像の画素数や音声周波数など）によってもたらされたものである。Russell and Norvig, *Artificial Intelligence: A Modern Approach* を参照。

12 特定分野における「特化型」AIの技術革新により、AGIの到来が推測されるようになった。Stuart Armstrong, Kaj Sotala, and Seán S. ÓhÉigeartaigh, "The Errors, Insights, and Lessons of Famous AI Predictions – and What they Mean for the Future," *Journal of Experimental & Theoretical Artificial Intelligence,* 26, 3 (2014), pp. 317–342.

13 Technology for Global Security (T4GS), "AI and Human Decision-Making: AI

and the Battlefield," *T4GS Reports,* November 28, 2018, www.tech4gs.org/ai- and-human-decisionmaking.html (accessed August 10, 2019).

14 Stuart Russell, *Human Compatible: Artificial Intelligence and the Problem of Control* (New York: Viking Press, 2019), p. 136.

15 AIと多様なサブフィールドに関する優れた概観については Margaret A. Boden, *AI: Its Nature and Future* (Oxford: Oxford University Press, 2016); and David Vernon, *Artificial Cognitive Systems: A Primer* (Cambridge, MA: MIT Press, 2014)を参照。

16「特化型」AIには固有の限界があり、それ自体には意志と意図が欠けている。したがって、軍事的な状況で使用されるAIは兵器システムを強化あるいは可能にするためのツールであり、独立したアクターではない。Lawrence Lewis, *AI and Autonomy in War* (Washington, DC: Center for Naval Analysis, August 2018), www.cna.org/ CNA_files/PDF/Understanding-Risks.pdf, p. 17 (accessed February 20, 2021)を参照。

17 歴史的に見るとAIの定義は、人間のように考えるシステム、人間のように振る舞うシステム、推論するシステムの3つに分類される Andrew W. Moore, "AI and National Security in 2017," Presentation at AI and Global Security Summit, Washington, DC, November 1, 2017; and Andrew Ilachinski, *AI, Robots, and Swarms: Issues, Questions, and Recommended Studies* (Washington, DC: Center for Naval Analysis, January 2017), p. 6 を参照。

18「軍事における革命」という用語は1990年代から2000年代初めにかけて、特にアメリカの国防界で一般化した。RMSとは通常、技術によって引き起こされることを指すが、たとえば新しい作戦コンセプト、戦術、軍事的パワーバランスの変更などを誘発したり、国家の戦争の戦い方を変えるものでもない限り、それを革命的とは言えない。MacGregor Knox and Williamson Murray, *The Dynamics of Military Revolution* (Cambridge: Cambridge University Press, 2001), pp. 1300–2050; and Colin S. Gray, *Strategy for Chaos: Revolutions in Military Affairs and the Evidence of History* (London: Frank Cass, 2002)を参照。この議論に対する中国側の見解については Fu Wanjuan, Yang Wenzhe, and Xu Chunlei, "Intelligent Warfare, Where Does it Not Change?" *PLA Daily,* January 14, 2020, www.81.cn/jfjbmap/content/2020-01/14/content_252163.htm; and Lin Juanjuan, Zhang Yuantao, and Wang Wei "Military Intelligence is Profoundly Affecting Future Operations," *Ministry of National Defense of the People's Republic of China,* September 10, 2019, www.mod.gov.cn/jmsd/201909/10/content_4850148.htm (accessed February 20, 2021)を参照。

19 Hoadley and Lucas, *Artificial Intelligence and National Security,* pp. 1–2.

20 US Department of Defense, "Summary of the 2018 Department of Defense Artificial Intelligence Strategy," https://media.defense.gov/2019/Feb/12/2002088963/-1/-1/1/SUMMARY-OF-DOD-AI-STRATEGY.PDF (accessed August 10, 2019).

21 Ibid., p. 3; Moore, "AI and National Security in 2017."

22 軍事的応用の観点から見た「自律性」は、システムの状況認識（統合的な感知、知覚、分析）、プランニング、意思決定に基づき、与えられたタスクを達成するために自己管理されている状態と定義することができる。自律型兵器システム（または致死性自律型兵器システム）とは、いったん起動した後、人間のオペレーターが介入することなく攻撃目標を選定し、交戦することができる兵器システムである。“Autonomy in Weapon Systems,” US Department of Defense, *Directive Number 3000.09,* May 8, 2017, www.esd.whs.mil/Portals/54/Documents/DD/issuances/dodd/300009p.pdf (accessed September 10, 2019)を参照。

23 Michael C. Horowitz, “Artificial Intelligence, International Competition, and the Balance of Power,” *Texas National Security Review,* 1, 3 (2018), pp. 37–57.

24 Nadine Sarter, David Woods, and Charles Billings, “Automation surprises,” in G. Salvendy (ed.), *Handbook of Human Factors and Ergonomics,* 2nd ed. (New York: John Wiley & Sons Inc. 1997)を参照。

25 AI システムは、単なるハードウェアとアルゴリズムの集合体ではなく、むしろ監視制御システムのことである。そのため、これらのシステムは観察が可能で、説明、制御、予測も可能である必要があり、また特定の状況や運用で必要とされる場合、人間の監督者の注意を向ける必要がある。David Woods and Erik Hollnagel, *Joint Cognitive Systems: Patterns in Cognitive Systems Engineering* (London: Routledge, 2006), pp. 136–137.

26 Osob A. Osonde and William Welser IV, *An Intelligence in Our Image: The Risks of Bias and Errors in Artificial Intelligence* (Santa Monica, CA: RAND Corporation, 2017), www.rand.org/pubs/research_reports/RR1744.html (accessed February 20, 2021).

27 Stephen Van Evera, *Causes of War: Power and the Roots of Conflict* (Ithaca, NY: Cornell University Press, 1999).

28 Jason Matheny, Director of Intelligence Advanced Research Program Agency, as cited in Hoadley and Lucas, *Artificial Intelligence and National Security,* p. 9.

29 Matthew Hutson, “AI Researchers Allege That Machine Learning is Alchemy,” *Science,* May 3, 2018, www.sciencemag.org/news/2018/05/ai-researchers-allege-machine-learning-alchemy.

30 ML をめぐる「学習」の概念は、人間による学習とマシンの「学習」を混同する擬人化された解釈とは異なり、過去のデータから統計的関連性を見つけ出すことを指している。David Watson, “The Rhetoric and Reality of Anthropomorphism in Artificial Intelligence,” *Minds and Machines,* 29 (2019), pp. 417–440 を参照。

31「人工ニューラルネットワーク」と呼ばれる計算方法は、人間の脳科学や統計学、応用数学の知識を活用している。Nilsson, *The Quest for Artificial Intelligence,* chs 28–29.

32 ディープランニングとは「教師あり」、「半教師あり（semi-supervised）」、「教師なし」のいずれかの方法を用いてタスクをこなす方法をシステムが「学習」する ML の手法である。Ian Goodfellow, Yoshua Bengio, and Aaron Courville, *Deep Learning* (Cambridge, MA: MIT Press, 2016).

33 最近の一部の AI イノベーションは、ベイズ統計学、確率的関係モデル、その他の進化的アルゴリズムなど、前世代のハードコード化された技術を使い続けている。Nilsson, *The Quest for Artificial Intelligence,* chs 28–29.

34 Ibid., p. 347.

35 これに対し、コードを手作業で入力するプログラミングは、我々を取り巻く世界がどのように動いているかに関する相当量の調査──つまりコンテキスト分析──を必要とする。Russell and Norvig, *Artificial Intelligence: A Modern Approach,* chapter 18.

36 Lewis, *AI and Autonomy in War.*

37 Juanjuan, Yuantao, and Wei, "Military Intelligence is Profoundly Affecting Future Operations."

38 Lt. General John Shanahan, Director of the DoD JAIC, quoted in, Sydney J. Freedberg Jr., "EXCLUSIVE Pentagon's AI Problem is 'Dirty' Data: Lt. Gen. Shanahan," *Breakingdefense,* November 13, 2019, https://breakingdefense.com/2019/11/exclusive-pentagons-ai-problem-is-dirty-data-lt-gen-shanahan/ (accessed December 10, 2019).

39 Ian Goodfellow, Patrick McDaniel, and Nicolas Papernot, "Making Machine Learning Robust Against Adversarial Inputs," *Communications of the ACM,* 61, 7 (2018), pp. 56–66; and Ian Goodfellow, Jonathon Shlens, and Christian Szegedy, "Explaining and Harnessing Adversarial Examples," December 20, 2014, *arXiv,* https://arxiv.org/pdf/1412.6572.pdf (accessed February 20, 2021).

40 分散が減ると、バイアスが増えることが多い。Pedro Domingos, "A Few Useful Things to Know About Machine Learning," *Communications of the ACM,* 55, 10 (2012), pp. 85–86 を参照。

41 洗練されていない AI システムは、バイアスの偏りは低く抑えられるが精度は落ちる。

42 敵対的 AI に関する最近の研究では、盲点や、動きの速い複雑な環境における認識不足──つまり「脆性（brittleness）」──が発見されている。Goodfellow, Shlens, and Szegedy, "Explaining and Harnessing Adversarial Examples."を参照。

43 Joseph Johnson, "MAD in an AI Future?" Center for Global Security Research (Livermore, CA: Lawrence Livermore National Laboratory), pp. 4–6.

44 しかし、「教師なし」の ML 技術が成熟するにつれて、AI システムの訓練環境を支えるデータやラベリング（画像、動画、テキストなど）への依存度は低下すると予想される。画像のラベリングに依存してパターンを検出する現在の「教師あり」学習（または強化学習）の技術とは対照的に、「教師なし」のマシンラーニングは、特定のタスクを念頭に置かずに観察したデータを学習したエージェント（すなわち ML アルゴリズム）に報酬を与えることによって、自律型 AI を生み出すように設計されている。Alexander Graves and Kelly Clancy, "Unsupervised Learning: The Curious Pupil," *Deepmind,* June 25, 2019, https://deepmind.com/blog/article/unsupervised-learning (accessed December 10, 2019)を参照。

45 問題を解決する際、人間は比較的少ないデータで高レベルの概念を学習し、その概念を他の問題に適用する。AIはこのような広範な知識や常識を持ち合わせていない。Goodfellow, Shlens, and Szegedy, "Explaining and Harnessing Adversarial Examples;" and Brenden M. Lake, Ruslan Salakhutdinov, and Joshua B. Tenenbaum, "Human-Level Concept Learning Through Probabilistic Program Induction," *Science,* 350, 6266 (2015), pp. 1332–1338.

46 AIシステムは、計算学習理論を導き出せる高次の数学的概念が比較的少ないため、特定のデータセットから推論できる内容が制限される。David Deutsch, "Creative Blocks," *Aeon,* October 3, 2012, https://aeon.co/essays/how-close-are-we-to-creating- artificial-intelligence (accessed December 10, 2019).

47 Domingos, "A Few Useful Things to Know About Machine Learning," pp. 78–88.

48 決定木（decision tree）、サポートベクターマシン〔データを２つのクラスに分離する境界線（面）のうち、各データから最も離れている境界線（面）を決定する「教師あり」型マシンラーニング・モデルの１つ〕、ディープラーニングの技術的進歩により、AI分野では柔軟な弁別装置の導入が進められているが、画像の解像度や次元が高くなるにつれ、これまでと同様の学習上の問題が生じている。人間の認知の本質に関する研究として、Daniel Kahneman, *Thinking, Fast And Slow* (New York: Penguin 2011)を参照。

49 Deutsch, "Creative Blocks."

50 Leslie Kaelbling, Michael L. Littman, and Anthony R. Cassandra, "Planning and Acting in Partially Observable Stochastic Domains," *Artificial Intelligence,* 10, 3 (June 2017), pp. 99–134.

51 第１次産業革命（1760年から1840年まで）は蒸気機関、鉄道、機械製造をもたらした。第２次（1870年～1914年）は電気と大量生産方式をもたらした。第３次はデジタル革命またはコンピュータ革命と呼ばれるもので、（20世紀最後の数十年間に）半導体、コンピュータ、インターネットを生み出した。David Barno and Nora Bensahel, "War in the Fourth Industrial Revolution," *War on the Rocks,* July 3, 2018, https://warontherocks. com/2018/06/war-in-the-fourth-industrial-revolution/ (accessed December 10, 2019).

52 注目すべき例外は以下の通り。Vincent Boulanin (ed.), *The Impact of Artificial Intelligence on Strategic Stability and Nuclear Risk Vol. I Euro-Atlantic Perspectives* (Stockholm: SIPRI Publications, May 2019); Edward Geist and Andrew Lohn, *How Might Artificial Intelligence Affect the Risk of Nuclear War?* (Santa Monica, CA: RAND Corporation, 2018); Michael Horowitz, Paul Scharre, and Alex Velez-Green, *A Stable Nuclear Future? The Impact of Automation, Autonomy, and Artificial Intelligence* (Philadelphia, PA: University of Pennsylvania Press, 2017); and James S. Johnson, "Artificial Intelligence: A Threat to Strategic Stability," *Strategic Studies Quarterly,* 14, 1 (2020), pp. 16–39.

53 一部の神経科学者は、AIをめぐる誇張された脅威の言説は、人間が進化論的な観点から、支配を達成しようとする人間の衝動と知能とを混同する傾向があることに起因すると指摘している。Anthony Zador and Yann LeCun, "Don't

Fear the Terminator," *Scientific American,* September 26, 2019, https://blogs.scientificamerican.com/observa tions/dont-fear-the-terminator/ (accessed December 10, 2019). たとえば George Zarkadakis, *In Our Image: Savior or Destroyer? The History and Future of Artificial Intelligence* (New York: Pegasus Books, 2015); Christianna Ready, "Kurzweil Claim that Singularity will Happen by 2045," *Futurism,* October 5, 2017, https://futurism.com/kurzweil-claims-that-the-singularity-will-happen- by-2045 (accessed March 10, 2020).

54 Boulanin (ed.), *The Impact of Artificial Intelligence on Strategic Stability and Nuclear Risk Vol. I Euro-Atlantic Perspectives,* pp. 28–30.

55 Connie Lee, "SOCOM Plans New Artificial Intelligence Strategy," *National Defense,* August 9, 2019, www.nationaldefensemagazine.org/articles/2019/8/9/socom-plans-new-artificial-intelligence-strategy (accessed February 20, 2021).

56 スウォーム型の空中・水中ドローンは、核兵器を運搬する役割を、いずれICBMや弾道ミサイル搭載型原子力潜水艦（SSBNs）に取って代わる可能性がある。

57 たとえば2017年、中国の指揮統制研究所は国内初の「人工知能と戦争ゲーム全国決勝大会」を開催した。中国の指導者たちは、こうしたゲームによって、特に近年の戦闘経験の不足を補い、隊員が戦争のトレンドの理解を高めることができるようになると考えている。

58 たとえばAIにより科学者たちは核実験を行なわずに、核備蓄の信頼性を確認する核効果をモデル化することができる。*Strategic Latency and Warning: Private Sector Perspectives on Current Intelligence Challenges in Science and Technology,* Report of the Expert Advisory Panel Workshop, Lawrence Livermore National Laboratory, January 8, 2016, https://e-reports-ext.llnl.gov/pdf/804661.pdf (accessed December 10, 2019)を参照。

59 たとえばアメリカ国家地理空間情報局は、軍事情報分析を支援するためにAIを使用していると報告されている。Ben Conklin, "How Artificial Intelligence is Transforming GEOINT," *GCN,* April 18, 2018, https://gcn.com/articles/2018/04/18/ai-transform-geoint.aspx (accessed December 10, 2019).

60 たとえばアメリカ空軍は現在、航空機の簡易な予知保全〔連続的に機器の状態を計測・監視し、劣化損耗による故障や不具合が発生する前に部品を交換・修理する保全方法〕を実現するためのAIツールを開発している。テキサス州に拠点を置くAI企業スパーク・コグニション社は最近、ボーイング社の民間航空機にAI予知技術を搭載した。Marcus Weisgerber, "Defense Firms to Air Force: Want Your Planes' Data? Pay Up," *Defense One,* September 19, 2017, www.defenseone. com/technology/2017/09/military-planes-predictive-maintenancetechnol ogy/141133/ (accessed December 10, 2019).

61 Scott Rosenberg, "Firewalls Don't Stop Hackers, AI might," *Wired,* August 27, 2017, www.wired.com/story/firewalls-dont-stop-hackers-ai-might/ (accessed December 10, 2019).

62 "Mayhem Declared Preliminary Winner of Historic Cyber Grand Challenge,"

August 4, 2016, www.darpa.mil/news-events/2016-08-04 and http://archive.darpa.mil/cybergrandchallenge/ (accessed December 10, 2019).

63 中国やロシアを筆頭に、数カ国が極超音速機の制御システムを開発するためにマシンラーニングの活用法を研究している。これらの能力は、速度が速いため手動で操作することができない。

64 Ben Connable, *Embracing the Fog of War: Assessment and Metrics in Counterinsurgency* (Santa Monica, CA: RAND Corporation, 2012).

65 たとえば自律的な移動式センサープラットフォームと組み合わせて使用されるAIは、移動式ICBM発射機の残存性に対する脅威を増幅させるかもしれない。Paul Bracken, "The Cyber Threat to Nuclear Stability," *Orbis,* 60, 2 (2016), pp. 188–203, p. 194を参照。

66 感知エラーの好例として、2015年にグーグルの画像アプリケーションの自動画像認識システムがアフリカ系アメリカ人を誤認して「ゴリラ」と題されたアルバムを作成したことがある。Amanda Schupak, "Google Apologizes for Mis-Tagging Photos of African Americans," *CBS News,* July 1, 2015, www.cbsnews.com/news/google-photos-labeled-pics-of-african-americans-as-gorillas/ (accessed December 10, 2019).

67 Keith Dear, "Artificial Intelligence and Decision-Making," *The RUSI Journal,* 164, 5–6 (2019), pp. 18–25.

68 AI研究の急速な進歩にもかかわらず、専門家はニューラルネットワークの精密な動作、その精度を高める方法(単に、より多くのデータを与える以外に)、あるいは既存のバイアスを修正する方法など、多くの点で依然として暗中模索の状態にある。Osoba and Welser, *An Intelligence in Our Image.*

69 Rodrick Wallace, *Carl von Clausewitz, the Fog-of-War, and the AI Revolution* (New York: Springer, 2018), pp. 1–45.

70 Colin S. Gray, "Why Strategy is Difficult," Joint Forces Quarterly (Summer 1999), pp. 7–12, p. 9.

71 1980年代以降、不確実性は「現代のAI」が語られる際には繰り返し議論の対象とされてきた。不確実性は現実世界における戦略的意思決定では普遍的な問題である。Russell, *Human Compatible,* p. 176.

72 Robert Jervis, *Perception and Misperception in International Politics* (Princeton, NJ: Princeton University Press, 1976); and TarhiMilo Keren, *Knowing the Adversary: Leaders, Intelligence Organizations, and Assessments of Intentions in International Relations* (Princeton, NJ: Princeton University Press, 2015)を参照。

73 パターン認識ソフトウェアに依存するターゲット情報 (特に移動式ミサイルのターゲット)は、効果的なカウンターフォースの最大の障害となってきた。ソ連の移動式ICBM発射機を標的とする冷戦期のアメリカの手法は、ソ連がミサイルを移動させる方法のパターンを探索するインテリジェンスと打撃戦略とを組み合わせたものであった。Geist and Lohn, *How Might Artificial Intelligence Affect the Risk of Nuclear War?* p. 16. AIのインテリジェンス活動への影響に関する最近の中国の見解については Juanjuan, Yuantao, and Wei, "Military

Intelligence is Profoundly Affecting Future perations."を参照。

74 またアメリカ中央情報局（CIA）には、オープンソース情報の広範な分析に基づき、テロ攻撃や内乱など将来の事態を予測するために、画像認識やラベル付け（メイヴン・プロジェクトのアルゴリズムやデータ解析機能と同様）などのタスクを達成するため、何らかの能力で AI を活用する開発中のプロジェクトが 137 件ある。Gregory Allen, "Project Maven Brings AI to the fight against ISIS," *The Bulletin of the Atomic Scientists* (December 21, 2017), https://thebulletin.org/project-maven-brings-ai-fight-against-isis11374.(accessed December 10, 2019).

75 国防専門家は、AI が近い将来（つまり 5 年以内）にこれらの課題のいくつかを解決する一方で、移動式ミサイルの追跡と照準化に関連する数多くの技術的問題が、今後 20 年以内に克服される可能性は低いと見積もっている。たとえば標的の位置を完璧に知り得たとしても、移動目標は兵器が発射されてから到着するまでの間に移動するからである。Ibid., pp. 16–17.

76 たとえば中国は最近、集合住宅や公共の場で顔認識と CCTV 映像を組み合わせて犯罪者を特定する「秀亮（鋭い視線）」と呼ばれるソフトウエアパッケージを実用化している。Simon Denyer, "In China, Facial Recognition is Sharp End of a Drive for Total Surveillance," *Chicago Tribune,* January 8, 2018, www.washingtonpost.com/news/world/ wp/2018/01/07/feature/in-china-facial-recognition-is-sharp-end-of-a-drive-for- total-surveillance/?utmterm=.fcd7bdaa24a9 (accessed December 10, 2019).

77 Mark Pomerlau, "How Industry's Helping the US Air Force with Multi-Domain Command and Control," *Defense News,* September 25, 2017, www.defensenews.com/c2–comms/2017/09/25/industry-pitches-in-to-help-air-force-with- multi-domain-command-and-control/ (accessed December 10, 2019).

78 自律機能に利用される AI 技術は、商用自動運転車向けのものと同じである。Bill Canis, *Issues in Autonomous Vehicle Deployment* (Washington, DC: Congressional Research Service, 2017), pp. 2–3.

79 AI を利用したドローンのスウォーミング（または協調行動）技術は、自律走行車開発のサブセットである。Ilachinski, *AI, Robots, and Swarms,* p. 108.

80 I. Sutyagin, "Russia's Underwater 'Doomsday Drone:' Science Fiction, But Real Danger," *Bulletin of the Atomic Scientists,* 72, 4 (June 2016), pp. 243–246; Mary-Ann Russon, "Google Robot Army and Military Drone Swarms: UAVs May Replace People in the Theatre of War," *International Business Times,* April 16, 2015, www.ibtimes.co.uk/google-robot-army-military-drone-swarms-uavs- may-replace-people-theatre-war-1496615 (accessed February 20, 2021); and Elsa Kania, *Battlefield Singularity: Artificial Intelligence, Military Revolution, and China's Future Military Power* (Washington, DC: Center for a New American Security, November 2017), p. 23.

81 人間の意思決定者とは対照的に、認知的なストレス、時間的プレッシャー、戦闘による身体的影響（ブドウ糖の不足や疲労など）は、AI システムに悪影響を及ぼさない。Kareem Ayoub and Kenneth Payne, "Strategy in the Age

of Artificial Intelligence," *Journal of Strategic Studies* 39, 5–6 (2016), pp. 793–819.

82 CIA は「人的要因の負担」を減らし、実用的な軍事情報を増やし、軍事的意思決定を強化し、最終的には将来の攻撃や国家安全保障上の脅威を予測するために、いくつかの公文書化された AI 研究プロジェクトを積極的に推進している。Patrick Tucker, "What the CIA's Tech Director Wants from AI," *Defense One,* September 6, 2017, www.defenseone.com/technol ogy/2017/09/cia-technology-director-artificial-intelligence/140801/. (accessed December 10, 2019).

83 Memorandum from the Deputy Secretary of Defense, "Establishment of the Joint Artificial Intelligence Center," June 27, 2018; https://admin.govexec.com/ media/establishment_of_the_joint_artificial_intelligence_center_osd008412- 18_r....pdf (accessed December 10, 2019).

84 Daniel Kahneman and Shane Frederick, "Representativeness revisited: attribute substitution in intuitive judgment," in Timothy Gilovich, Daniel Griffin, and Daniel Kahnema (eds), *Heuristics and Biases: The Psychology of Intuitive Judgment* (Cambridge: Cambridge University Press, 2002), pp. 49–81.

85 Yang Feilong and Li Shijiang "Cognitive Warfare: Dominating the Era of Intelligence," *PLA Daily,* March 19, 2020, www.81.cn/theory/2020-03/19/ content_9772502.htm (accessed December 10, 2019).

86 Research Department of Military Strategy, *The Science of Military Strategy,* 3rd ed. (Beijing: Military Science Press, 2013), p. 189. また Yang and Li "Cognitive Warfare."を参照。

87 AI の短期的進歩と長期的進歩の非二変数関係の概念化は曖昧で一貫性のないことを指摘している最近の研究として Carina Prunkl and Jess Whittlestone, "Beyond Near- and Long- Term: Towards a Clearer Account of Research Priorities in AI Ethics and Society," in Proceedings of the 2020 AAAI/ACM Conference on AI, Ethics, and Society (AIES 2020), February 2020, https://doi.org/10.1145/3375627.3375803 (accessed March 10, 20)を参照。

第２章

1 「戦略的安定性」、安定（または不安定）をもたらす要因、それを測定するための基準について、普遍的に受け入れられている単一の定義はない。たとえば Henry A. Kissinger, "Arms Control, Inspection and Surprise Attack," *Foreign Affairs,* 38, 4 (July 1960), pp. 557–575; Glenn H. Snyder, *Deterrence and Defense: Toward a Theory of National Security* (Princeton, NJ: Princeton University Press, 1961), pp. 107–108; and Herman Kahn, *On Escalation: Metaphors and Scenarios* (New York: Praeger Publishers, 1965)を参照。

2 Robert Jervis, *The Meaning of the Nuclear Revolution: Statecraft and the Prospect of Armageddon* (Ithaca, NY: Cornell University Press, 1989)を参照。

3 Eric Schlosser, *Command and Control: Nuclear Weapons, the Damascus Accident, and the Illusion of Safety* (New York: Penguin, 2013); and Scott D. Sagan, *The Limits of*

Safety: Organizations, Accidents, and Nuclear Weapons (Princeton, NJ: Princeton University Press, 1993). On nuclear terrorism, see Graham Allison, *Nuclear Terrorism: The Ultimate Preventable Catastrophe* (New York: Owl, 2004); John Mueller, *Atomic Obsession: Nuclear Alarmism from Hiroshima to Al-Qaeda* (New York: Oxford University Press, 2010); and Keir A. Lieber and Daryl G. Press, "Why States Won't Give Nuclear Weapons to Terrorists," *International Security,* 38, 1 (Summer 2013), pp. 80–104 を参照。

4 Michael Gerson, "The origins of strategic stability," in Colby Elbridge and Michael Gerson (eds), *Strategic Stability: Contending Interpretations* (Carlisle, PA: Army War College, 2013), pp. 1–46.

5 核軍備管理および戦略的安定の促進と分析に関する影響力のある研究として、Thomas C. Schelling and Morton Halperin, *Strategy and Arms Control* (New York: Twentieth Century Fund, 1961)を参照。

6 「第２次核時代」に関する文献については、Paul Bracken, *The Second Nuclear Age: Strategy, Danger, and the New Power Politics* (New York: Times Books, 2012); Colin S. Gray, *The Second Nuclear Age* (Boulder, CO: Lynne Rienner, 1999); and Keith Payne, *Deterrence in the Second Nuclear Age* (Washington, DC: Georgetown University Press, 1996) を参照。

7 Lawrence Freedman, *The Evolution of Nuclear Strategy* (Basingstoke: Palgrave Macmillan 2003); Michael Quinlan, *Thinking About Nuclear Weapons: Principles, Problems, Prospects* (Oxford: Oxford, University Press 2009)を参照。

8 Freedman, *The Evolution of Nuclear Strategy.*

9 2010 年の『核態勢見直し』では、アメリカの核戦略の目標は北朝鮮などの「地域の敵対者に対する抑止力の強化」と、ロシアや中国との「戦略的安定性の強化」であるとしている。US Department of Defense, *Nuclear Posture Review* (Washington, DC: US Department of Defense, 2010), xi.

10 Thomas C. Schelling, *Arms and Influence* (New Haven, CT: Yale University Press, 1966), p. 234.

11 Gerson, "The Origins of Strategic Stability," p. 26.

12 Lehman F. Ronald, "Future technology and strategic stability," in Elbridge and Gerson (eds), *Strategic Stability,* p. 147.

13 「自動化」(「自律化」とは異なる）は、数十年前から早期警戒システム（レーダー、衛星、赤外線システム）と統合されており、潜在的な目標を特定し、その情報を人間の指揮官に送るようになっている。

14 世界政治における誤認識に関する基礎的な研究は Robert Jervis, *Perception and Misperception in International Politics* (Princeton, NJ: Princeton University Press, 1976). Also see Charles Duelfer and Stephen Dyson, "Chronic Misperception and International Conflict: the US–Iraq Experience," *International Security,* 36, 1 (Summer 2011), pp. 75–78.

15 「戦略的安定」と「戦略的不安定」は、特に核の多極化システムにおいては、必ずしも相互に排他的な関係にはない。むしろ、この２つの状態は「安定性の

連続体」として捉えることができ、その状態は極めて安定的なものから極めて不安定なものまである。Altmann Jürgen and Frank Sauer, "Autonomous Weapon Systems and Strategic Stability," *Survival*, 59, 5 (2017), pp. 117–142, p. 110.

16 戦略的な「奇襲」の源泉には、(1) 変化および変化への反応を予期・探知・評価すること、(2) 反応やトレンドへの対抗策を予測すること、(3) ある組み合わせが構成要素の総和の特性ではない、あるいは少なくとも明白な方法ではない行動をもたらすときに生じる「出現した行動」を補うことなどがある。Ronald, "Future Technology and Strategic Stability," p. 147 を参照。

17 たとえば弾道ミサイル防衛や通常兵器による「迅速なグローバル打撃」などのアメリカの新しい能力は、ロシアの核攻撃の効果を鈍らせる可能性はあっても、その脅威を排除することはできないだろう。しかし、この技術的現実は、アメリカの「迅速なグローバル打撃」がロシアの核抑止力にもたらす脅威へのヘッジとして、同等の精密兵器を開発しようとするロシアの取り組みを低下させることはほとんどなかった。Vladimir V. Putin, "Being Strong: National Security Guarantees for Russia," *Rossiiskaya Gazeta*, February 20, 2012, available from archive.premier.gov.ru/eng/events/news/18185/ (accessed February 20, 2021) を参照。

18 政治心理学の文献によれば、アクターが異なる知覚的現実の中で存在し続けることは敵対者間の関係に限られたことではない。同盟国もまた互いを誤解し、その結果、自国に対する他国の認識を理解（認識）できないことがある。たとえば Richard Neustadt, *Alliance Politics* (New York: Columbia University Press, 1970)を参照。

19 Stephen J. Cimbala, *The Dead Volcano: The Background and Effects of Nuclear War Complacency* (Westport, Connecticut: Praeger, 2002), p. 66.

20 プロスペクト理論は、通常、攻撃性や拡張主義的な欲求よりも恐怖心（特に損失を被るリスク）のほうが紛争や危機を引き起こす強力な動機になることを示している。Robert Jervis *How Statesmen Think: The Psychology of International Politics* (Princeton, NJ: Princeton University Press, 2017), chapter 4.

21 Ibid., pp. 218–219.

22 核兵器の意図的使用と意図的でない使用という二元的な区別には問題がある。「意図的でない」とされる核兵器の使用が意図的である可能性があるからだ。意図的な使用が意図的でない、すなわち偶発的または未認可であったかのように見せかけるために、より少数の核弾頭を、より広範な欺騙戦略の一環として使用することができるのである。また、誤った（あるいは操作された）評価に基づいて、あるいは誤警報に反応して、意図的に核兵器を使用することは、意図的か否かの境界線を曖昧にする可能性がある。たとえば最近の研究では、エスカレーションのさまざまな範囲のカテゴリー——未認可、意図的でない使用、意図的な使用——はすべて誤った仮定に基づいていることが実証されている。Sico van der Meer, "Reducing Nuclear Weapons Risks: A Menu of 11 Policy Options," *Policy Brief*, Clingendael Netherlands Institute of International Relations, June 2018, www.clingendael.org/sites/default/files/2018-06/PB_Reducing_nuclear_

weapons_risks.pdf (accessed February 20, 2021).

23 意図せざるエスカレーションのリスクは、ある程度の信頼性と正確性をもって定量化することが困難である。当事国の一方（または両方）がリスクを操作する行為は、安定性への実際の影響にかかわらず、他方から見れば不安定化させるものと受け止められる可能性が高い。さらにエスカレーションに対する恐怖（またはリスク許容不可能の認識）は、特定の（または単一の）不安定化要因または能力と結びついていないかもしれない。Aaron R. Miles, "The dynamics of strategic stability and instability," *Comparative Strategy,* 35, 5 (2016), pp. 423–437, p. 429 and 437.

24 「危機の安定性」は、アメリカ、ロシア、中国が現在もっているような核戦争ができる状態、あるいは先制攻撃のために核兵器を使用する傾向のある状況においてのみ意味をもつものである。ロシアの核ドクトリンについては、Matthew Rojansky "Russia and strategic stability," in Elbridge and Gerson (eds), *Strategic Stability,* pp. 295–342 を参照。中国については、Benjamin Zala and Andrew Futter, "Coordinating the Arm Swing with the Pivot: Nuclear Deterrence, Stability and the US Strategy in the Asia-Pacific," *The Pacific Review,* 28, 3 (2015), pp. 367–390; and James S. Johnson, "Chinese Evolving Approaches to Nuclear 'Warfighting': An Emerging Intense US–China Security Dilemma and Threats to Crisis Stability in the Asia Pacific," *Asian Security,* 15, 3 (2019), pp. 215–232 を参照。アメリカの考え方に関する最近の分析については、Charles L. Glaser and Steve Fetter, "Should the United States Reject MAD? Damage Limitation and US Nuclear Strategy Toward China," *International Security,* 41, 1 (Summer 2016), pp. 49–98 を参照。

25 Thomas C. Schelling, *The Strategy of Conflict* (Cambridge, MA: Harvard University Press, 1960).

26 Jervis, *How Statesmen Think,* p. 222.

27 「戦略的安定性」と同様に、「軍備競争」の概念もまた議論の余地がある。「軍備競争」とは、敵対国どうしが兵器の蓄積において互いに相手を上回ろうとしのぎを削ることであり、軍事力の均衡を決定的に変化させることを目的としている。Barry Buzan and Eric Herring, *The Arms Dynamic in World Politics* (Boulder, CO and London: Lynne Reinner), p. 77; and *Idem,* "Arms races and other pathetic fallacies: a case for deconstruction," review essay on *Plowshares into Swords: Arms Races in International Politics, 1840–1991,* Grant T. Hammond, *Review of International Studies,* 22 (July 3, 1996), pp. 323–336.

28 戦略的安定には、平時の安定、危機時の安定、戦時の安定という３つの区分が必要なのか、それとも１つ（または２つ）で十分なのかという問題は本書の研究の範囲外であるが、さらに検討する価値はある。

29 Schelling and Halperin, *Strategy and Arms Control.*

30 またプロスペクト理論により、危機の不安定性が、どちらの側も望んでいないにもかかわらず、全面的な戦争につながる現象を説明することができる。Jervis *How Statesmen Think,* p. 95 を参照。

31 Miles, "The dynamics of strategic stability and instability," pp. 423–437.

32 危機の不安定性のリスクを高める心理的要因には次のようなものがある。(1) 危機（特に複雑な状況）のストレスのもとでは、人は認知バイアス——思考を遮る制約——の影響を受け、必ずしもそのことに気づかないまま、意思決定の質に影響を与える可能性がある。(2) 心理的なプロセスによって、危機の最中に差し迫った攻撃の可能性を誇張し、同時に先制攻撃の戦略的価値を過大評価することがある。(3) 人は確固たる（あるいは安定）した選好をもたず、確率を直感的に把握できない場合が多い。(4) 人間は他者が自分の行動を脅威と感じる度合いを過小評価する場合が多い。これらの要因は、指揮官は危機に際して相手と合理的な共通認識に立てるという仮定に疑問を投げかけるものである。Jervis, *How Statesmen Think,* chapter 10; and B.A. Thayer, "Thinking About Nuclear Deterrence Theory: Why Evolutionary Psychology Undermines its Rational Actor Assumptions," *Comparative Strategy,* 26, 4 (2007), pp. 311–323 を参照。

33 核兵器をめぐるバーゲニングの場面では、(1) 抑止：敵対国が欲する行動を思いとどまらせる、(2) 強制：敵対国が欲しない行動を行なわせる、(3) 保証：同盟国に対して安全保障の信頼性を納得させる、(4) 再保証：敵対国に対し挑発的行動を控える限り、攻撃されることはないことを納得させる、というインセンティブをめぐる駆け引きが頻繁に行なわれる。Jervis, *Perception and Misperception in International Politics,* chapter 3; and Andrew H. Kydd and Roseanne W. McManus, "Threats and Assurances in Crisis Bargaining," *Journal of Conflict Resolution,* 61, 2 (2017), pp. 68–90 を参照。

34 Benjamin Zala, "How the Next Nuclear Arms Race will be Different from the Last One," *Bulletin of the Atomic Scientists,* 75, 1 (2019), pp. 36–43; and Colin S. Gray and Dale C. Walton, "The geopolitics of strategic stability," in Elbridgeand Gerson (eds), *Strategic Stability,* p. 93.

35 Gray and Walton, "The Geopolitics of Strategic Stability," p. 110.

36 Winner Langdon, *Autonomous Technology: Technics-out-of-Control as a Theme in Political Thought* (Cambridge, MA: MIT Press, 1977).

37 James M. Acton, "Reclaiming strategic stability," in Elbridge and Gerson (eds), *Strategic Stability,* pp. 138–139.

38 Jervis, *The Meaning of the Nuclear Revolution,* p. 45. In the theory of the nuclear revolution, see Kenneth N. Waltz, "Nuclear Myths and Political Realities," *American Political Science Review,* 84, 3 (September 1990), pp. 731–745.

39 Robert Jervis, *The Illogic of American Nuclear Strategy* (Ithaca, NY: Cornell University Press, 1984); Waltz, "Nuclear Myths and Political Realities;" Charles L. Glaser, *Analyzing Strategic Nuclear Policy* (Princeton, NJ: Princeton University Press, 1990); and Van Evera, *Causes of War.*

40 Keir A. Lieber and Daryl G. Press, "The New Era of Counterforce: Technological Change and the Future of Nuclear Deterrence," *International Security,* 41, 4 (2017), pp. 9–49.

41 Ronald, "Future technology and strategic stability," in Elbridge and Gerson

(eds), pp. 147–199.

42 このように考えると、先制攻撃を可能にする対兵力攻撃関連技術とミサイル防衛能力の組み合わせは、敵国の核抑止力（あるいは第二撃能力）を低下させ、非常に不安定な要因になると考えられる。Lieber and Press, "The New Era of Counterforce."

43 トーマス・シェリングは、リスク操作と不確実性が抑止力において重要な役割を果たすと論じている。Thomas C. Schelling, *Arms and Influence,* pp. 92–125.

44 バーゲニング状況とは、アクターが協力を通じて利益を得ることができる状況である（ある結果が一方に有利になるゼロサム状況とは異なる）。James D. Fearon, "Rationalist Explanations for War," *International Organization,* 49, 3 (1995), pp. 379–414; and Erik Gartzke, "War is in the Error term," *International Organization,* 53, 3 (1999), pp. 367–587 を参照。

45 軍事技術とドクトリンにおける次の４つのトレンドが、「もつれあい」が引き起こす将来の脅威を悪化させると思われる。(1) 通常型精密ミサイルとサイバー兵器の技術的進歩、(2) 核および通常型指揮・統制・通信・インテリジェンス（C3I）システムのサイバー攻撃に対する脆弱性の増大、(3) 軍民両用 C3I 能力に対する軍の依存度の増大、(4) 敵の核・非核両用 C3I アセットに対する（早期および先制）攻撃を明確に想定した通常戦の軍事ドクトリン（中国、ロシア、アメリカ）の採用。James M. Acton, "Escalation Through Entanglement: How the Vulnerability of Command-and- Control Systems Raises the Risks of an Inadvertent Nuclear War", *International Security,* 43, 1 (Summer 2018), pp. 56–99.

46 Schelling and Halperin, *Strategy and Arms Control.* p. 37.

47 Austin Long and Brendan Rittenhouse Green, "Stalking the Secure Second Strike: Intelligence, Counterforce, and Nuclear Strategy," *Journal of Strategic Studies,* 38, 1–2 (2015), pp. 38–73; Owen R. Coté Jr., *The Third Battle: Innovation in the US Navy's Silent Cold War Struggle with Soviet Submarines* (Newport, RI: Naval War College, 2003); Peter Sasgen, *Stalking the Red Bear: The True Story of a US Cold War Submarine's Covert Operations Against the Soviet Union* (New York: St. Martin's Press, 2009).

48 Altmann Jürgen and Frank Sauer, "Autonomous Weapon Systems and Strategic Stability," *Survival,* 59, 5 (2017), pp. 117–142.

49 エスカレーションの閾値、エスカレーションの階梯、エスカレーション経路の概念の定義については、Herman Kahn, *On Escalation: Metaphors and Scenarios* (New York: Praeger, 1965), p. 37 を参照。

50 US Congress, Office of Technology Assessment, Ballistic Missile Defense Technologies, OTA-ISC-254 Washington DC: US Government Printing Office, September 1985), pp. 119 and 128.

51 James M. Acton, *Silver Bullet? Asking the Right Questions About Conventional Prompt Global Strike* (Washington, DC: Carnegie Endowment for International Peace, 2013).

52 「戦略的能力」の例としては、長距離核・通常弾（ICBM など）、敵本国へ侵入する長距離爆撃機、前方展開可能な短距離戦術（または戦域）兵器などがあ

る。攻撃的なサイバー兵器や対宇宙（対衛星）兵器も戦略的能力として台頭している。最後に、防衛システム（弾道ミサイル防衛システムなど）も、国家の戦略レベルでの攻撃能力を損なうことを意図（または可能）しているという点で、戦略的と見なすことができる。

53 世界の公式核保有国であるアメリカ、ロシア、中国、インド、イギリス、フランスはいずれも「核兵器のない世界」という最近のワシントンの呼びかけを拒否し、むしろ核近代化計画に乗り出している。これまで、アメリカはこの分野で後れをとっているが、その近代化プログラムの詳細についてはまだ結論が出ていない。Zala, "How the Next Nuclear Arms Race Will be Different From the Last One," pp. 36–43.

54 Lehman F. Ronald, "Future Technology and Strategic Stability," pp. 147–199.

55 Stephen D. Biddle, "The PAST as Prologue: Assessing Theories of Future Warfare," *Security Studies,* 8, 1 (1998), pp. 1–74.

56 Steven Metz, *Armed Conflict in the 21st Century: The Information Revolution and Post-Modern Warfare* (Carlisle: Strategic Studies Institute, 2000); and Steven Metz and James Kievit, *Strategy and the Revolution in Military Affairs: From Theory to Policy* (Carlisle: Strategic Studies Institute, 1995); and Stephen Biddle, *Military Power: Explaining Victory and Defeat in Modern Battle* (Princeton, NJ: Princeton University Press, 2004)を参照。

57 Bernard Brodie and Fawn M. Brodie, *From Crossbow to H-Bomb* (Bloomington: Indiana University Press, 1973), chapter 23.

58 Stephen P. Rosen, "The Impact of the Office of Net Assessment on the American Military in the Matter of the Revolution in Military Affairs," *Journal of Strategic Studies,* 33, 4 (2010), pp. 469–482.

59 Andrew Liptak, "The US Air Force Has a New Weapon Called THOR That Can Take Out Swarms of Drones," *theverge,* June 21, 2019, www.thev erge.com/2019/6/21/18701267/us-air-force-thor-new-weapon-drone-swarms (accessed October 12, 2019).

60 1300年代以降、軍事における革命はわずか5回しか起きておらず、技術的変化そのものが戦争の道具としての使用を促したのはわずか1回（核兵器）だけである。MacGregor Knox and Williamson Murray (eds), *The Dynamics of Military Revolution, 1300–2050* (Cambridge: Cambridge University Press, 2001)を参照。

61 Fu Wanjuan, Yang Wenzhe, and Xu Chunlei "Intelligent Warfare, Where Does it Not Change?" *PLA Daily,* January 14, 2020, www.81.cn/jfjbmap/ content/2020-01/14/content_252163.htm (accessed January 15, 2020).

62 Bernard Brodie, "Technological change, strategic doctrine, and political out- comes in historical dimensions of national security problems," in Klaus Knorr (ed.), *Historical Dimensions of National Security Problems* (Lawrence, KS: University Press of Kansas, 1976), p. 263.

63 Lieber and Press, "The New Era of Counterforce," pp. 9–49.

64 H.M. Kristensen, M. McKinzie, and T.A. Postol, "How US Nuclear Force

Modernization is Undermining Strategic Stability: The Burst-Height Compensating Super-Fuze," *Bulletin of the Atomic Scientists,* March 1, 2017, https://thebulletin.org/2017/03/how-us-nuclear-force-modernization-is-under mining-strategic-stability-the-burst-height-compensating-super-fuze/ (accessed May 1, 2019).

65 商業的な力が軍事的な革新を促進するケースでは、ステルス技術のような軍事的な有用性しかない技術と比較して、技術の成熟と普及のペースが速くなる傾向がある。Michael C. Horowitz, *The Diffusion of Military Power: Causes and Consequences for International Politics* (Princeton, NJ: Princeton University Press, 2010).

第３章

1 第１章では、中核的な AI と「AI 関連」技術の境界が曖昧であることを説明した。中核的 AI 技術には、マシンラーニング（ディープラーニングと深層ネットワークのサブセットを含む）、モデリング、自動言語認識、画像認識、センサー画像処理、音声アシスタント、解析支援システムなどが含まれる。また AI は自律型ビークル、ビッグデータ解析、5G ネットワーク、スーパーコンピュータ、スマート・ビークル、スマート・ウェアラブル機器、ロボット工学、半導体、3D プリント、IoT など、多くの技術（AI 関連技術、AI 実現技術）と相互に関連している。

2 本章は *The Pacific Review,* October 21, 2019, copyright Taylor & Francis, available online: https://doi.org/ 10.1080/09512748.2019.1676299 (accessed March 10, 2020). に掲載された論文の一部を引用している。

3 しかし、特定の分野で格差を縮めることと、新興の AI 競争のすべてのカテゴリー（人材、研究、開発、ハードウェア、データ、採用など）で総合的にリードすることには大きな違いがある。データ・イノベーション・センターが発表した最近の報告書では「全体として、アメリカが現在 AI でリードしており、中国が急速に追いつき、欧州連合は両者の後塵を拝している。アメリカは、このレポートが調査している６つのカテゴリーのうち４つの分野（人材、研究、開発、ハードウェア）でリードしている（一方）……中国は２つの分野（採用、データ）でリードしている」と述べられている。(Daniel Castro, *Who is winning the AI race: China, the EU, or the United States?* (Washington, DC: Center for Data Innovation, 2019), p. 2. 中国国内のオープンソース・データでも、上記のカテゴリーでアメリカが中国にリードしていることが確認されている。Chinese open-source data also confirms that the US is ahead of China in these categories (China Institute for Science and Technology Policy at Tsinghua University, July 2018).

4 たとえば VincentBoulanin(ed.),TheImpactofArtificialIntelligenceon *Strategic Stability and Nuclear Risk Vol. I Euro-Atlantic Perspectives* (Stockholm: SIPRI Publications, May 2019); Andrew W. Moore, "AI and National Security in 2017," Presentation at AI and Global Security Summit, Washington, DC, November 1, 2017; Daniel S. Hoadley

and Nathan J. Lucas, *Artificial Intelligence and National Security* (Washington, DC: Congressional Research Service, 2017), https://fas.org/sgp/crs/natsec/R45178.pdf, p. 2 (accessed August 10, 2019); Greg Allen and Taniel Chan, *Artificial Intelligence and National Security* (Cambridge, MA: Belfer Center for Science and International Affairs, 2017)を参照。

5 極分析では、国家間秩序が一国集中（単極秩序）、二国集中（双極秩序）、3カ国かそれ以上（多極秩序）のパワーの中心のいずれかに支配されているかに着目する。「多極化」は国際秩序において単一国家が明確に主導的（または極的）でないことを意味する。「双極」とは対照的に、2つの極を取り巻くパワーの層が曖昧ではないことを意味する。軍事力に加え、経済力、人口統計、「ソフトパワー」、そして国家の影響力の広範な社会的側面が、多極化秩序への移行と関連付けられてきた。William C. Wohlforth, "Unipolarity, status competition, and great power war," in John G. Ikenberry, Michael Mastanduno, and William C. Wohlforth (eds), *International Relations Theory and the Consequences of Unipolarity* (Cambridge: Cambridge University Press, 2011), pp. 33–65. 核概念を批判的に検討したものとして Harrison R. Wagner, *War and the State: The Theory of International Politics* (Ann Arbor, MI: University of Michigan Press, 2009); and Randall L. Schweller, "Entropy and the Trajectory of World Politics: Why Polarity has become Less Meaningful," *Cambridge Review of International Affairs,* 23, 1 (2010), pp. 145–163 を参照。

6 この文脈で用いる「軍備競争」とは「相反する目的や相互の恐怖心から生じる、2つの国家または国家連合による、平時の漸進的、競争的な軍備の増強」を指す。Samuel P. Huntington, "Arms Races: Prerequisites and Results," *Public Policy,* 8 (1958), pp. 41–86, p. 43.

7 オープンソースのデータ情報源は次のとおり。ii Media, "2017 China Artificial Intelligence Industry Special Research Report," April 6, 2017, www.sohu.com/a/132360429_468646 (accessed December 12, 2018); Dominic Barton et al., "Artificial Intelligence: Implications for China" (discussion paper, McKinsey Global Institute, April 2017), www.mckinsey.com/~/media/McKinsey/Featu red%20Insights/China/Artificial%20intelligence%20Implications%20for%20 China/MGIArtificial-intelligence-implications-for-China.ashx (accessed May 10, 2019); China State Council, "State Council Notice on the New Generation Artificial Intelligence Development Plan," July 8, 2017, www.gov.cn/zhengce/ content/2017-07/20/content_5211996.htm (accessed March 10, 2020); Jingwang Li, "2017 China–US AI Venture Capital State and Trends Research Report. IT Juzi and Tencent Institute," 2017 (Full report in Chinese) http://voice. itjuzi.com/?p=16960 (accessed December 12, 2018); New Intellectual Report, "China Academy of Engineering: Unveiling of Artificial Intelligence 2.0 Era," February 21, 2017, www.sohu.com/a/126825406_473283 (accessed December 12, 2018); China AI Development Report 2018, China Institute for Science and Technology Policy at Tsinghua University, July 2018 www.sppm.tsinghua.edu. cn/eWebEditor/UploadFile/China_AI_development_report_2018.pdf

(accessed May 10, 2019); Council on Foreign Relations. "Beijing's AI Strategy: Old-School Central Planning with a Futuristic Twist," August 9, 2017, www.cfr.org/blog/beijings-ai-strategy-old-school-central-planningfuturistic-twist (accessed December 12, 2018); CB Insights, "Advanced Search: Industry & Geography, Company Attributes, Financing & Exit," https://app.cbinsights.com (accessed May 10, 2019).

8 Christopher Layne, "This Time It's Real: The End of Unipolarity and the 'Pax *Americana*'," *International Studies Quarterly* 56, 1 (2012), pp. 202–213, p. 2.

9 アメリカの衰退と多極化への移行という考えに対する反応（公式、非公式を問わず）は「否定派」「受容派」「抵抗派」の３つの思想に大別される。

10 Robert O. Work, *Remarks by Defense Deputy Secretary Robert Work at the CNAS Inaugural National Security Forum, Speech* (Washington, DC: CNAS, July 2015), www.defense.gov/Newsroom/Speeches/Speech/Article/634214/cnas- defense-forum/ (accessed March 10, 2020).

11 Office of the Secretary of Defense, *Annual Report to Congress: Military and Security Developments Involving the People's Republic of China, 2019*(Washington, DC: US Department of Defense, 2019).

12 National Science and Technology Council, *The National Artificial Intelligence Research and Development Strategic Plan,* Executive Office of the President of the United States (Washington, DC, October 2016).

13 US Department of Defense, *Remarks by Secretary Carter on the Budget at the Economic Club of Washington,* February 2, 2016, www.defense.gov/ Newsroom/Transcripts/Transcript/Article/648901/remarks-by-secretary-carter- on-the-budget-at-the-economic-club-of-washington-dc/ (accessed May 10, 2019).

14 Fred Kaplan, "The Pentagon's Innovation Experiment," *MIT Technology Review,* December 16, 2016, www.technologyreview.com/s/603084/the-penta gons-innovation-experiment/ (accessed March 10, 2020).

15 US Department of Defense, "Summary of the 2018 Department of Defense Artificial Intelligence Strategy," https://media.defense.gov/2019/Feb/12/2002088963/-1/-1/1/SUMMARY-OF-DOD-AI-STRATEGY.PDF (accessed August 10, 2019).

16 Ibid.

17 Emily O. Goldman and Richard B. Andres, "Systemic Effects of Military Innovation and Diffusion," *Security Studies,* 8, 4 (1999), pp. 79–125.を参照。

18 たとえばロシアがAIを活用した陸上歩兵ロボットシステムに力を入れているのは、ロシアの装甲・重装歩兵旅団・師団がNATOと比べて通常戦の能力で劣っているという自己認識に基づいているとアナリストは考えている。中国とロシアは、AI以外にも、サイバー戦ツール、ステルスおよび対ステルス技術、対宇宙、ミサイル防衛、誘導精密弾など、技術的に高度な──潜在的に革新的となりうる──兵器を開発してきた。本書の第Ⅲ部では、これらの先進兵器システムとAIの相互作用について考察する。

19　これは、1957年にソビエト連邦が世界初の人工衛星「スプートニク１号」を打ち上げ、アメリカを宇宙競争で打ち負かしたときにワシントンが受けた衝撃を指す。中国はグーグル・ディープマインド社が開発したAI「アルファ碁」が世界一の囲碁棋士である柯潔を破ったときに同様の衝撃を経験した。スプートニクはアメリカに衝撃を与え、アメリカはソ連に技術的に対抗するために科学技術分野への大規模な投資を行なった。中国は「アルファ碁」に反応し、AIとAI技術を可能にする関連分野への投資を急速に拡大させたのである。

20　The State Council Information Office of the People's Republic of China, "State Council Notice on the Issuance of the New Generation AI Development Plan," July 20, 2017, www.gov.cn/zhengce/content/2017-07/20/content_5211996.htm (accessed March 10, 2020).

21　たとえば以下を参照。Hadley and Lucas, *Artificial Intelligence, and National Security;* Robert O. Work and Shawn W. Brimley, *20YY Preparing for War in the Robotic Age* (Washington, DC: Center for a New American Security, 2014), www.cnas.org/publications/reports/20yy-preparing-for-war-in-the-robotic-age (accessed December 12, 2018); Edward Geist and Andrew Lohn, *How Might Artificial Intelligence Affect the Risk of Nuclear War?* (Santa Monica, CA: RAND Corporation, 2018); and White House, Executive Order on Maintaining American Leadership in Artificial Intelligence, February 11, 2019, www.white house.gov/presidential-actions/executive-order-maintaining-american-leader ship-artificial-intelligence/ (accessed May 10, 2019).

22　James Johnson, "Artificial Intelligence & Future Warfare: Implications for International Security," *Defense & Security Analysis,* 35, 2 (2019), pp. 147–169.

23　Ibid., p. 17.

24　Ibid.

25　アメリカの潜在的敵対者（中国やロシアなど）は、最先端技術の利用と普及が米欧の能力に対する非対称的な手段になると考えているため、スプートニクのような現象は十分に起こり得るのである。Robert A. Divine, *The Sputnik Challenge* (New York and Oxford: Oxford University Press, 1993), and Asif A. Siddiqi, *Sputnik and the Soviet Space Challenge* (Gainesville, FL: The University of Florida Press, 2000)を参照。

26　AI軍備競争の激化を警戒する最近の誇張された発言の数々は、かつてISISとの戦いで、いわゆる「サイバー爆弾」のレトリックが多くの誤解を生んだことを彷彿とさせる。Heather M. Roff, "The Frame Problem: The AI 'Arms Race' Isn't One," *Bulletin of the Atomic Scientists* (2019), 75, 3, pp. 1–5.

27　Lt. General Jack Shanahan, Media Briefing on AI-Related Initiatives within the Department of Defense (Washington, DC: US Department of Defense August 30, 2019) www.defense.gov/Newsroom/Transcripts/Transcript/Article/1949362/lt-gen-jack-shanahan-media-briefing-on-ai-related-initiatives-within-the-depart/ (accessed July 10, 2019).

28　Ibid.

29　James Johnson, "The End of Military-Techno *Pax Americana?* Washington's

Strategic Responses to Chinese AI-Enabled Military Technology," *The Pacific Review,* www.tandfonline.com/doi/abs/10.1080/09512748.2019.1676299?jou rnal Code=rpre20 (accessed February 20, 2021).

30 Tom Simonite, "Defense Secretary James Mattis envies Silicon Valley's AI Ascent," *Wired.com,* November 8, 2017, www.wired.com/story/james-mattis-artificial-intelligence-diux/ (accessed July 10, 2019).

31 Carolyn Bartholomew and Dennis Shea, US–China Economic and Security Review Commission – *2017 Annual Report* (Washington, DC: The US–China Economic and Security Review Commission, 2017), p. 507; and Testimony of Jeff Ding before the US–China Economic and Security Review Commission, Hearing on Technology, Trade, and Military-Civil Fusion: China's Pursuit of Artificial Intelligence, New Materials and New Energy, June 7, 2019, www. uscc.gov/hearings/technology-trade-and-military-civil-fusion-chinas-pursuit- artificial-intelligence-newpdf (accessed July 1, 2019).

32 たとえばアメリカの国家安全保障を守るため、5G ネットワークや半導体の分野で中国の進歩を阻害しようとするワシントンの取り組みは現在も続いている。

33 Robert Jervis, *Perception and Misperception in International Politics* (Princeton, NJ: Princeton University Press, 1976), chapter 3; and James Johnson, "Washington's Perceptions and Misperceptions of Beijing's Anti-Access Area-Denial (A2–AD) 'Strategy': Implications for Military Escalation Control and Strategic Stability," *The Pacific Review,* 30, 3 (2017), pp. 271–288.

34 Benjamin Zala, "Polarity Analysis and Collective Perceptions of Power: The Need for a New Approach," *Journal of Global Security Studies,* 2, 1 (2017), pp. 2–17.

35 Kai-Fu Lee, *AI Superpowers: China, Silicon Valley, and the New World Order* (New York: Houghton Mifflin Harcourt, 2018).

36 最近の調査では、中国の AI 投資目標が予測を下回っていることが示されている。一部のアナリストは、中国とアメリカの格差は今後も拡大し、アメリカは今後 5〜10 年以内にベンチャー・キャピタルの AI 投資における市場シェアが 70%に達すると予測している。Deborah Petrara, "China's AI Ambition Gets a Reality Check as the USA Reclaims Top Spot in Global AI Investment," *Bloomberg Business Wire,* October 30, 2019, www.bloomberg. com/press-releases/2019-10-30/china-s-ai-ambition-gets-a-reality-check-as-the-usa-reclaims-top-spot-in-global-ai-investment (accessed November 10, 2019).

37 Will Knight, "China's AI Awakening," *MIT Technology Review,* October 10, 2017, www.technologyreview.com/s/609038/chinas-ai-awakening/ (accessed July 10, 2019).

38 量子 ML の分野はまだ黎明期にあり、これまで量子コンピューティングを ML や推論作業を高速化するために活用する方法については、理論面でさえも、ほとんどアイデアが出されていないのが現状である。たとえば 2019 年 10 月、グーグル社は量子実用化の実証において重要なマイルストーンに到達したと発表したが、その真相は議論の的となっている。Frank Arute, Kunal Arya et al.,

"Quantum Supremacy Using Programmable Superconducting Processor," *Nature,* October 23, 2019, www.nature.com/articles/s41586-019- 1666-5 (accessed December 10, 2019).

39 Jeffrey Ding, *Deciphering China's AI Dream* (Future of Humanity Institute, University of Oxford, March 2018), www.fhi.ox.ac.uk/wp-content/uploads/Deciphering_Chinas_AI-Dream.pdf (accessed July 10, 2019).

40 2010年から2017年にかけて中国のベンチャー・キャピタルによるアメリカのAI企業への投資は、総額約13億米ドルにのぼった。中国は2015年、AI、ロボット工学、自律型ビークル、金融技術、仮想現実、遺伝子編集などの重要なデュアルユース技術を重視し、全ベンチャー取引の10%以上に参加した。Michael Brown and Pavneet Singh, "How Chinese Investments in Emerging Technology Enable a Strategic Competitor to Access the Crown Jewels of US Innovation," *DIUX,* January 2017 https://admin.govexec.com/media/diux_chinatechnologytransferstudy_jan_2018_(1).pdf (accessed July 10, 2019).

41 Paul Mozur and Jane Perlez, "China Bets on Sensitive US Start-Ups, Worrying the Pentagon," *New York Times,* March 22, 2017, www.nytimes.com/2017/03/22/technology/china-defense-start-ups.html (accessed July 10, 2019).

42 アメリカの懸念は、北京によって多くの中国企業が中国の軍事力強化のために軍に技術を移転するよう指導されている（あるいは「強制」されている）、つまり国家の付属物であるという一般的な考えを反映している。Kinling Lo, "China Says the US Claims it Uses Forced Technology Transfer to Boost Military are 'Absurd,'" *South China Morning Post,* January 16, 2019, www.scmp.com/news/china/military/article/2182402/china-says-us-claims-it-uses-forced-technology-transfer-boost (accessed July 10, 2019).

43 Office of the Secretary of Defense, *Annual Report to Congress: Military and Security Developments Involving the People's Republic of China, 2019* (Washington, DC: US Department of Defense, 2019), https://media.defense. gov/2019/May/02/2002127082/-1/-1/1/2019_CHINA_MILITARY_POWER_ REPORT.pdf, p. 48 (accessed July 10, 2019).

44 2018年、アメリカは同盟国に対し、中国企業のファーウェイ社による次世代携帯電話ネットワークの構築を阻止するよう働きかけた。これに対し、イギリス、ドイツ、オーストラリア、ニュージーランド、カナダは、国家安全保障を理由にファーウェイ社との取引を禁止するか、禁止に向けた検討を開始した。

45 Lui Zhen, "Why 5G, a Battleground for the US and China, is Also a Fight for Military Supremacy," *South China Morning Post,* January 1, 2019, www. scmp. com/news/china/military/article/2184493/why-5g-battleground-us-and- china-also-fight-military-supremacy (accessed July 10, 2019).

46 Johnson, "The End of Military-Techno *Pax Americana?* "

47 "Xi Jinping's Report at the 19th Chinese Communist Party National Congress," *Xinhua,* October 27, 2017, www.xinhuanet.com//politics/19cpcnc/2017-10/27/c_1121867529.htm (accessed July 10, 2019).

48 AIと未来の戦争に関する中国の議論は、近年かなり活発になっている。中国の著名な研究機関には、人民解放軍の軍事科学アカデミー、国防大学、国防技術大学などがある。たとえば“Liu Guozhi, Artificial Intelligence Will Accelerate the Process of Military Transformation,” *Xinhua,* March 8, 2017, www.xinhuanet.com//mil/2017-03/08/c_129504550.htm (accessed July 10, 2019)を参照。

49 “Opinions on Strengthening the Construction of a New Type of Think Tank with Chinese Characteristics,” *Xinhua,* January 21, 2015, www.chinadaily.com.cn/china/2014-10/27/content_18810882.htmwww.xinhuanet.com/english/download/Xi_Jinping%27s_report_at_19th_CPC_National_Congress.pdf (accessed July 10, 2019).

50 中国の最近の5カ年計画では、AI分野に1,000億米ドル以上の資金が投じられているという。さらに中国が一帯一路関連のプロジェクトを推し進め、それが80カ国以上に広がる可能性があるが、AIはそうした国際的なインフラ関連プロジェクトに不可欠な存在になると思われる。Wen Yuan, “China's 'Digital Silk Road:' Pitfalls Among High Hopes,” *The Diplomat,* November 3, 2017, https://thediplomat.com/2017/11/chinas-digital-silk-road-pitfalls-among- high-hopes/ (accessed July 10, 2019).

51 たとえば量子コンピュータでは、中国は量子コンピュータとAI研究を統合し、コンピュータのAI能力を高め、「量子優越」(量子コンピュータが従来のコンピュータを凌駕する能力をもつようになること)を達成するために大きな努力を払っている。中国の研究者は、早ければ2019年にも「量子優越」を達成する見込みであると主張している。Elsa B. Kania and John K. Costello, *Quantum Hegemony? China's Ambitions and the Challenge to US Innovation Leadership* (Washington, DC: CNAS, July 2015), p. 4を参照。

52 中国の国家主導の投資チャンネルには、潜水艇国防技術研究所、海底情報処理・制御国家重点研究所プロジェクト、国家重点基礎研究開発プログラム、中国航空科学財団、国家科学技術重点プロジェクト、国家973プロジェクト、国家重点研究所基金、国家863ハイテク研究開発プログラム、通信部応用基礎研究プロジェクトといったプログラムがある。Lora Saalman, “China's integration of neural networks into hypersonic glide vehicles,” in Nicholas D. Wright (ed.), *AI, China, Russia, and the Global Order: Technological, Political, Global, and Creative Perspectives,* Strategic Multilayer Assessment Periodic Publication (Washington, DC: Department of Defense, December 2018).

53 中国の技術移転活動の概要については、Sean O'Connor, “How Chinese Companies Facilitate Technology Transfer from the United States,” US–China Economic and Security Review Commission, May 2019, www. uscc.gov/sites/default/files/Research/How%20Chinese%20Companies%20 Facilitate%20Tech%20Transfer%20from%20the%20US.pdf (accessed July 10, 2019)を参照。

54 Jessi Hempel, “Inside Baidu's Bid to Lead the AI Revolution,” *Wired,* December 6, 2017, www.wired.com/story/inside-baidu-artificial-intelligence/ (accessed February 20, 2021).

55 Bill Gertz, "China Reveals Plans for 'Phantom' Underwater Drone War Against the US," *Freebeacon,* November 2, 2018, www.realcleardefense. com/2018/11/06/china_reveals_plans_for_lsquophantomrsquo_underwater_ drone_war_against_us_305082.html (accessed December 10, 2019).

56 "Drone Swarming Technique May Change Combat Strategies: Expert," *Global Times,* February 14, 2017, www.globaltimes.cn/content/1032741.shtml (accessed December 10, 2019).

57 G.S. Li, "The Strategic Support Force is a Key to Winning Throughout the Course of Operations," People's Daily Online, January 5, 2016, http://military.people.com.cn/n1/2016/0105/c1011-28011251.html (accessed December 12, 2018).

58 たとえば An Weiping, "Quantum Communications Sparks Off Transformation in the Military Domain," *PLA Daily,* September 27, 2016, https://jz.chinamil.com.cn/n2014/tp/content_7278464.htm (accessed December 10, 2019)を参照。

59 さらに、量子テクノロジーは、ステルスを打ち負かすレーダーやデータストレージを拡張するサブアトミック・リソグラフィー、高度な科学的モデリングやシミュレーションも可能にするかもしれない。Jon R. Lindsay, "Demystifying the Quantum Threat: Infrastructure, Institutions, and Intelligence Advantage," *Security Studies* (2020), www.tandfonline.com/doi/abs/10.1080/09636412.2020.1722853 (accessed February 20, 2021)を参照。

60 Kania and Costello, *Quantum Hegemony?,* p. 18.

61 たとえば2018年4月には、中国人民政治協商会議によるシンポジウムが開催され、学界や産業界のAIリーダーたちに政府が積極的に関与していくことが支持された。そこでは、中国のAI開発の進捗度とアメリカとの格差が議題に取りあげられ、国家の強力な支援による市場志向の戦略を支持する議論が主流を占めた。Francois Godement, *The China Dream Goes Digital: Technology in the Age of Xi* (Paris: European Council on Foreign Affairs, 2018) pp. 1–5.

62 たとえばグーグル社がDeepMind社を買収した際、その研究成果を軍事目的に使用することを明確に禁止した。Loren DeJonge Schulman, Alexandra Sander, and Madeline Christian, "The Rocky Relationship Between Washington & Silicon Valley: Clearing the Path to Improved Collaboration" (Washington, DC: CNAS, July 2015).

63 Jeremy White, "Google Pledges Not to Work on Weapons after Project Maven Backlash," *The Independent,* June 7, 2018, www.independent.co.uk/life-style/gadgets-and-tech/news/google-ai-weapons-military-project-maven-sundar-pichai-blog-post-a8388731.html (accessed December 10, 2019).

64 Adm. Harry B. Harris Jr. et al., "The Integrated Joint Force: A Lethal Solution for Ensuring Military Preeminence," *Strategy Bridge,* March 2, 2018, https://thestrategybridge.org/the-bridge/2018/3/2/the-integrated-joint-force-a-lethal-solution-for-ensuring-military-preeminence (accessed December 10, 2019).

65 "Advancing Quantum Information Science: National Challenges and Opportunities," *National Science and Technology Council* (Washington, DC: US Department of Defense,

July 22, 2017), https://Quantum_Info_Sci_ Report_2016_07_22 final.pdf (accessed December 10, 2019).

66 US Department of Defence, "Summary of the 2018 Department of Defense Artificial Intelligence Strategy," February 2019, https://media.defense.gov/2019/ Feb/12/2002088963/-1/-1/1/SUMMARY-OF-DOD-AI-STRATEGY.PDF (accessed September 10, 2019).

67 このアイデアの詳細については、Andrew Kennedy and Darren Lim, "The Innovation Imperative: Technology and US–China Rivalry in the Twenty-First Century," *International Affairs,* 94, 3 (2017), pp. 553–572 を参照。

68 デュアルユースのAI技術に基づく補助的なアプリケーションにおけるアメリカの優位性の低下と、軍事に特化したAIアプリケーションにおける優位性の低下とは区別される。アメリカが軍事的能力とイノベーションにおいて揺るぎない優位性を保持している場合、軍事技術分野においてアメリカにもたらされる現実的「脅威」は、一般用AIの場合よりも直接的なものでない。このことは、軍用AIの成熟にともなう北京の将来の意図に対する認識が「脅威」の言説の中心となっていることを示唆している。

69 Currently, the US retains the upper hand in satellite imagery for data-collection and surveillance. The US has circa 373 earth observation satellites compared to China's 134 – including dual-use and multi-country-operated satellites.

70 William G. Beasley, *Japanese Imperialism 1894–1945* (Oxford: Clarendon Press, 1991).

71 Yujia He, *How China is Preparing for an AI-Powered Future* (Washington, DC: The Wilson Center, June 20, 2017), www.wilsoncenter.org/publication/how- china-preparing-for-ai-powered-future (accessed December 12, 2018).

72 Dominic Barton and Jonathan Woetzel, *Artificial Intelligence: Implications for China* (New York: McKinsey Global Institute, April 2017).

73 John R. Allen and Amir Husain, "The Next Space Race is Artificial Intelligence," *Foreign Policy,* November 3, 2017, https://foreignpolicy.com/2017/11/03/ the-next-space-race-is-artificial-intelligence-and-america-is-losing-to-china/ (accessed December 10, 2019).

74 Ibid.

75 たとえば韓国は北朝鮮の侵略から非武装地帯を守るために半自律兵器システム（SGR-A1）を開発している。またシンガポールの「AIシンガポール」はAI分野の研究開発を支援するための商業部門を対象とした1億1000万米ドル規模の事業である。さらにフランスとイギリスはそれぞれ官民連携による大規模なAI関連事業を発表している。

76 国際関係学のパワー移行理論によると、特にヘゲモニーが衰退している状況では、経済資源が軍事力の重要な基盤であると認識される。A.F.K. Organski and Jacek Kugler, *The War Ledger* (Chicago and London: University of Chicago Press, 1980); and Robert Gilpin, *War and Change in World Politics* (Cambridge: Cambridge University Press, 1981)を参照。

77 二極構造のもとでは、２つの極を構成する国家の明らかな優位を反映したヒ

エラルキーが存在するため、多極化秩序において見られるような中小国による自国の地位に対する不満は生じにくいと主張されてきた。William Wohlforth, "US strategy in a unipolar world," in John G. Ikenberry (ed.), *America Unrivaled: The Future of the Balance of Power* (Ithaca, NY: Cornell University Press, 2002), pp. 98–121.

78 歴史的な記録は、軍事大国がしばしば新しい技術を軍事組織に適応させ、同化させるのに苦労していること、そして技術適応にともなう混乱がしばしば創造性を妨害する組織的圧力となることを証明している。Michael C. Horowitz, *The Diffusion of Military Power: Causes and Consequences for International Politics* (Princeton, NJ: Princeton University Press, 2010).

79 Gregory D. Koblentz, *Council Special Report-Strategic Stability in the Second Nuclear Age* (New York: Council on Foreign Relations Press, 2014).

80 Peter W. Singer, *Wired for War: The Robotics Revolution and Conflict in the 21st Century* (New York: Penguin, 2009)を参照。

81 軍事技術の普及には、模倣や諜報活動の他にも、システムの複雑さ、単価、基礎技術が商用研究分野から生み出されたものか軍用研究分野からのものかといった、いくつかの要因が影響している。Andrea Gilli and Mauro Gilli, "Why China Has Not Caught Up Yet," *International Security* 43, 3 (2019), pp. 141–189; and Horowitz, *The Diffusion of Military Power* を参照。

82 「特化型 AI」アプリケーションをサポートするのに必要な高度なソフトウェアを動作させるハードウェアのコストとコンピュータの性能には、相当高いレベルが求められる。AI アプリケーションのトレーニングに必要なアルゴリズムが複雑になればなるほど、より高い性能のコンピュータが必要になる。Robert D. Hof, "Deep Learning," *MIT Technology Review,* April 23, 2013, www.technologyreview.com/s/600989/man-and-mac hine/ (accessed December 10, 2019).

83 複数の専門家が、技術的に高度な兵器システムの開発要求は厳しさを増し、アメリカに対する内部バランスは一段と難しくなっていると主張している。Stephen G. Brooks, *Producing Security: Multinational Corporations, Globalization, and the Changing Calculus of Conflict* (Princeton, NJ: Princeton University Press, 2006); Jonathan D. Caverley, "United States Hegemony and the New Economics of Defense," *Security Studies,* 16, 4 (October–December 2007), pp. 598–614; and Andrea Gilli and Mauro Gilli, "The Diffusion of Drone Warfare? Industrial, Organizational and Infrastructural Constraints," *Security Studies* 25, 1 (2016), pp. 50–84, and Gilli and Gilli, "Why China Has Not Caught Up Yet," pp. 141–189.

84 たとえば 20 世紀初頭のイギリス軍の運命の転換は、軍事技術の変容だけでなく、イギリス社会と軍事文化の融合、他方では産業時代の戦い方の要求がもたらしたものであった。戦略文化、軍事ドクトリン、より広範な社会的要因との相互の関連性については、Iain Alastair Johnstone, "Thinking About Strategy Culture,"*International Security,* 19 4 (1995), pp. 32–64; and Elizabeth Kier, "Culture and Military Doctrine: France between the Wars," *International Security,* 19, 4 (1995), pp. 65–93 を参照。

85 Stephen Biddle, *Military Power: Explaining Victory and Defeat in Modern Battle* (Princeton, NJ: Princeton University Press, 2006).

86 James E. Tomayko, *Computers Take Flight: A History of NASA's Pioneering Digital Fly-By-Wire Project* (Washington, DC: National Aeronautics and Space Administration, 2000), pp. 24–25, and 30.

87 Kareem A you band Kenneth Payne,"Strategy in the Age of Artificial Intelligence," *Journal of Strategic Studies* 39, 5–6 (2016), pp. 793–819, p. 809.

88 US Department of Defense, "Task Force Report: The Role of Autonomy in DoD Systems" (Washington, DC: US Department of Defense, July 2012), pp. 46–49.

89 E. Gray et al., "Small Big Data: Using Multiple Data-Sets to Explore Unfolding Social and Economic Change," *Big Data & Society* 2, 1 (2015), pp. 1–6.

90 2019年11月現在、最も高性能コンピュータのうちの7台はアメリカ、3台は中国にあった。ただし、上位のスーパーコンピュータ500台のうち219台は中国、116台はアメリカにあった。*Top 500 The List,* November 2018. TOP500 (Lists, top500 list (excel), www.top500.org/lists/top500/ (accessed December 10, 2019).

91 このような二極競争の概念は「特化型」用途のAIとは対照的に「汎用型」AI（または「超絶知能」）のケースで強調される。理論的には、汎用型AI技術のリーダーは、この技術の開発によって得られた利点を固定化し、他の企業が追いつけないようにすることができる。Nick Bostrom, *Superintelligence: Paths, Dangers, Strategies* (Oxford: Oxford University Press, 2014)を参照。

92 たとえば最近の報告によると、アメリカ軍が収集したデータの多くは――主に商業分野の情報源であるが――融合性が低く、サイロ化され、多くのケースで使用不可能と考えられている。Sydney J. Freedberg Jr., "EXCLUSIVE Pentagon's AI Problem is 'Dirty' Data: Lt. Gen. Shanahan," Breaking Defense, November 13, 2019, https://breakingdefense.com/2019/11/exclusive-penta gons-ai-problem-is-dirty-data-ltgen-shanahan/ (accessed March 10, 2020).

93 Alan Beverchen, "Clausewitz and the non-linear nature of war: systems of organized complexity," in Hew Strachan and Andreas Herberg-Rothe (eds), *Clause witz in the Twenty-First Century* (Oxford: Oxford University Press, 2007), pp. 45–56.

94 最近の報告書によると、国防総省は600を超えるAI関連プロジェクトに積極的に取り組んでいるとされている。しかし、アナリストたちは、これまでのところ、国防総省はボトムアップのプロジェクトを、組織改革に必要なクリティカル・マス〔ある結果を得るのに必要とされる数量〕を備えた確立されたプログラムに移行させるのに苦労していると指摘している。National Security Commission on Artificial Intelligence Interim Report to Congress, November 2019, www.nscai.gov/ reports (accessed August 10, 2019).

95 中国側の見解については、Yang Feilong and Li Shijiang, "Cognitive Warfare: Dominating the Era of Intelligence," *PLA Daily,* March 19, 2020, www.81.cn/theory/2020-03/19/content_9772502.htm (accessed August 10, 2019)を参照。

96 この考えは「アナーキーな国際システムのもとで、すべての大国は技術的変化を利用するか、生き残れないというリスクを被ることを強いられる」と仮定

する国際関係学のネオリアリズムの学者と共鳴している。このように、国際システムの性質上、国家は（AIなどの）新技術に適応するか、相対的な能力で他国に遅れをとることで生存への脅威に直面することを余儀なくされる。Kenneth Waltz, *Theory of International Politics* (Reading, MA: Addison-Wesley, 1979). For recent Chinese views that echo these sentiments see Yang Feilong and Li Shijiang "Cognitive Warfare."

97 US Department of Defense, Nuclear Posture Review (Washington, DC: US Department of Defense, February 2018), p. 14.

第4章

1 ここでいう軍事的エスカレーションとは、紛争の強度や範囲が、1つまたは複数の当事者によって重要とみなされる閾値（または階梯）を超えて増大することである。Forrest E. Morgan et al., *Dangerous Thresholds: ManagingEscalation in the 21st Century* (Santa Monica, CA: RAND, 2008), p. xi.

2「もつれあい」とは核と非核の両方の能力をもつことができるデュアルユースの運搬・支援システムおよびノード（早期警戒システムなど）のことである。また、核兵器とそれに関連する指揮・統制・通信・情報システム（第9章で検討）に対する戦略的な非核の脅威（AIで強化された兵器システムを含む）を指すこともある。JamesM. Acton, "Escalation Through Entanglement: How the Vulnerability ofCommand-and-Control Systems Raises the Risks of an Inadvertent NuclearWar," *International Security*, 43, 1 (2018), pp. 56–99 を参照。

3 ここでいう「不本意なエスカレーション」とは、一方の国が相手国がエスカレーションと見なすであろう（あるいは見なすはず）とは思っていない行動をとり、それにもかかわらず意図せずして発生してしまうエスカレーションの状況を指す。このようなリスクは平時、危機、戦時に生じる可能性がある。Barry R. Posen, *Inadvertent Escalation: Conventional War and Nuclear Risks* (Ithaca, NY: CornellUniversity Press, 1991)を参照。

4 Frank A. Rose, "Ballistic Missile Defense and Strategic Stability in East Asia," February 20, 2015, https://2009-2017.state.gov/t/avc/rls/2015/237746.htm(accessed March 10, 2020).

5 アメリカは歴史的に、軍事的卓越性（または優越性）や敵対国に対する先行者利益の持続よりも、戦略的安定という目標を優先させてこなかったことは注目に値する。冷戦時代、ソ連が生存可能な戦略核戦力を獲得すると、アメリカは安定的な相互抑止に取り組み、不本意な核戦争のリスクを軽減できるようになった。Aaron R. Miles, "The Dynamics of Strategic Stability and Instability," *Comparative Strategy*, 35, 5 (2016), pp. 423–437.

6 Herbert Lin and Amy Zegart (eds), *Bombs, Bytes and Spies: The StrategicDimensions of Offensive Cyber Operations* (Washington, DC: BrookingsInstitution, 2019), p. 11.

7 米中間の抑止関係の他にも、インド・パキスタン、米露、そしておそらく米朝など、本章で述べたような核を保有した戦略的ライバル関係も、同様のエス

カレーション力学の対象となるであろう。
8 Acton, "Escalation through Entanglement," pp. 56–99.
9 Edward Geist and Andrew Lohn, *How Might Artificial Intelligence Affect the Risk of Nuclear War?* (Santa Monica, CA: RAND Corporation, 2018), p. 16.
10「エスカレーション優位」とは、あるアクターが敵対者に不利になるように紛争をエスカレートさせるが、敵対者は――エスカレーションの選択肢が限られているか、その選択肢では苦境を変えることができないため――それに対応できない状況のことである。エスカレーションの優位性は、多極化した核保有国の世界ではもち得ないと考える人もいる。Morgan et al., *Dangerous Thresholds: Managing Escalation inthe 21st Century,* p. 15; Charles L. Glaser, *Analyzing Strategic Nuclear Policy*(Princeton, NJ: Princeton University Press, 1990), pp. 50–57; and Herman Kahn, *On Escalation: Metaphors and Scenarios* (New York: Praeger, 1965), p. 23 を参照。
11 たとえば中国の弾道ミサイルは核兵器と通常兵器の両方を搭載しているため（DF-21 や DF-26 など）、アメリカが通常兵器のミサイルを核兵器と勘違いし、不本意なエスカレーションを引き起こすリスクがあるとアナリストたちは懸念している。James Johnson,"China's Guam Express and Carrier Killers: The Anti-Ship Asymmetric Challenge to the US in the Western Pacific," *Comparative Strategy,* 36, 4(2017), pp. 319–332.
12 Robert Jervis, *The Illogic of American Nuclear Strategy* (Ithaca, NY: Cornell. University Press, 1984).
13 冷戦期のエスカレーション管理は、通常戦が核戦争に発展するのを防ぐこと、最初の核使用後の核戦争の範囲と強度を制御することとほぼ同義であった。Richard Smoke, *War: Controlling Escalation* (Cambridge, MA: HarvardUniversity Press, 1977).
14 エスカレーションは不本意に（あるいは意図せずに）起こり得るという広い概念は、自らの行動が敵対者に与える圧力を評価していないことに起因している。このような圧力は先行者利益を生み出し、「安全保障のジレンマ」概念――防衛的動機に基づく行動が攻撃的に見え、そのように認識されること――と関連している。Robert Jervis,"Cooperation under the Security Dilemma," *World Politics,* 30, 2 (1978),pp. 167–214.
15 Ibid.
16 シグナルを伝える目的で新興技術を活用する方法に関する最近の分析は、Evan B. Montgomery, "Signals of Strength: Capability Demonstrationsand Perceptions of Military Power," *Journal of Strategic Studies,* 43, 2 (2019),pp. 309–330.
17 また、たとえ特定の技術がなくても、国家が何らかの形で行なっていたであろう意図的なエスカレーション行動を可能にするだけの新興技術もある。Caitlin Talmadge, "Emerging Technology and Intra-War Escalation Risks: Evidence from the Cold War, Implications for Today," *Journal of Strategic Studies,* 42, 6 (2019)," pp. 864–887, p. 883.
18 Thomas J. Christensen, "The Meaning of the Nuclear Evolution: China's Strategic

Modernization and US–China Security Relations," *Journalof Strategic Studies,* 35, 4 (2012), pp. 447–487; and Pavel Podvig, "Russia andthe Prompt Global Strike Plan," *PONARS Policy Memo,* No. 417, December2006 を参照。

19 Ben Connable, Embracing the Fog of War: Assessment and Metrics in Counter insurgency (Santa Monica, CA: RAND Corporation, 2012).

20 エスカレーションの実際のリスクと認識されたリスクとの区別は、結果として生じる効果が安定化か不安定化かを決定するうえで、ほとんど関係がない。エスカレーション・リスクに対する恐怖の効果は、実際のリスクではなく、大部分において認識に依存するからである。Miles, "The Dynamics of Strategic Stability and Instability," p. 437.

21 Patricia Lewis and Beyza Unal, *Cybersecurity of Nuclear Weapons Systems: Threats, Vulnerabilities and Consequences* (London: Chatham House Report,Royal Institute f International Affairs, 2018), p. 16.

22「非対称情報」とは、ある国が他の国が知っている情報とは異なる情報をもっている状況を指す。相手国の不完備な（あるいは非対称な）知識だけでは、戦争を引き起こす十分な理由とはならない。理論的には、敵対国はこの情報を互いに伝達し合うべきである。

23 抑止論者は、国家の報復の閾値をどのレベルで調整するか、いかに素早く増減させるか、敵対国にどの程度明確に宣言するか、といったトレードオフの関係を記述している。確実な報復態勢とは対照的に、非対称的なエスカレーションの抑止態勢は高い抑止力を生む一方で、高いエスカレーション・リスクをともなうと考えられている。Vipin Narang, *Nuclear Strategy in the Modern Era: Regional Powers and International Conflict* (Princeton, NJ: Princeton University Press, 2014), pp. 17–20 を参照。

24 James Johnson, "Chinese Evolving Approaches to Nuclear 'Warfighting': An Emerging Intense US–China Security Dilemma and Threats to Crisis Stability in the Asia Pacific," *Asian Security,* 15, 3 (2019), pp. 215–232 を参照。

25 たとえば Lin Juanjuan, Zhang Yuantao, and Wang Wei "Military Intelligence is Profoundly Affecting Future Operations," *Ministry of National Defense of the People's Republic of China,* September 10, 2019, www.mod.gov.cn/jmsd/2019-09/10/content_4850148.htm (accessed October 10, 2019)を参照。

26 Yuna Huh Wong et al., *Deterrence in the Age of Thinking Machines* (SantaMonica, CA: RAND Corporation, 2020), p. 53.

27 Ibid., p. 68.

28 James D. Fearon, "Rationalist Explanations for War," *International Organization,* 49, 3 (1995), pp. 379–414.

29 もう１つの考え方は、不正確な情報、矛盾した情報、曖昧な情報によって、アクターは存在しないものを認識（または誇張）し、その結果、エスカレーション行動をとることを抑止――いわゆる「自己抑止」――される。Robert Jervis, *How Statesmen Think: The Psychology of International Politics* (Princeton,NJ: Princeton University Press, 2017), pp. 201–202.

30 Brendan R. Green and Austin Long, "Conceal or Reveal? Managing Clandestine Military Capabilities in Peacetime Competition," *International Security,* 44, 3 (Winter 2019/20), pp. 50–51.

31 軍事能力の不確実性と戦争との関連に関する文献は、バーゲニングの失敗と紛争との明確な関連性を証明している。Mark Fey and KristopherW. Ramsay, "Uncertainty and Incentives in Crisis Bargaining: Game-Free Analysis of International Conflict," *American Journal of Political Science,* 55, 1 (January 2011), pp. 149–169; William Reed, "Information, Power, and War," *American Political Science Review,* 97, 4 (November 2003),pp. 633–641; and Fearon, "Rationalist Explanations for War."を参照。

32 逆にプロスペクト理論では、軍事バランスが不明確な状況では、双方がリスク回避の傾向を強めると想定している。したがって、軍事バランスが不透明であれば、危機の際にアクターに軍事力の使用を思いとどまらせることができる。Green and Long, "Conceal or Reveal? Managing Clandestine Military Capabilities in Peacetime Competition," pp. 48–83.

33 Ibid., pp. 50–51.

34 軍事力の行使と戦争の発生をめぐる不確実性の重要性については、Erik Gartzke, "War is in the Error Term," *International Organization,* 53, 3 (1999), pp. 567–587 を参照。

35 Stephen D. Biddle, and Robert Zirkle, "Technology, Civil–Military Relations, and Warfare in the Developing World," *Journal of Strategic Studies,* 19, 2 (1996), pp. 171–212.

36 たとえば冷戦時代に開発されたアメリカの対兵力能力は、基本的に技術的な理由ではなく、野心的な核戦力態勢を支えるアメリカ議会の判断から生まれたものである。Austin Long and Brendan Rittenhouse Green, "Stalking the Secure Second Strike: Intelligence, Counterforce, and Nuclear Strategy," *Journal of Strategic Studies,* 38, 1–2 (2014), pp. 38–73.

37 Talmadge, "Emerging Technology and Intra-War Escalation Risks."

38 アメリカの戦略コミュニティは「エアシーバトル構想（グローバル・コモンズにおけるアクセスと機動のための統合構想に改称）」が核エスカレーションのリスクを高めることに懸念を表明している。Jan Van Tol et al., *AirSea Battle: A Point-of-Departure Operational Concept* (Washington, DC: Center for Strategic and Budgetary Assessments, May 18, 2010)を参照。

39 中国は危機や紛争時にアメリカとその同盟国に後退を強いるための意図的なエスカレーション——核戦争遂行——を引き起こすために、核兵器を使用してエスカレーション優位を獲得しようと考えていることを示す明確な証拠はない。Johnson, "Chinese Evolving Approaches to Nuclear 'Warfighting'."

40 エスカレーションに関する中国側の立場については、Christensen, "The Meaning of the Nuclear Evolution;" Fiona Cunningham and M. Taylor Fravel, "Assuring Assured Retaliation: China's Nuclear Posture and US–China Strategic Stability," *International Security,* 40, 2 (2015), pp. 40–45; Morgan et al., *Dangerous*

Thresholds: Managing Escalation in the 21st Century, chapter 3; and Avery Goldstein, "First Things First: The Pressing Danger of Crisis Instability in US–China Relations," *International Security,* 37, 4 (Spring 2013), pp. 67–68.

41 Morgan et al., *Dangerous Thresholds: Managing Escalation in the 21st Century,* pp. 169–170.

42 中国の「戦略的抑止」の概念には、核抑止、通常抑止、情報抑止が含まれる。中国の軍事関係の書物は、この概念を毛沢東時代に遡る「人民戦争」の戦略概念と混同していることが多い。Xiao Tianliang (ed.), *The Science of Military Strategy* (Beijing: National Defense University Press, 2015/201); and Jeffrey E. Kline and Wayne P. Hughes Jr., "Between Peace and the Air-Sea Battle: A War at Sea Strategy," *Naval War College Review,* 65, 4 (Autumn 2012), pp. 34–41 を参照。

43 James M. Acton (ed.), with Li Bin, Alexey Arbatov, Petr Topychkanov, and Zhao Tong, *Entanglement: Russian and Chinese Perspectives on Non- Nuclear Weapons and Nuclear Risks* (Washington, DC: Carnegie Endowment for International Peace, 2017)を参照。

44 冷戦時代、NATOの核保有国がソ連を抑止するために行なった「トリップワイヤー」と呼ばれる軍事力の展開は、このような抑止の論理に支えられていた。Thomas C. Schelling, *Arms and Influence* (New Haven, CT: Yale University Press, 1966), p. 47 を参照。

45 1990 年代以前は、各国の核兵器と通常兵器支援システム（通信、早期警戒、インテリジェンス、戦場の状況把握など）は互いに独立して機能していた。その結果、これらのシステムは、全体的な核抑止力の耐久性に対する信頼を確保することにより、戦略的安定に積極的に貢献するものと見なされるようになった。これとは対照的に、現代の支援システムは、通常システムと核支援システムの境界が曖昧になり、ますます混在（または核戦力と通常戦力の両用として）している。

46 Joshua Rovner, "Two Kinds of Catastrophe: Nuclear Escalation and Protracted war in Asia," *Journal of Strategic Studies,* 40, 5 (2017), pp. 696–730.

47 たとえば意思決定者は、新たな方法でエスカレーション・リスクを操作できるように（すなわち、エスカレーション優位を達成するために）技術を開発・展開したり、他の理由から意図的なエスカレーション任務を達成するために技術を機会主義的に使用することができる。Talmadge, "Emerging Technology and Intra-War Escalation Risks," p. 869; and Keir Lieber, "Grasping the Technological Peace: The Offense–Defense Balance and International Security," *International Security,* 25, 1 (2000), pp. 71–104.

48 Talmadge, "Emerging Technology and Intra-War Escalation Risks," p. 882.

49 逆に人的被害が減れば、損耗回復任務の必要がなくなり、報復への圧力も減る。ただし、システムの価値や機密性が、復旧や破壊のための行動を正当化する場合もある。

50 Acton (ed.), with Bin, Arbatov, Topychkanov, and Tong, *Entanglement: Russian and Chinese Perspectives on Non-Nuclear Weapons and NuclearRisks,* p. 48.

51 たとえば冷戦時代、欧州で通常戦争が起これば、モスクワは核の先制攻撃に対して脆弱になるとはソビエト連邦では考えられなかったであろうが、アメリカのオブザーバーはこのことを頻繁に強調していた。

52 このアイデアについては、Daniel Byman and Matthew Waxman, *The Dynamics of Coercion: American Foreign Policy and the Limits of Military Might* (Cambridge: Cambridge University Press, 2002), Chapter 8 を参照。

53 Thomas C. Schelling, *The Strategy of Conflict* (Cambridge, MA: Harvard University Press, 1960), chapter 8, p. 187.

54 ここでいう「エスカレーションの階梯（ラダー）」とは、軍事衝突をエスカレートさせる比喩的な階梯の44個の「梯子（ラング）」のことである。通常紛争から全面核戦争に至るまで、あらゆる紛争範囲に適用される「エスカレーションの階梯」の概念を導入した代表的テキストは、Herman Kahn, *On Escalation: Metaphors and Scenarios* (New York: Praeger, 1965)である。

55 エスカレーションのメカニズムの主なタイプには「意図的な（deliberate）エスカレーション」、「不本意な（inadvertent）エスカレーション」、「正式な許可のない（unauthorized）エスカレーション」、「偶発的な（accidental）エスカレーション」がある。また「垂直的エスカレーション」と「水平的エスカレーション」という区別もある。ただし、これらの分類は必ずしも厳密ではない。たとえば「偶発的なエスカレーション」は「正式な許可のない」場合もあり得る。Morgan et al., *Dangerous Thresholds: Managing Escalation in the 21st Century,* pp. 18–20 を参照。核のエスカレーションに関する文献は、誤った警告に基づく無許可の核使用や偶発的な発射につながる条件に焦点を当てたものが多い。たとえば Bruce Blair, *Strategic Command and Control: Redefining the Nuclear Threat* (Washington, DC: The Brookings Institution, 1989); Scott Sagan, *The Limits of Safety: Organizations, Accidents, and Nuclear Weapons* (Princeton, NJ: Princeton University Press, 1995); and Peter Feaver, *Guarding the Guardians: Civilian Control of Nuclear Weapons in the United States* (Ithaca, NY: Cornell University Press 1992) を参照。

56 たとえば朝鮮戦争では、アメリカが北朝鮮を制圧して北進を続ければ、それが中国に脅威を及ぼすということを十分に認識できず、抑止は破綻した。歴史的な記録によれば、北京は参戦の意思を伝えようとしたが（インド経由でアメリカが38度線を越えた場合の帰結を明確に警告）、中国側はその状況認識がワシントンでは理解されていないことに気づかなかったのである。Harvey DeWeerd, "Strategic Surprise in the Korean War," *Orbis,* 6, Fall (1962), pp. 435–452 を参照。

57 しかし、あらゆるエスカレーションが意思決定から生じるわけではない。たとえば優柔不断、アクシデント、標準手続き、プロトコルなどはすべて、実際の意思決定が行なわれることなく状況をエスカレートさせる可能性がある。

58 Lawrence Lewis and Anna Williams, *Impact of Unmanned Systems to Escalate Dynamics (Summary)* (Washington, DC: Center for Naval Analysis, 2018), www.cna.org/CNA_files/PDF/Summary-Impact-of-Unmanned-Systems-to- Escalation-

Dynamics.pdf (accessed August 10, 2019).

59 危機や紛争の拡大を防止する措置をめぐり２つの国の見解が対立している場合、それぞれの国が異なるタイミングで事態の収束を交渉しようとし、事態の段階的緩和を図る機会を逸してしまうこともある。Bernard Brodie, *Escalation and the Nuclear Option* (Princeton, NJ: Princeton University Press, 1966)を参照。

60 Chris Buckley, "Chinese Navy Returns Seized Underwater Drone to the US," *New York Times,* December 12, 2016, www.nytimes.com/2016/12/20/world/asia/china-returns-us-drone.html (accessed August 10, 2019).

61 たとえば2013年、パキスタンはアメリカのドローンが自国の主権空域を侵犯していることを公に非難した。同様に、2019年にはイランがアメリカの無人監視機RQ-4グローバル・ホークを撃墜し、アメリカ当局との間で争われていた空域内においてアメリカが軍事作戦を行なっていると非難した。Richard Leiby, "U.N.: US Drone Strikes Violate Pakistan Sovereignty," *Washington Post,* March 15, 2013, www.washingtonpost.com/world/asia_pacific/un-us-drones-violate-pakistan-sovereignty/2013/03/15/308adae6-8d8a-11e2-adca- 74ab31da3399_story.html (accessed August 10, 2019); and Jim Garamone, "Iran Shoots Down US Global Hawk Operating in International Airspace," US Department of Defense, June 20, 2019, www.defense.gov/Explore/News/ Article/Article/1882497/iran-shoots-down-us-global-hawk-operating-in-inter national-airspace/ (accessed August 10, 2019).

62 James S. Johnson, "Artificial Intelligence: A Threat to Strategic Stability," *Strategic Studies Quarterly,* 14, 1 (2020), pp. 16–39 を参照。

63 M. Taylor Fravel, *Active Defense China's Military Strategy since 1949* (Princeton, NJ: Princeton University Press, 2019).

64 James S. Johnson, "Chinese Nuclear 'War-fighting:' "An Emerging Intense US–China Security Dilemma and Threats to Crisis Stability in the Asia Pacific," *Asian Security,* 15, 3 (2019), pp. 215–232.

65 Avery Goldstein, "First Things First: The Pressing Danger of Crisis Instability in US–China Relations," pp. 65–66; and James Johnson, "Artificial Intelligence in Nuclear Warfare: A Perfect Storm of Instability?" *The Washington Quarterly,* 43, 2 (2020) pp. 197–211.

66 Fiona S. Cunningham and M. Taylor Fravel, "Dangerous Confidence? Chinese Views on Nuclear Escalation," *International Security* (2019), 44, 2, pp. 106–108.

67 冷戦時代、通常戦争から核戦争への「転落の坂道」は、アメリカのNFU政策の欠如と、中欧におけるソビエトの通常戦力の数的優位を相殺するための戦術核兵器の配備によって生み出された。Robert Jervis, *The Meaning of the Nuclear Revolution: Statecraft and the Prospect of Armageddon* (Ithaca, NY: Cornell University Press, 1989).

68 国際関係学者は一般に、国家が自らの決意を過大評価（または過小評価）する合理的な誘因が、決意の誤認を引き起こす可能性があることを認めている。この場合、核兵器の使用に対する閾値がエスカレーションのリスクを高めるこ

とになる。Fearon, "Rationalist Explanations for War," pp. 393–395. このような懸念は、冷戦初期に、大規模な核戦争を回避するという最重要目標を前提とし、核の閾値に至ることなく通常戦争を戦うための最善の方法について議論されたときに生じた。Robert Powell, "Bargaining Theory and International Conflict," *Annual Review of Political Science,* 5, 1 (2001), pp. 1–30; and Posen, *Inadvertent Escalation: Conventional War and Nuclear Risks* を参照。

69 James M. Acton, *Silver Bullet? Asking the Right Questions About Conventional Prompt Global Strike* (Washington, DC: Carnegie Endowment for International Peace, 2013), p. 71.

70 核エスカレーションの抑制に対する中国の自信は、以下の要因によって説明することができる。(1) 中国が長年にわたって通常戦略と核戦略を切り離してきたこと、(2) 非核戦略兵器（たとえばサイバー兵器）の利用可能性の高まり、(3) 核専門家とPLAのロケット軍指導部を優遇する軍事組織内のバイアス、(4) アメリカの同盟国と中国の間の紛争に介入することは、それが核衝突のリスクをともなうならば、アメリカは介入を避けると信じていること。Avery Goldstein, "First Things First: The Pressing Danger of Crisis Instabilityin US–China Relations," pp. 49–89.

71 たとえば中国の戦略コミュニティは、エアシーバトル構想を実施するために通常兵器を使用すれば、不本意な核エスカレーションのリスクを高めるというアメリカの懸念を共有していないようである。Johnson, "Chinese Nuclear 'War-fighting;" and Jeffrey A. Larsen and Kerry M. Kartchner (eds), *On Limited Nuclear War in the 21st Century* (Palo Alto, CA: Stanford University Press, 2014)を参照。

72 逆に①北京はアメリカが通常戦争をエスカレートさせて通常戦の優位を確保しようとしていると〔北京が〕予期していること、②ワシントンは紛争時に限定核攻撃を行なった場合、中国の核による反撃が不均衡になることを〔ワシントンが〕予期していること〔丸数字は訳者〕の2点から、双方が警戒心を抱いている可能性を指摘できる。Cunningham and Fravel, "Dangerous Confidence? Chinese Views on Nuclear Escalation."

73 2018年のアメリカの『核態勢見直し』で、北京が核兵器の限定使用によって優勢を確保できると考えている可能性があると主張したことは注目に値する。US Department of Defense, *Nuclear Posture Review* (Washington, DC: US Department of Defense, February 2018), p. 32.

74 Cunningham and Fravel, "Dangerous Confidence? Chinese Views on Nuclear Escalation," p. 104–105.

75 2015年のアメリカ国防総省のサイバー戦略には、アメリカの攻勢的サイバー作戦の標的として、敵の指揮統制システムが明記されている。US Department of Defense, *The DoD Cyber Strategy* (Washington DC: April 2015), https://archive.defense.gov/home/features/2015/0415_cyberstrategy/final_2015_dod_cyber_strategy_for_web.pdf, p. 14 (accessed March 10, 2020).

76 Lora Saalman, "The China factor," in Alexei Arbatov, Vladimir Dvorkin, and Natalia Bubnova (eds), *Missile Defense: Confrontation and Cooperation* (Moscow:

Carnegie Moscow Center, 2013), pp. 226–252; and Acton, *Silver Bullet? Asking the Right Questions About Conventional Prompt Global Strike* を参照。

77 中国のアナリストが、中国共産党の攻勢的な通常ミサイルおよび宇宙戦ドクトリンにともなう不本意な偶発的エスカレーションのリスクを評価しているかどうかは、依然として不明である。Morgan et al., *Dangerous Thresholds: Managing Escalation in the 21st Century,* p. 78.

78 中国の C3I システムは、核戦力と非核戦力の双方を支えていると考えられている。同様に、ロシアの戦略潜水艦や戦略爆撃機も、汎用艦艇や航空機と同じ基地に配置されている。

79 Cunningham and Fravel, "Assuring Assured Retaliation: China's Nuclear Posture and US–China Strategic Stability," p. 10.

80 PLA の核兵器と通常兵器の混在の程度は、現存するオープンソース資料からは特定が困難である。中国は核ミサイルと通常ミサイルの発射担任旅団を地理的・組織的に区別して運用しているように思われる。ただし、同型ミサイルが核用途と非核用途に区分して使われている場合、そのミサイルの配備場所が重複することがあり、その結果、実質的な混在状態が生じている。この重複による曖昧性と不確実性がエスカレーション・リスクを増大させることになる。しかし、中国が核エスカレーションの脅威を操作するために混在状態を利用するとすれば、混在の影響は現在の能力評価が示唆するよりも、はるかに大きくなる可能性がある。Caitlin Talmadge, "Would China Go Nuclear? Assessing the Risk of Chinese Nuclear Escalation in a Conventional War with the United States," *International Security,* 41, 4 (Spring 2017), pp. 50–92.

81 The US Department of Defense, Military and Security Developments Involving the People's Republic of China, 2019 (Washington, DC: US Department of Defense, May 2019) https://media.defense.gov/2019/May/02/2002127082/-1/- 1/1/2019_CHINA_MILITARY_POWER_REPORT.pdf (accessed March 10, 2020), p. 66.

82 公開情報によれば、現在までのところ、核戦力と通常戦力を分離することの重要性について、中国の戦略コミュニティではコンセンサスが得られていないようである。Zhao, Tong, "Conventional challenges to strategic stability: Chinese perceptions of hypersonic technology and the security dilemma," in Lawrence Rubin and Adam N. Stulberg (eds), *The End of Strategic Stability? Nuclear Weapons and the Challenge of Regional Rivalries* (Washington, DC: Georgetown University Press, 2018), pp. 174–202, p. 195.

83 Li Bin, "Tracking Chinese Strategic Mobile Missiles," *Science and Global Security,* 15 (2007), pp. 1–30; Charles L. Glaser and Steve Fetter, "Should the United States Reject MAD? Damage Limitation and US Nuclear Strategy toward China," *International Security,* 41, 1 (2016), pp. 49–98.

84 Cunningham and Fravel, "Assuring Assured Retaliation: China's Nuclear Posture and US–China Strategic Stability," pp. 19–20.

85 たとえば過去 20 年間で、アメリカの衛星は、移動目標を探知し、その速度と方向を判断し、移動式ミサイルの位置を従来よりも効率的に特定する技術を開

発した。Keir A. Lieber and Daryl G. Press, "Why States Won't Give Nuclear Weapons to Terrorists," *International Security,* 38, 1 (Summer 2013), pp. 80–104, p. 38.

86 "Why Intelligent Operations Will Win in Future Warfare," *Xinhua News Service,* January 15, 2019, www.xinhuanet.com/mil/2019-01/15/c_1210038327.htm (accessed August 10, 2019).

87 今日まで中国のアナリストたちは、高度な軍事技術を展開することがエスカレーションにどのような影響を与えるかについて深く研究していない。さらに、中国軍に内在する縦割り行政が、中国の戦略コミュニティ内部での議論を制約し、外国の国防コミュニティとの有意義な交流を妨げている。Yan Guoqun and Tao Zhonghua, "New weapon in the world: The development of hypersonic weapons draws attention" *PLA Daily,* February 19, 2003, www.people.com.cn/GB/junshi/63/20030219/925824. html (accessed August 10, 2019).

88 キューバ・ミサイル危機から得られた重要な教訓は、標準作業手続き（standard operating procedures）がしばしば指導者に十分に理解されていないことである。エスカレートさせる意図がなくても、エスカレートさせるシグナルが送られてしまうことがある。

89 「エスカレーション管理」とは、軍事的対立が全面戦争へと階梯があがることを防ぎ、限定戦争の制御を確実にすることを意味する。しかし、エスカレーションは、紛争を通じて閾値の流動的な変化をともなう相互作用的な現象であるため、言葉の通常の意味で制御されることはほとんど不可能である。Morgan et al., *Dangerous Thresholds: Managing Escalation in the21st Century,* p. 160.

90 「エスカレーション経路」とは、危機や紛争が辿る経路またはメカニズムを指す。戦争は一般的にいくつかのエスカレーション・メカニズムを含んでいる。たとえば偶発的なエスカレーション状況が意図的なエスカレーションの反応を引き起こすこともある。Ibid., p. 28.

91 エスカレーション行動の中には、将来起こるかもしれない、または起こらないかもしれないエスカレーションについて敵対者にシグナルを送るためにとられる行動もあり、これは「示唆的エスカレーション（suggestive escalation）」と呼ばれる。Thomas C. Schelling, *Arms and Influence* (New Haven, CT: Yale University Press, 1966).

92 敵に共感することの重要性は、不本意または偶発的なエスカレーション・リスクを管理するうえで中心的な役割を果たすものとして、抑止論研究者によって長い間支持されてきた。Robert Jervis, *Perception and Misperception in International Politics* (Princeton, NJ: Princeton University Press, 1976), chapter 3 を参照。

93 David Danks, "Singular causation," in M.R. Waldmann (ed.), *Oxford Handbook of Causal Reasoning* (Oxford: Oxford University Press, 2017), pp. 201–215.

94 アメリカはロシアや中国のような台頭する大国に懸念を抱いている。ロシアは米中両国との対立を想定しており、中国はロシア、インド、そして何よりもアメリカを潜在的な敵対国と考えている。インドは中国およびパキスタン両国との戦略的競争に巻き込まれており、北朝鮮は他の核保有国にとって戦略的な懸念材料である。Geist and Lohn, *How Might Artificial Intelligence Affect the Risk of*

Nuclear War?, p. 12.

95 The White House, *National Security Strategy of the United States of America,* December 2017, www.whitehouse.gov/wp-content/uploads/2017/12/NSS- Final-12-18-2017-0905-2.pdf (accessed June 10, 2019).

96 John J. Mearsheimer, *Conventional Deterrence* (Ithaca, NY: Cornell University Press, 1984), p. 210.

97 Glenn Snyder, *Deterrence and Defense* (Princeton, NJ: Princeton University Press, 1961).

98 Christensen, "The Meaning of the Nuclear Evolution: China's Strategic Modernization and US–China Security Relations," pp. 467–471; Acton, *Silver Bullet? Asking the Right Questions About Conventional Prompt Global Strike;* and Talmadge, "Would China Go Nuclear?" pp. 50–92.

99 Keren Yarhi-Milo, *Knowing the Adversary* (Princeton, NJ: Princeton University Press, 2014), p. 250.

100 Johnson, "Artificial Intelligence in Nuclear Warfare," p. 207.

101 政治心理学者は、国家は敵対者の行動を実際よりも調整され、集権的かつ一貫したものと見なす傾向が強いことを証明している。したがって、分権化された官僚機構のさまざまな部署でなされた決定によって引き起こされた行動や、偶発的もしくは不本意な行動の結果である行動は、より広範で潜在的に悪意ある企ての現れであると解釈される可能性がある。Jervis, *How Statesmen Think,* p. 225 を参照。

第５章

1 James S. Johnson, "Artificial Intelligence: A Threat to Strategic Stability," *Strategic Studies Quarterly,* 14, 1 (2020), pp. 16–39.

2 「コンピュータ革命」にともなう技術の進歩（誘導システム、センシング技術、データ処理、量子通信、ビッグデータ解析、AI など）は、対兵力能力の強靭性を高める一方で、移動式ミサイルや潜水艦の生存率を低下させている。Keir A. Lieber and Daryl G. Press, "Why States Won't Give Nuclear Weapons to Terrorists," *International Security,* 38, 1 (2013), pp. 80–104.

3 Alfred T. Mahan, *Armaments and Arbitration: Or, The Place of Force in the International Relations of States* (New York: Harper & Brothers, 1912), p. 105.

4 Keir A. Lieber and Daryl G. Press, "The New Era of Counterforce: Technological Change and the Future of Nuclear Deterrence," *International Security* 41, 4 (2017), pp. 9–49.

5 「自律性」は基本的にソフトウェアの力による。つまり、ハードウェアではなくソフトウェア（センシング、モデリング、意思決定のための AI ML 技術）が、既存の武装無人兵器システムや遠隔制御兵器システム（たとえばアメリカの MQ-9 リーパー）と「完全自律型」のバージョンとを区別する。

6 たとえば 2019 年にはイスラエルの防衛企業 Rafael Advanced Defense Systems

社が、あらかじめ決められたターゲットを追尾する誘導の終末段階で使用する、AI ML 搭載の新しい ATR 能力の開発を発表している。"Rafael Unveils New Artificial Intelligence and Deep-Learning Technologies in SPICE-250 to Enable Automatic Target Recognition," *Rafael Advanced Defense Systems Ltd.,* June 10, 2019, www.rafael.co.il/press/elementor-4174/ (accessed June 11, 2019).

7 AI の他に、移動式ミサイル・システムの脆弱性には次のようなものが考えられる。(1) ミサイル・システムが「移動式」であることが誇張されていること、(2) 移動式システムが地理的な制約（陸、海、空など）を受けること、(3) 移動式の指揮統制システムがハッキングされうること、(4) 過剰な警報シグネチャ、オペレータへの高い要求、運用上のセキュリティ確保が困難であること（情報漏洩や「暴露」など）、(5) 移動式ミサイルへの内部からの攻撃の危険性。Paul Bracken, "The Cyber Threat to Nuclear Stability," *Orbis* 60, 2 (2016), pp. 188–203, p. 194.

8 この分析では、発射台付ミサイル運搬車（TEL）または鉄道に配備される地上移動式ミサイルに焦点をあてる。TEL は装軌式または装輪式の車両で、路上または路外を移動し、迅速に準備して弾道ミサイルを発射することが可能である。

9 ビッグデータ解析と AI アルゴリズムによる意思決定支援を活用したシステムの例として、通信情報、電子情報、画像情報などの情報収集システムが挙げられる。

10 アナリストたちは、対兵力作戦のために移動式ミサイルの位置を特定する際のさまざまな技術的課題を重視している。UAV は移動式発射台が移動する前に、探知されずに迅速な奇襲攻撃の合図を出すため、リアルタイムの追跡と通信を行なう必要がある。Austin Long and Brendan Rittenhouse Green, "Stalking the Secure Second Strike: Intelligence, Counterforce, and Nuclear Strategy," *Journal of Strategic Studies,* 38, 1–2 (2015), pp. 21–24.

11 DARPA, "ACTUV Sea Hunter prototype transitions to the US Office of Naval Research for further development," January 30, 2018, www.darpa.mil/news-events/2018-01-30a (accessed June 10, 2019).

12 Jonathan Gates, "Is the SSBN Deterrent Vulnerable to Autonomous Drones?" *The RUSI Journal,* 161, 6 (2016), pp. 28–35.

13 SSBN を追跡するために特別に開発中の技術はいくつかあるが（たとえば国防総省の自律型水上艇のプロトタイプである「シー・ハンター」）、これらのプログラムは開発途上にある。ASW の開発には地理的距離の拡大と時間の延長、特にバッテリー電力の問題など、いくつかの技術的課題が残っており、攻勢作戦の兵器としての有用性を制限している。長時間にわたって UAV（または UUV）の群れに十分な電力を供給するには、バッテリー技術、非大気依存推進、または燃料電池技術のいずれかが大幅に改善される必要がある。さらに多くの国の核兵器関連施設（SSBN を除く）はかなりの内陸に位置しているため、（今のところ）無人機は、別のプラットフォームで運搬されない限り、これらのターゲットへの攻撃には不向きである。しかし、蓄電池の電力容量は急速に向上しており、専門家の予測では、今後 10 年以内に電力量と航続距離が 10 倍にな

るといわれている。Leslie F. Hauck and John P. Geis II, "Air Mines: Countering the Drone Threat to aIRcraft," *Air & Space Power Journal,* 31, 1 (Spring 2017), pp. 26–40; and Gates, "Is the SSBN Deterrent Vulnerable to Autonomous Drones?" pp.8–35; and Sebastian Brixey-Williams, "Will the Atlantic Become Transparent?"2nd ed. *British Pugwash,* November 2016, https://britishpugwash.org/wp/wp-content/uploads/2016/11/Will-the-Atlantic- become-transparent-.pdf (accessed March 10, 2020)を参照。

14 核保有国は、壊滅的な報復攻撃を行なうことができる敵国の核兵器運搬システムをすべて特定し、先制的に破壊（または無力化）できるという非常に高い確信をもつことが必要である。仮に対兵力攻撃が、敵対国が核兵器で反撃する前にその反撃力を無力化することを意図しているものならば、目標選定の確実性はほぼ100％でなければならないだろう。Joseph Johnson, "MAD in an AI Future?" Center for Global Security Research (Livermore, CA: Lawrence Livermore National Laboratory), pp. 4–6.

15 Li Bin, "Tracking Chinese Strategic Mobile Missiles," *Science and Global Security,* 15 (2007), pp. 1–30; Charles L. Glaser and Steve Fetter, "Should the United States Reject MAD? Damage Limitation and US Nuclear Strategy toward China," pp. 49–98.

16 Avery Goldstein,"First Things First: The Pressing Danger of Crisis Instability in US–China Relations," *International Security,* 37, 4 (Spring 2013), pp. 49–89.

17 Caitlin Talmadge, "Would China Go Nuclear? Assessing the Risk of Chinese Nuclear Escalation in a Conventional War with the United States," *International Security,* 41, 4 (Spring 2017), pp. 90–91.

18 Tong Zhao and Li Bin, "The underappreciated risks of entanglement: a Chinese perspective," in James M. Acton (ed.), with Li Bin, Alexey Arbatov, Petr Topychkanov, and Zhao Tong, *Entanglement: Russian and Chinese Perspectives on Non-Nuclear Weapons and Nuclear Risks* (Washington, DC: Carnegie Endowment for International Peace, 2017), pp. 47–75.

19 Talmadge, "Would China Go Nuclear?" pp. 50–92.

20 専門家は、これらの相互作用によるシステム事故を防ぐため、核の検知・早期警戒システムを核の指揮統制系統から分離しておくことの重要性を長年にわたって強調してきた。Scott D. Sagan, *The Limits of Safety: Organizations, Accidents, and Nuclear Weapons* (Princeton, NJ: Princeton University Press, 1993).

21 Goldstein, "First Things First: The Pressing Danger of Crisis Instability in US–China Relations," pp. 67–68 を参照。

22 Jon R. Lindsay and Erik Gartzke (eds),Cross-Domain *Deterrence: Strategy in an Era of Complexity* (Oxford: Oxford University Press, 2019), p. 19.

23 偶発的な攻撃や脅威を引き起こす「危機の不安定性」と警報の誤解は、敵の意図に対する認識（というより誤認）によって大きく左右される。James M. Acton, "Escalation Through Entanglement: How the Vulnerability of Command-and-Control Systems Raises the Risks of an Inadvertent Nuclear War," *International*

Security, 43, 1 (2018), pp. 56–99, p. 93 を参照。

24 Robert Jervis, *The Meaning of the Nuclear Revolution: Statecraft and the Prospect of Armageddon* (Ithaca, NY: Cornell University Press, 1989).

25 Paul Scharre, "Autonomous Weapons, and Operational Risk – Ethical Autonomy Project" (Washington, DC: Center for a New American Security, November 2017), p. 33.

26 たとえば 2018 年にロシアのプーチン大統領は、ロシアの AI 強化型兵器は「すべての(=アメリカの)既存および将来のミサイル防衛および防空システムに対して無敵である」と発言している。August Cole and Amir Husain, "Putin Says Russia's New Weapons Can't Be Beat. With AI and Robotics, They Can," *Defense One,* March 13, 2018, www.defenseone.com/ideas/2018/03/putin-says-russias-new-weapons-cant-be-beat-ai-and-robotics-they-can/146631/ (accessed June 10, 2019).

27 Barry R. Posen, *Inadvertent Escalation: Conventional War and Nuclear Risks* (Ithaca, NY: Cornell University Press, 1991), chapter 1.

28 また第 2 撃能力の無力化に失敗したときの報復として、第 2 撃能力が無力化される前に核兵器を使用せざるを得ないと敵対国が考えた場合や、紛争や危機が引き金となって不本意な実戦配備がなされた場合にも、核の閾値が超えられる可能性がある。

29 Eric Heginbotham etal., *The US–China Military Scorecard: Forces, Geography, and the Evolving Balance of Power, 1996–2017* (Santa Monica, CA: RAND Corporation, 2015), p. 353.

30 移動式ミサイル（TEL）の移動中に照準を合わせることは、技術的に非常に難しい。ミサイルを発射するために、TEL は短時間停止しなければならなず、この間が最も脆弱な状態となる。この脆弱な時間帯は短いため、攻撃兵器はターゲットに非常に接近するか、非常に高速で移動しなければならない。第 7 章で紹介するように、軍はこの問題を解決するために極超音速技術の開発を進めている。

31 長距離センサーを使って広範囲に潜水艦を探知・追跡する攻勢的な ASW戦術は、しばしば「海を透明にする」と言われる。

32 現在、アメリカの DARPA は、静寂なディーゼル動力式潜水艦を水上から USV で追跡する「対潜水艦戦連続追跡無人機プログラム」を開発中である。2017 年、中国は対潜戦と水上戦の両方の任務に従事できる、新しいステルス性の無人海洋戦闘艇（D3000）を進水させたと伝えられている。P.W. Singer and Jeffrey Lin, "With the D3000, China enters the robotic warship arms race," *Popular Science,* September 25, 2017, www.popsci.com/robotic-warship-arms-china-d3000/ (accessed June 10, 2019).

33 北極の氷や、接近阻止・領域拒否ゾーンへのアクセスを試みるような、穏やかでない環境は、はるかに複雑で、危機や紛争時には、潜在的にエスカレートし、事故が起こりやすい。潜水艦の指揮官は、ASW作戦に対する潜水艦の脆弱性を次のような方法で軽減することができる。すなわち、サーモクラインの利

用、速度、深度、方位、水深計の特徴（海面からの水深量）、狩猟船の音響プロファイル、デコイや表面・環境外乱技術の利用などである。David Blagden, “What DARPA’s Naval Drone Could Mean for the Balance of Power,” *War on the Rocks,* July 9, 2016, https:// warontherocks.com/2015/07/what-darpas-naval-drone-could-mean-for-the- balance-of-power/ (accessed March 10, 2020).

34 無人機プラットフォームは、数種類のセンサーを搭載し、それらを制御するスウォーム用MLシステムは、アクティブおよびパッシブソナー、磁気異常検出器、光検出と測距（LIDAR）システム、熱センサー、海水を浸透することができるレーザーベースの光学センサーなどが現在利用可能であるか、もしくは開発が進んでいる段階である。

35 たとえば2018年には、イギリスのニューカッスル大学のチームが低コストの音響「ナノモデル」を開発したが、それは近距離の水中ネットワークで最大2kmまで音でデータを送ることができる。“A Better Way to Transmit Messages Underwater,” *The Economist,* May 12, 2018, www.economist.com/science-and-technology/2018/05/12/a-better-way-to-transmit-messages-under water (accessed June 10, 2019)を参照。

36 ASW作戦が失敗しても、攻撃を受けた潜水艦は回避を余儀なくされて主導権を失い、新たなASW攻撃のために相手から再び追跡可能な状態に置かれる。Bryan Clark, *The Emerging Era in Undersea Warfare* (Washington, DC: Center for Strategic and Budgetary Assessments, 2018), pp. 3–4.

37 Owen R. Cote Jr., “Invisible Nuclear-Armed Submarines, or Transparent Oceans? Are Ballistic Missile Submarines Still the Best Deterrent for the United States?” *Bulletin of the Atomic Scientists,* 75, 1 (2019), pp. 30–35, p. 30.

38 Ibid., p. 10.

39 Brixey-Williams, “Will the Atlantic Become Transparent?”

40 現在、静寂な潜水艦を脆弱化するのに必要な対潜水艦戦力とグローバルな展開能力を有するのはアメリカだけである。Today, only the US possesses the requisite anti-submarine warfare capabilities and global maritime scale to render quiet submarines vulnerable. See Cote, “Invisible Nuclear-Armed Submarines, or Transparent Oceans?” p. 33.

41 一般的なUUVはテザーでつながれ、航続距離は短いが、水中グライダー（アメリカのLiquid Robotics社のWaverider SV3など）は速度は遅いものの、一度に何カ月もの間、長距離を移動することが可能である。Gates, “Is the SSBN Deterrent Vulnerable to Autonomous Drones?” pp. 28–35; and Bradley Martin, Danielle C. Tarraf, Thomas C. Whitmore, Jacob DeWeese, Cedric Kenney, Jon Schmid, and Paul DeLuca, *Advancing Autonomous Systems: An Analysis of Current and Future Technology for Unmanned Maritime Vehicles* (Santa Monica, CA: RAND Corporation, 2019).

42 地理的に距離が離れているため、データを収集・処理するための地上センターや空中センサープラットフォームがなくても運用できる、新しいセンシング技術や信号技術を開発し、配備する必要がある。Gates, “Is the SSBN Deterrent

Vulnerable to Autonomous Drones?" pp. 28–35.

43 Aleem Datoo and Paul Ingram, "A Primer on Trident's Cyber Vulnerabilities," *BASIC* Parliamentary Briefings on Trident Renewal Briefing 2 (March 2016), www.basicint.org/wp-content/uploads/2018/06/BASIC_cyber_vuln_mar2016.pdf (accessed June 10, 2019)を参照。

44 たとえば受動的音響効果によってSSBNの全艦隊が脆弱になったわけではないが、SSBNが生存可能な核戦力として盤石であるわけでもない。Cote, "Invisible Nuclear-Armed Submarines, or Transparent Oceans?" p. 33.

45 バッテリーや燃料電池の技術進歩により、原子力以外の潜水艦やUUVなどの海中システムで、長時間・長距離のASW作戦がまもなく可能になると専門家は予想している。たとえばAlan Burke, "System modeling of an Air-Independent Solid Oxide Fuel Cell System for Unmanned Undersea Vehicles," *Journal of Power Sources,* 158, 1 (July 2006), pp. 428–435を参照。

46 2018年、アメリカ海軍研究局は、物理的な海洋変化と音響伝達の関係についての解析的研究（関連するデータセットを収集するためのAIやML技術の開発と利用を含む）を行なうための白書を要請した。Patrick Tucker, "How AI Will Transform Anti-Submarine Warfare," *Defense One,* July 1, 2019, www.defenseone.com/ technology/2019/07/how-ai-will-transform-anti-submarine-warfare/158121/(accessed June 10, 2019).

47 現代のほとんどの潜水艦（特に大きな音を出すタイプ）は、アクティブ・ソナーベースの技術に探知されずにミサイルの標的の範囲内に入る必要があるが、狭隘なチョークポイントを通過することはできないだろう。Ibid., p. 35.

48 Ning Han, Xiaojun Qiu, and Shengzhen Feng, "Active Control of Three-Dimension Impulsive Scattered Radiation Based on a Prediction Method," *Mechanical Systems and Signal Processing* (July 30, 2012), pp. 267–273.

49 John Gower, "Concerning SSBN Vulnerability – Recent Papers," *BASIC,* June 10, 2016, www.basicint.org/blogs/rear-admiral-john-gower-cbobe/06/2016/con cerning-ssbn-vulnerability-%C2%AD-recent-papers (accessed June 10, 2019).

50 ヒルのように行動するUUVはトランスポンダーを搭載し、標的とする潜水艦のソナー信号を増加させ、その識別に役立たせることができる。Norman Friedman, "Strategic Submarines and Strategic Stability: Looking Towards the 2030s," *National Security College, Crawford School of Public Policy ANU College of Asia & the Pacific,* September 2019, https://nsc.crawford.anu.edu.au/publication/15176/strategic-submarines-and-strategic-stability-looking-towards-2030s (accessed June 10, 2019)を参照。

51 潜水艦の動きを監視するため、グリッド内のドローン間でハンドオフを行なうことは可能かもしれないが、それを長時間にわたって行なうとなると多くの労力と時間を要する。

52 現在までに、アメリカ海軍はデジタル・ネットワークシステムを沿岸海域に配備し、テストを行なっている。たとえばPLUSNet（持続的沿岸海中監視ネットワーク：Persistent Littoral Undersea Surveillance Network）は、アメリカ

海軍の海軍研究局とDARPAの共同プロジェクトで、2005年に開始されたものである。'Persistent Littoral Surveillance: Automated Coast Guards,' *Naval Technology,* April 30, 2012, www.naval-technology.com/ features/featurenavy-persistent-littoral-surveillance-auvs-uuvs/ (accessed July 10, 2019).

53 ASW能力をもたない敵対者との非対称な紛争では、上記のようなエスカレーション・サイクルは起こりにくいだろう。Ibid., p. 132.

54 Jurgen Altmann and Frank Sauer, "Autonomous Weapons and Strategic Stability," *Survival,* 59, 5, (2017), pp. 121–127, p. 131.

55 おそらく、UAVのSSBN識別能力を以前よりも精度面で向上させることにより、AI技術は海上での抑止任務における偶発的な衝突などの事故──特にドローンの事故──を減らすことができるかもしれない。

56 Steven Metz and James Kievit, *Strategy and the Revolution in Military Affairs: From Theory to Policy* (Carlisle: Strategic Studies Institute 1995) を参照。

57 Bryan R. Early and Erik Gartzke, "Spying from Space: Reconnaissance Satellites and Interstate Disputes," *Journal of Conflict Resolution* (March 2021). https://doi.org/10.1177/0022002721995894 を参照。

58 たとえば中国は長距離爆撃戦力をいまだ開発しておらず、戦略的抑止力を弾道ミサイルに依存しているため、アメリカのASW能力は中国にとって脅威と見なされる可能性が高い。

59 さまざまな自律型の地上車両や潜水艇がすでに世界中で開発されており、その成功の程度はさまざまである。Mary L. Cummings, *Artificial Intelligence and the Future of Warfare* (London: Chatham House, 2017), pp. 8–9.

60 たとえば2016年にアメリカ製UUVを押収した中国側の報告では、この地域のアメリカ海軍が中国のSSBNに脅威を与えていると認識し、そうした行動がとられたことが示唆されている。

61 John H. Herz, *International politics In the Atomic Age* (New York: Columbia University Press, 1959), p. 249.

62 中国のSSBNのC2プロトコルや通信システムについて、入手できるオープンソースの情報は限られたものでしかない。米欧のアナリストたちは将来的に中国海軍がSSBNを継続的に海上抑止力のパトロールに従事させる場合、そのパトロールは中国沿岸の近傍で行なわれ、通常の海軍能力で潜水艦を防護する可能性が高いと予想している。また、中国が現世代の094型より静寂な次世代型SSBNを開発すれば、外洋配備に移行する可能性もある。Wu Riqiang, "Have China's Strategic Nuclear Submarines Already Commenced Operational Patrols?" *Dangdai Jianchuan* [Modern Ships], 1 (2016), p. 34.

63 たとえばアメリカ戦略軍司令官ジョン・ハイテン将軍は、中国が量子コンピューティングと通信の軍事能力を追求していることに関し、公の場で懸念を表明している。General John E. Hyten, Statement before the House Committee on Armed Services, Washington DC, March 28, 2019, www.armed-services.senate.gov/imo/media/doc/Hyten_02-26-19.pdf (accessed July 10, 2019).

64 中国の中国航天科技集団は現在、有人機と直接データを共有できるステル

ス・ドローン（スカイホーク）を開発しているといわれている。Kristin Huang, "China's Sky Hawk stealth drone can 'talk' to fighter pilots, the developer says," *South China Morning Post,* January 11, 2019, www.scmp.com/ news/china/military/article/2181731/chinas- sky-hawkstealth-drone-has-capability-talk-fighter-pilots (accessed July 10, 2019).

65 南シナ海は、その水路条件（水深、水温、塩分濃度など）がASW作戦にとって特に困難と考えられているため、戦略型潜水艦にとって魅力的な拠点と見なされている。最近の報告によれば、中国は、迅速かつ高精度な（巡航および弾道）ミサイル・システム、宇宙航空機、さまざまな極超音速誘導弾における AI と自律性の活用に関する研究など、潜在的に不安定をもたらすような能力の開発に従事しているといわれている。Office of the Secretary of Defense, *Annual Report to Congress: Military and Security Developments Involving the People's Republic of China, 2019* (Washington, DC: US Department of Defense, 2019), https://media.defense.gov/2019/May/02/2002127082/-1/-1/1/2019_CHINA_MILITARY_POWER_REPORT.pdf (accessed July 10, 2019).

66 今日、中国がアメリカにもたらしている主な脅威は、中国沿岸海域に展開するアメリカの攻撃型潜水艦に対するものであり、太平洋のより広い範囲に展開する SSBN に対するものではない。Clark, *The Emerging Era in Undersea Warfare.*

67 James S. Johnson, "Washington's Perceptions and Misperceptions of Beijing's Anti-Access Area-Denial 'Strategy': Implications for Military Escalation Control and Strategic Stability," *The Pacific Review,* 20, 3 (2017), pp. 271–288.

68 UAV に加え、新たな宇宙技術により、同様の技術で宇宙からドローンのような監視が可能になる日が近い。より大きな衛星群に、より小さな個々の衛星を組み合わせることで、広い地理的範囲を継続的にカバーできるようになると予想される。"How AI could destabilize nuclear deterrence," Elias Groll, April 24, 2018, https://foreign policy.com/2018/04/24/how-ai-could-destabilize-nuclear-deterrence/ (accessed March 10, 2020).

第6章

1 ロボット工学の一分野であるドローン・スウォーミング技術は、自律的な運用と分散型の遠隔制御による動作を調整するロボット集団を対象としている。集団で動くスウォームは、理論上、単一のロボットでは不可能な方法で単純なタスクと複雑なタスクの両方を実行し、スウォーム集団全体の強靭性と柔軟性を向上させる。スウォームの特徴は次のとおりである。(1) 非集権型の自律性、(2) そばにいる群れの局所環境を感知する能力、(3) 特定のミッションを遂行するために他の群れと通信・協調する能力。Andrew Ilachinski, *AI, Robots, and Swarms: Issues, Questions, and Recommended Studies* (Washington, DC: Center for Naval Analysis, January 2017), p. 108; and Iñaki Navarro and Fernando Matía, "An Introduction to Swarm Robotics," *International Scholarly Research Notices* (2013), www. hindawi.com/journals/isrn/2013/608164/ (accessed February 20,

2021)を参照。

2 最近の研究では、AI ML システムが完全な自律型システムを実現するために不可欠な要素であるという点で概ね一致している。Stuart Russell and Peter Norvig, *Artificial Intelligence: A Modern Approach,* 3rd ed. (Harlow: Pearson Education, 2014), p. 56; and Michael C. Horowitz, Paul Scharre, and Alexander Velez-Green, "A Stable Nuclear Future? The Impact of Autonomous Systems and Artificial Intelligence," December 2019, *arXix,* https://arxiv.org/pdf/1912.05291.pdf(accessed March 10, 2020)を参照。

3 本章は *The RUSI Journal* に掲載された記事 *The RUSI Journal,* April 16, 2020, copyright Taylor & Francis, available online: https://doi.org/ 10.1080/03071847.2020.1752026 (accessed March 10, 2020)の一部を引用している。

4 Robert J. Bunker, *Terrorist and Insurgent Unmanned Aerial Vehicles: Use, Potentials, and Military Applications* (Carlisle, PA: Strategic Studies Institute and US Army War College Press, 2015); Zachary Kallenborn and Philipp C. Bleek, "Swarming Destruction: Drone Swarms and Chemical, Biological, Radiological, and Nuclear Weapons," *The Nonproliferation Review,* 25, 5–6 (2019), pp. 523–543; Bryan Clark, "The Emerging Era in Undersea Warfare" (Washington, DC: Center for Strategic and Budgetary Assessments, January 22, 2015); and James Johnson, "Artificial Intelligence, Drone Swarming and Escalation Risks in Future Warfare," *The RUSI Journal* (2020) www.tand fonline.com/doi/abs/10.1080/03071847.2020.1752026?journalCode=rusi20 (accessed February 20, 2021)を参照。

5 今日、ロボット型ドローン・スウォーム技術は民間および軍事部門ともに、その大半はいまだ試験・実証段階にあり、完全な運用には至っていない。これまでの（そして現在進行中の）プロジェクトでは、スウォームが形状形成、編隊飛行、エリアの探索やマッピング、辺境パトロール、境界防衛など、特定の（あるいは狭い）分野に特化したタスクを実施できることが実証されている。Merel Ekelhof and Giacomo Persi Paoli, "Swarm Robotics: Technical and Operational Overview of the Next Generation of Autonomous Systems," *UNIDIR,* April 8, 2020, https://unidir.org/publication/swarm-robot ics-technical-and-operational-overview-next-generation-autonomous-systems, pp. 1–2 (accessed March 10, 2020).

6 たとえば冷戦時代、ミサイルの精度が向上することは、一般にネット・プラス、つまり自然な発展であると考えられていた。Donald A. MacKenzie, *Inventing Accuracy: Historical Sociology of Nuclear Missile Guidance* (Cambridge, MA: MIT Press, 1993)を参照。

7 巡航ミサイルや弾道ミサイルの開発の歴史、特により速く、より正確なミサイル開発への欲求は、各国が UAS の開発と配備を加速させる動機となっている。

8 William Knight and Karen Hao, "Never Mind Killer Robots – Here Are Six Real AI Dangers to Watch Out for in 2019," *MIT Technology Review,* January 7, 2019, www.technologyreview.com/2019/01/07/137929/never-mind-killer-robotshere-are-six-real-ai-dangers-to-watch-out-for-in-2019/ (accessed July 10,

2019).

9 アメリカ国防総省は、自律型システムの開発と使用を制限する指示文書（directive）を発出した。「チーム」は意思決定ループ内に置かれ、あらゆる致死性兵器の適用について直接意思決定しなければならない。これまでのところ、完全に自律的な兵器システムを構築する意図を正式に表明している国家はない。

10 LAM は誘導弾と無人戦闘航空システムが混合したハイブリッドな攻撃能力である。現在、運用可能な LAM はイスラエルの Harop（または Harpy 2）だけで、人間が意思決定の中枢にいるモードと完全な自律モードを兼ね備えている。

11 たとえばテロ組織の ISIS はイラクやシリアでの軍事行動において、遠隔操作による空中ドローンを使用していた。Ben Watson, "The Drones of ISIS," *Defense One,* January 12, 2017, www.defenseone.com/technology/2017/01/drones-isis/134542/ (accessed September 10, 2019).

12 一匹狼のドローンが F-35 に深刻な脅威を与える場合がある。たとえば航空機のタイヤを膨らませるために滑走路にスパイク・ストリップを設置したり、ジェットエンジンに損傷を与える破片をまき散らしたり、他のターゲットに爆発物を投下したり、あるいは飛行の離着陸の段階でカミカゼの役割を果たすために使用され、損傷や墜落をもたらす可能性もある。Thomas S. Palmer and John P. Geis, "Defeating Small Civilian Unmanned Aerial Systems to Maintain Air Superiority," *Air & Space Power Journal,* 31, 2 (Summer 2017), pp. 102–118, p. 105. アメリカ、中国、イギリス、フランスはステルス性 UAV の試作機を開発し、試験を行なっている。Dan Gettinger, *The Drone Database* (New York: Center for the Study of the Drone, Barnard College Press, 2019) を参照。

13 たとえばロシア軍はシリアやウクライナ東部などの戦闘地域で GPS 誘導型無人機を妨害するジャマーを配備したと伝えられている。Madison Creery, "The Russian Edge in Electronic Warfare," *Georgetown Security Studies Review,* June 26, 2019, https://georgetownsecuritystudiesre view.org/2019/06/26/the-russian-edge-in-electronic-warfare/ (accessed March 10, 2020)を参照。

14 中国、アメリカ、イギリス、フランスはステルス性 UAV の試作機を開発し、試験を行なっている。

15 Noah Shachtman, "Computer Virus Hits US Drone Fleet," *Wired,* July 10, 2011, www.wired.com/2011/10/virus-hits-drone-fleet/ (accessed September 10, 2019).

16 現在、ドローン・スウォームがもたらすような将来の高強度な脅威環境を想定し、センサー情報の統合、ターゲティングの集約、メンテナンスの自動化、航法データ情報の処理などを実現する AI アルゴリズムの開発と実験が進められている。しかし、現在までのところ、小型ドローン技術ではドローンが航空機に接近する、あるいは接近したまま飛行を続けるような速度で飛行することはできない。現在のコンセプトの大半は、有人戦闘機（F-35 など）のウィングマンとして機能する中型ドローン（MQ-9 など）か、戦闘機の近くにとどまらずにペイロードとして放出される小型ドローンのどちらかである。Kris Osborn, "The F-35 Stealth Fighter: The Safest Fighter Jet Ever Made?" *The National Interest,* September 27, 2019, https://nationalinterest. org/blog/buzz/f-35-stealth-fighter-

safest-fighter-jet-ever-made-83921 (accessed March 10, 2020).

17 これらの「ドローン・ウィングマン機」はパイロットを潜在的な目標に誘導し、飛来してくる脅威を警告するなどの機能を備えている。アメリカ空軍研究所、Have Raider、Skyborg、Mako Unmanned Tactical Aerial Platform (UTAP-22) など、いくつかのアメリカ国防総省プログラムが、この種の有人‐無人協働システムの開発を進めている。Douglas Birkey, David Deptula, and Lawrence Stutzriem, "Manned-Unmanned Aircraft Teaming: Taking Combat Airpower to the Next Level," Mitchell Institute Policy Papers, Vol. 15, July 2018, http://docs.wixstatic. com/ugd/a2dd91_65dcf7607f144e729 dfb1d873e1f0163.pdf (accessed 10 February 2019)を参照。

18 たとえばアメリカ空軍の高出力マイクロ波システム「Tactical High-Power Microwave Operational Responder (THOR)」は、ドローンの群れから基地を守るために計画されている。Andrew Liptak, "The US Air Force has a New Weapon Called THOR that Can Take Out Swarms of Drones," *theverge,* June 21, 2019, www.theverge.com/2019/6/21/18701267/us-air-force-thor-new- weapon-drone-swarms (accessed September 10, 2019).

19 『ワシントンポスト・ライブ』のインタビュー記事より引用。"David Ignatius and Pentagon's Robert Work Talk About New Technologies to Deter War," *Washington Post,* March 30, 2016, www.washingtonpost.com/blogs/post-live/wp/2016/02/29/securing-tomorrow-with-david-ignatius-whats-at-stake-for-the-world-in-2016-and-beyond/ (accessed September 10, 2019).

20 群れで行動するUAVは、必ずしも「完全な自律型」である必要はなく、人間が判断して殺傷攻撃を行なうこともできる。

21 Patricia Lewis, Heather Williams, Benoit Pelopidas, and Susan Aghlani, *Too Close for Comfort: Cases of Near Nuclear Use and Options for Policy* (London: Chatham House Report, Royal Institute of International Affairs, 2014).

22 またロシア軍は「AIキラーロボット」を無人航空機や潜水艇に搭載し、スウォーミング・ミッションを行なうことを計画している。たとえばロシアの防衛関連企業であるカラシニコフ社は、無人地上車両（ソラトニク）を製造したと伝えられており、高度なAIマシンラーニング・アルゴリズムを取り入れた幅広い自律走行型システムの開発を計画している。Tristan Greene, "Russia is Developing AI Missiles to Dominate the New Arms Race," *The Next Web,* July 27, 2017, https://thenextweb.com/artificial-intelligence/2017/07/27/russia- is-developing-ai-missiles-to-dominate-the-new-arms-race/ (accessed March 10, 2020).

23 Elsa Kania, "China's Strategic Ambiguity and Shifting Approach to Lethal Autonomous Weapon Systems," *Lawfare,* April 17, 2018, www.lawfareblog.com/chinas-strategic-ambiguity-and-shifting-approach-lethal-autonomous- weapons-systems (accessed March 10, 2020).

24 Lin Juanjuan, Zhang Yuantao, and Wang Wei, "Military Intelligence is Profoundly Affecting Future Operations," *Ministry of National Defense of the People's Republic of*

China, September 10, 2019, www.mod.gov.cn/jmsd/2019- 09/10/content_4850148.htm (accessed September 12, 2019).

25 より広範な AI アプリケーションと同様に、自律型兵器システムにも議論に値する多くの倫理的・道徳的問題が存在する。たとえば Peter Asaro, "On Banning Lethal Autonomous Weapon Systems: Human Rights, Automation, and the Dehumanization of Lethal Decision- Making," *International Review of the Red Cross,* 94, 886 (2012), pp. 687–709; Heather M. Roff, "Meaningful Human Control or Appropriate Human Judgment? The Necessary Limits on Autonomous Weapons," Arizona State University Global Security Initiative Briefing Paper 2016, https://globalsecurity. asu.edu/sites/default/files/files/Control-or-Judgment-Understanding-the-Scope. pdf (accessed March 10, 2020); United Nations Institute for Disarmament Research, "The Weaponization of Increasingly Autonomous Technologies: Considering Ethics and Social Values," No. 3 (2015), www.unidir.org/fil es/publications/pdfs/considering-ethics-and-social-values-en-624.pdf (accessed September 10, 2019); and Michael C. Horowitz, "The Ethics and Morality of Robotic Warfare: Assessing The Debate Over Autonomous Weapons," *Daedalus,* 145, 4 (2016), pp. 25–36 を参照。

26 他のエージェント（特に人間）との相互作用を競争的あるいは協調的な文脈でモデル化することは、人間の行動がしばしば予測不可能であるため、本質的に問題がある。Ilachinski, *AI, Robots, and Swarms,* p. xv.

27 "Autonomy in Weapon Systems," US Department of Defense, *Directive Number 3000.09,* May 8, 2017, www.esd.whs.mil/Portals/54/Documents/DD/issuances/dodd/300009p.pdf (accessed September 10, 2019); and Lin, Zhang, and Wang, "Military Intelligence is Profoundly Affecting Future Operations."

28 注目すべき例外として Arthur H. Michel, *Unarmed and Dangerous: The Lethal Application of Non-Weaponized Drones* (Washington, DC: The Center for the Study of the Drone at Bard College, March 2020).

29 ドローン・スウォーミングの可能性を最大限に引き出し、同時に適切なレベルの人間の関与を可能にするため、スウォームには新しい指揮統制メカニズムとシステムが必要だと考えるアナリストがいる。逆に、人間の関与はスウォームと矛盾しているという意見もある。なぜなら、スウォームは本質的に予測不可能であり、人間はその行動を適切かつ意味のある形で制御することができないからである。Paul Scharre, *Robotics on the Battlefield – Part II: The Coming Swarm* (Washington, DC: Center for a New American Security, 2014)を参照。

30 USV、UUV、UAV など、多くのタイプの UAS がこの種の作戦に使用される可能性がある。2011 年から 2017 年の間に、プレデターとリーパー UAV は約 127,390 回の ISR 作戦で運用されたが、そのうち、どれだけのミッションが実際の攻撃行動につながったかについては、オープンソース情報からは特定することができない。Ibid., p. 9.

31 Joseph Trevithick, "Navy's Sea Hunter Drone Ship has Sailed Autonomously to Hawaii and Back Amid Talk of the New Roles," *The Drive,* February 4, 2019,

www.thedrive.com/the-war-zone/26319/usns-sea-hunter-drone-ship-has-sailed-autonomously-to-hawaii-and-back-amid-talk-of-new-roles (accessed September 10, 2019).

32 Elias Groll, "How AI Could Destabilize Nuclear Deterrence," *Foreign Policy,* April 24, 2018, https://foreignpolicy.com/2018/04/24/how-ai-could-destabilize-nuclear-deterrence/ (accessed September 10, 2019).

33 現在のドローンの航続距離の限界（バッテリー電力）とペイロードの制限を考えると、たとえばUAVがエアダクトやその他の通路を経由して硬化目標に浸透するような場合を除き、近い将来（5年以内）、ドローン技術が国家の核関連アセット（あるいはその他の硬化目標）に対し、信憑性のある脅威となるまで十分な発展を遂げるとは思えない。James S. Johnson, "Artificial Intelligence: A Threat to Strategic Stability," *Strategic Studies Quarterly,* 14, 1 (2020), pp. 16–39.

34 Johnson, "Artificial Intelligence: A Threat to Strategic Stability," pp. 17–19.

35 Rebecca Hersman, Reja Younis, Bryce Farabaugh, Bethany Goldblum, and Andrew Reddie, *Under the Nuclear Shadow: Situational Awareness Technology & Crisis Decision-making* (Washington, DC: The Center for Strategic and International Studies, March 2020).

36 Tom Simonite, "Moore's Law is Dead. Now What?" *MIT Technology Review,* May 13, 2016, www.technologyreview.com/ (accessed 10 February 2019). 新たな宇宙技術により、UAVと同様のML技術を取り入れて宇宙からドローンのような監視が可能になる日が近いと思われる。大規模な衛星コンステレーションに小さな個々の衛星を組み合わせることで、広い地理的範囲を継続的にカバーできるようになると予想される。

37 これらのシナリオにおけるドローンの価値は、ミッションを遂行するための唯一の、あるいは最も効果的な方法であることを必ずしも意味するものではない。Jonathan Gates, "Is the SSBN Deterrent Vulnerable to Autonomous Drones?" *The RUSI Journal,* 161, 6 (2016), pp. 28–35.

38 2011年には、マサチューセッツ工科大学（MIT）の学生たちが2011 Air Vehicle Survivability Workshopで、ドローン間通信が可能な完全自律型の固定翼型無人機*Perdi*を発表している。アメリカに加え、ロシア、韓国、中国も精力的にドローン・スウォーム技術プログラムを進めている。Kallenborn and Bleek, "Swarming Destruction: Drone Swarms and Chemical, Biological, Radiological, and Nuclear Weapons," pp. 1–2.

39 たとえばアメリカ国防総省は、ドローンの空撮映像から不審な行動を自動検出するソフトウェアの開発に多額の投資を行なっている。Michel, *Unarmed and Dangerous: The Lethal Application of Non-Weaponized Drones,* p. 13.

40 たとえば2018年4月、アメリカのドローン製造企業エアロヴァイロメント社は、手投げ式監視ドローン（RQ-20Bプーマ）と、スイッチブレード徘徊型突入弾の間の自動ターゲット・ハンドオフ・シーケンスを実演し、高速移動する標的に対するターゲティングの時間を大幅に短縮した。Press Release, "Aero Vironment Successfully Conducts Maritime Demonstration of Puma-Switchblade

Automated Sensor-to-Shooter Capability to Counter Swarm Attacks," *National Harbor: AeroVironment,* April 9, 2018, www.avinc.com/ resources/press-releases/view/ aerovironment-successfully-conducts-maritime- demonstration-of-puma-switchbl (accessed 10 February 2019).

41 現在、F-35やUAVは中国周辺部を大きく越えて内陸部に侵入することができず、中国の戦略的資産は中国の海岸線には配置されていないと考えられている。

42 2015年、ロシアは大型核搭載型UUV運搬艇「ポセイドン」(別名「ステータス6」)の開発を明らかにした。またアメリカは「有人飛行も可能な」核搭載型長距離爆撃機「B-21レイダー」を開発中であり、核ペイロードを搭載する可能性がある。その他の無人戦闘機の試作機(ノースロップ・グラマンX-47B、ダッソーnEUROn、BAEシステムズのタラニスなど)も核攻撃に使用される可能性がある。Ria Novosti, "Russia Could Deploy Unmanned Bomber After 2040 – Air Force," *GlobalSecurity.org,* February 8, 2012, www.globalsecurity.org/wmd/library/news/russia/2012/russia-120802-rianovosti01.htm (accessed February 10, 2019); and Robert M. Gates, "Statement on Department Budget and Efficiencies" (US Department of Defense, January 6, 2011), http://archive.defen se.gov/Speeches/Speech.aspx?SpeechID=1527 (accessed September 10, 2019).

43 本章で取りあげた他の技術的に高度な兵器システムにも同様の脆弱性が存在するが、UAVスウォームは高度な自律性を必要とするため、この種の攻撃を受けやすくなっている。

44 ドローン・スウォームはAI MLを用いた拡張機能により、敵に対抗するために定期的にルートを変更し、その軌道を予測して相手からの検知を回避できるようプログラムされる可能性がある。Kallenborn and Bleek, "Swarming Destruction: Drone Swarms and Chemical, Biological, Radiological, and Nuclear Weapons," p. 16.

45 Pawlyk Oriana, "Pentagon Still Questioning How Smart to Make its Drone Swarms," *Military.Com,* February 7, 2019, www.military.com/defensetech/2019/02/07/pentagon-still-questioning-how-smart-make-its-drone-swarms.html (accessed September 10, 2019).

46 Mike Pietrucha, "The Need for SEAD Part 1: The Nature of SEAD," War on the Rocks, May 17, 2016, https://warontherocks.com/2016/05/the-need-for-sead-part-i-the-nature-of-sead/ (accessed September 10, 2019).

47 Polat Cevik, Ibrahim Kocaman, Abdullah S. Akgul, and Barbaros Akca, "The Small and Silent Force Multiplier: A Swarm UAV-Electronic Attack," *Journal of Intelligent and Robotic Systems,* 70 (April 2013), pp. 595–608.

48 Liu Xuanzun. "Chinese Helicopter Drones Capable of Intelligent Swarm Attacks," *Global Times,* May 9, 2019, www.globaltimes.cn/content/1149168. shtml (accessed September 10, 2019).

49 Arthur H. Michel, *Unarmed and Dangerous: The Lethal Application of Non-Weaponized Drones,* p. 17.

50 たとえばDARPAの対潜水艦戦連続追跡無人艇プログラムは、静寂なディー

ゼル動力式潜水艦を水面からUSVで追跡できるように設計されている（第5章参照）。

51 現在、実戦配備されている防空システムはすべて人間の監視下で運用されているが、一般的に対艦巡航ミサイルの防御には全自動モードが採用されている。John K. Hawly, "Patriot Wars: Automation and the Patriot Air and Missile Defense Systems" (Washington, DC: CNAS, January 2017)を参照。

52 ドローン・スウォームを攻撃するために敵のレーダーをオンにすることで、偽のシグネチャ（防御側を騙すための時間的遅延など）を作り出す囮として使用したり、敵に武器を見せる（または「ライトアップ」する）ように仕向けることができる。ドローンが群れをなして航空機の衝突を待つ、あるいはドローンが航空機にホーミングしてカミカゼのような攻撃を仕掛けるというアイデアは、第二次世界大戦中に水素バルーンを障害物として採用した方法、つまり軍事ドクトリンでいう「弾幕防御」として知られる戦術に類似している。Leslie F. Hauck and John P. Geis II, "Air Mines: Countering the Drone Threat to Aircraft," *Air & Space Power Journal,* 31, 1 (Spring 2017), pp. 26–40.

53 たとえば中国の天津大学では、水中グライダーの群れを協調して動かすための経路計画やソフトウェアについて研究が行なわれている。Shijie Liu et al., "Cooperative Path Planning for Networked Gliders under Weak Communication," *Proceedings of the International Conference on Underwater Networks & Systems,* Article No. 5, 2014.

54 ミサイル防衛局（MDA）はドローン用レーザーを開発しているが、有効な出力のレーザーを搭載するために必要なドローンの大きさは相当なものになるであろう。したがって、近いうちにドローンに搭載される可能性は低いと考えられている。MDAは、戦闘機サイズのプラットフォーム用レーザーのプロトタイプは、2023年末までに完成する可能性が高いと見積もっている。MDAは最近、ドローン搭載レーザープログラムを開発するために多額の予算を要求した。Jen Judon, "MDA awards contracts for a drone-based laser design," *Defense News,* December 11, 2017, www.defensenews.com/land/2017/12/11/mda-awards-three-contracts-to- design-uav-based-laser/ (accessed September 10, 2019).

55 Ekelhof and Paoli, "Swarm Robotics: Technical and Operational Overview of the Next Generation of Autonomous Systems," p. 53.

56 UAV（またはUUV）の群れに十分な電力を長期間供給するには、バッテリー技術、非大気依存推進、または燃料電池技術のいずれかを大幅に改善する必要がある。また、いまだ想定されていない何らかのエネルギー貯蔵機構の開発も必要になるかもしれない。Gates, "Is the SSBN Deterrent Vulnerable to Autonomous Drones?"

57 技術、特にAIが進歩するほど、LAWSの開発・運用を検討する国は増えていくだろう。国際社会は、1982年にアメリカが加盟した多国間軍備管理協定である「国連特定通常兵器使用禁止制限条約」のもとで行なわれる会合の中でLAWSを議題に取りあげている。アメリカとロシアは（理由は異なるが）一貫

してLAWSの禁止に反対している。中国はLAWSの使用禁止を支持しているが、開発の禁止は支持していない。LAWSは無差別――人間の監視がなく、停止もできない致死性システム――と定義されているからである。しかし、中国の立場をめぐっては「戦略的曖昧さ」を維持しているだけだとの見方もある。Kelly M. Sayler and Michael Moddie, "International Discussions Concerning Lethal Autonomous Weapon Systems," Congressional Research Service (In Focus), October 15, 2020, https://fas.org/sgp/crs/weapons/IF11294.pdf (accessed March 10, 2020)を参照。

58 このような探査戦術は、双方がこれらの自律型システムを保有している場合にのみ有効であると思われる。被攻撃側が自律型システムの能力を保有していない場合、そうした兵器の非対称的優位性を緩和するための対抗戦略や能力を開発することになると思われる。軍備競争の力学と軍用ドローンへの影響をめぐる議論については、Michael J. Boyle, "The Race for Drones," *Orbis*, November 24 (2014), pp. 76–94 を参照。

59 James M. Acton, *Silver Bullet? Asking the Right Questions About Conventional Prompt Global Strike* (Washington, DC: Carnegie Endowment for International Peace, 2013)を参照。

60 現在、極超音速誘導弾を搭載した弾道ミサイルは大気圏内での操縦しかできず、旋回地点での大気密度によって旋回速度が決まる。そのため、地上付近や目標に近い場所でなければ急旋回ができない。

61 極超音速兵器の開発には、ロシア、中国、アメリカが最も積極的に取り組んできた。しかし、現在に至るまで、この黎明期の技術において支配的なリーダーとして台頭してきた国家はない。James M. Acton (ed.), with Li Bin, Alexey Arbatov, Petr Topychkanov, and Zhao Tong, *Entanglement: Russian and Chinese Perspectives on Non-Nuclear Weapons and Nuclear Risks* (Washington, DC: Carnegie Endowment for International Peace, 2017), p. 54 を参照。

62 現状では、HGVが大気圏内に留まることにともなう抵抗には、新しい推進技術や増加した熱を吸収するためのアブレーション素材の改良が必要だが、いずれも近い将来に実現するとは思えない。この点を指摘してくださった匿名の査読者に感謝します。

63 ロシアと中国のアナリストが特に懸念しているのは、アメリカの弾道ミサイル防衛と高精度通常兵器（極超音速兵器など）を組み合わせることで、アメリカが核のルビコンを渡らずに、第2撃能力を無力化する先制攻撃を試みることが可能になるという点である。

64 Avery Goldstein, "First Things First: The Pressing Danger of Crisis Instability in US-China Relations," *International Security*, 37, 4 (Spring 2013), pp. 67–68.

65 2019年アメリカ国防総省『ミサイル防衛見直し』によると「ロシアと中国は既存の防衛システムに挑戦する予測不可能な飛行経路で、異常な速度で移動できる高度な巡航ミサイルと極超音速ミサイル能力を開発している」。Office of the Secretary of Defense, *2019 Missile Defense Review*, https://media.defense.gov/2019/Jan/17/2002080666/-1/-1/1/2019-MISSILE-DEFENSE-REVIEW.PDF

(accessed March 10, 2020).

66 Lora Saalman, "Fear of False Negatives: AI and China's Nuclear Posture," *Bulletin of the Atomic Scientists,* April 24, 2018, https://thebulletin.org/2018/04/ fear-of-false-negatives-ai-and-chinas-nuclear-posture/ (accessed March 10, 2020).

67 Paul Scharre, "Highlighting Artificial Intelligence: An Interview with Paul Scharre," *Strategic Studies Quarterly,* 11, 4 (November 2017), pp. 18–19.

68 現在、アメリカが核弾頭を搭載した極超音速機を追求しているとは知られていないので、この弾頭の曖昧性はさほど問題にならないはずである。しかし、ロシアと中国が核弾頭をオプションで搭載した極超音速兵器を開発しているかどうかは、あまり明らかではない。

69 ここでは「両用(dual-use)」ではなく「両方を搭載可能(dual-capable)」という言葉が使われている。多くの兵器システムが核弾頭と通常弾頭のいずれかを搭載できる一方(極超音速ブースト飛翔体を含む)、核と通常戦力の両方の任務を割り当てられた両用兵器はごく少数に過ぎないからである。

70 US Department of Defense, *Nuclear Posture Review* (Washington, DC: US Department of Defense, February 2018), pp. 54–55.

71 アナリストたちによれば、中国国内では、警報即発射戦略を採用し、この能力を実現するための技術を開発することが求められているという。Acton, *Entanglement: Russian and Chinese Perspectives on Non-Nuclear Weapons and Nuclear Risks,* p. 79 を参照。

72 Acton, *Silver Bullet? Asking the Right Questions About Conventional Prompt Global Strike,* p. xiv.

73 アメリカのイネイブル能力の正確な状況を評価することは、非常に機密性が高いため困難である。Ibid., pp. 88–90.

74 ICBM と SLBM は、飛行軌道の設定と目標までの航行を自動化に依存しているため、発射後は事実上、自律的に運用される。したがって、自律性はミサイル運搬システムの戦略的価値を高めるが、弾薬を容易に遠隔操作できない海中領域を除けば、運用上の必須条件ではない。Vincent Boulanin and Maaike Verbruggen, *Mapping the Development of Autonomy in Weapon Systems* (Stockholm: SIPRI, 2017), p. 57 を参照。

75 既存の航行システムはプリマッピングに大きく依存し、経路や障害物を識別して自律的に航行する傾向がある。しかし、航行システムは、高度な視覚ベースの誘導機能を取り入れたプリマッピング・システムを組み込む必要があるだろう。マシンラーニング技術の進歩は、これらのサブシステムの視覚ベースの誘導システムを大幅に改善し、自律性を促進する可能性がある。Ibid., p. 114.

76 たとえば国防総省の国防革新ユニットは統合人工知能センターと提携し、複数の航空機プラットフォームや地上車両に関する膨大なデータを収集し、アメリカ空軍と陸軍向けのデータ解析および予知整備アプリケーションを開発する予定である。

77 いわゆる「撃ちっ放し」(半自律型)ミサイルは、最初のターゲット選択と発射許可の後、搭載されたセンサーとコンピュータがオペレータとの通信なし

にミサイルをターゲットに誘導することが可能である。

78 中国の研究者たちは、ビッグデータとディープラーニング AI 技術を利用して衛星画像の処理速度と知能解析を強化し、軍の早期警戒能力を支援した将来戦における「予測革命」を可能にする研究を開始した。

79 たとえば中国のアナリストたちは、将来の巡航ミサイルは AI と自律性技術を融合させ、指揮官がリアルタイムで制御したり、「撃ちっ放し」作戦を可能にすると指摘している。Zhao Lei, "Nation's Next Generation of Missiles to be Highly Flexible," *China Daily,* August 16, 2016, www.chi nadaily.com.cn/china/2016-08/19/content_26530461.htm (accessed September 10, 2019).

80 Vincent Boulanin (ed.), *The Impact of Artificial Intelligence on Strategic Stability and Nuclear Risk Vol. I Euro-Atlantic Perspectives* (Stockholm: SIPRI Publications, May 2019), p. 56.

81 極超音速機を 30 年以上にわたって製造・試験してきたアメリカ政府出資のサンディア国立研究所は、最近、人工知能航空宇宙システムの構築を目的とした学術研究連合「オートノミー・ニューメキシコ」を設立した。Bioengineer, "Future Hypersonics Could Be Artificially Intelligent," *Bioengineer.org,* April 18, 2019, https://bioengineer.org/ future-hypersonics-could-be-artificially-intelligent/ (accessed March 10, 2020).

82 特に錯綜した複雑な環境下で、精密ミサイル弾を自律的に検知し、合図を送る AI の能力には、技術的な課題が残っている。こうした弱点は、人間の視覚と認知を模倣する AI の能力の性質が十分に理解されていないことが一因である。David Deutsch, "Creative Blocks," *Aeon* October 3, 2012, https://aeon.co/essays /how-close-are-we-to-creating-artificial- intelligence (accessed September 10, 2019).

83 Long and Green, "Stalking the Secure Second Strike: Intelligence, Counter force, and Nuclear Strategy," pp. 21–24.

84 中国人民解放軍、国立防衛技術大学メカトロニクス工学・自動化学部、ハルビン大学、北京追跡通信技術研究所の研究者が協力し、HGV の制御力学で直面する技術的課題に取り組んでいる。

85 たとえばドローン・スウォーム、ロボット工学、精密誘導弾、早期警戒システム、サイバーおよび電子戦の能力などである。

86 中国は通常兵器や、場合によっては核兵器のミサイル誘導システムの照準化と精度を向上させるために、AI の利用を積極的に検討している。アメリカは現在、技術的には可能であるが、核兵器運搬用の無人爆撃機の役割については考えていない。"2017 Target Recognition and Artificial Intelligence Forum," April 22, 2017, www.csoe.org.cn/meeting/ trai2017/ (accessed September 10, 2019)を参照。

87 US Department of Defense. *Military Defense Review 2019* (Washington, DC: Office of the Secretary of Defense, 2019), www.defense.gov/Portals/1/ Interactive/ 2018/11-2019-Missile-Defense-Review/The%202019%20MDR_ Executive%20 Summary.pdf (accessed September 10, 2019).

88 ISR ミッションのためのデータ処理、スウォーム内通信、複雑な戦場環境を航

行できるドローンを製造するための研究開発コストは比較的高くなる可能性がある。Michael Safi, "Are Drone Swarms the Future of Aerial Warfare?" *The Guardian,* December 4, 2019, www.the guardian.com/news/2019/dec/04/are-drone-swarmsthe-future-of-aerial-warfare (accessed September 10, 2019).

89 Paul Scharre, "Counter-Swarm: A Guide to Defeating Robotic Swarms," *War on the Rocks,* March 31, 2015, http://warontherocks.com/2015/03/counter- swarm-a-guide-to-defeatingrobotic-swarms/ (accessed September 10, 2019).

第７章

1 本章は *Journal of Cyber Policy* 誌に掲載された論文 *Journal of Cyber Policy,* December 9, 2019, copyright Taylor & Francis, available online: https://doi.org/10.1080/23738871.2019.1701693 (accessed March 10, 2020) の一部を引用している。

2 防衛アナリストの多くは、サイバー戦争が「攻撃優位」であることに同意している。Erik Gartzke and Jon R. Lindsay, "Weaving Tangled Webs: Offense, Defense, and Deception in Cyberspace," *Security Studies,* 24, 2 (2015), pp. 316–348; Wyatt Hoffman, "Is Cyber Strategy Possible?" *The Washington Quarterly,* 42, 1 (2019), pp. 131–152; and Rebecca Slayton, "What is Cyber Offense–Defense Balance?" *International Security,* 41, 3 (2017), pp. 72–109 を参照。反対の見方から論じたものとして、Thomas Rid, "Think Again: Cyberwar," *Foreign Policy,* March/April 2012, pp. 80–84 を参照。

3 Daniel R. Coats, *Worldwide Threat Assessment of the US Intelligence Community,* January 29, 2019, www.dni.gov/files/ODNI/documents/2019- ATA-SFR-SSCI.pdf (accessed September 10, 2019).

4 攻守のバランスは、より広範な安全保障のジレンマ理論に由来するもので、国家が安全を高めようとする（すなわち武器の調達や攻勢戦略を採用する）ことにより、不本意ながら他国は安全が低下したと受け止め、紛争に陥ることがあると仮定している。Charles Glaser and Chairn Kaufmann, "What is the Offense–Defense Balance and How Can We Measure It?" *International Security,* 22, 4 (1998), pp. 44–82; and Sean Lynn-Jones, "Offense–Defense Theory and Its Critics," *Security Studies,* 4, 4 (1995), pp. 660–691 を参照。

5 Bernard Brodie, *Strategy in the Missile Age* (Princeton, NJ: Princeton University Press, 1959), p. 175.

6 表現学習の一種である「ディープラーニング」は、マシンラーニングの一種でもある。この技術は、風景や画像から顕著な特徴を抽出するマシンの能力を向上させ、分類やパターン認識に利用することができる。AI を活用した物体・パターン認識ソフトウェアは、国防総省の「メイヴン・プロジェクト」をはじめとする軍用アプリケーションをサポートしている。近年、ディープラーニングは AI 工学の中で最も流行のアプローチとなっているが、これはディープラーニングが他のアプローチに取って代わったことを意味するものではない。Ian Good fellow, Yoshua Bengio, and Aaron Courville, *Deep Learning* (Cambridge, MA:

MIT Press, 2016), p. 8.

7 アメリカのDARPA、IARPA（Intelligence Advanced Research Projects Activity）、アメリカ国立科学財団はいずれも、サイバー防衛強化のためのAI活用を含む複数のプロジェクトに資金を提供している。たとえば2016年、アメリカ（IARPA）は、既存のアプローチよりも、かなり早期にサイバー攻撃を検知・予測する革新的な自動化手法の開発を目指すサイバー攻撃「自動化非通常センサー環境プログラム」を開始した。Executive Office of the President of the US, "2016–2019 Progress Report on Advancing Artificial Intelligence R&D," November 2019, www.whitehouse.gov/wp-content/ uploads/2019/11/AI-Research-and- Development-Progress-Report-2016-2019.pdf (accessed September 10, 2019).

8 「対AI」分野の研究は、依然として発展途上の段階にある。ある専門家は、今日のAI研究費のうち、セキュリティに割り当てられているのはわずか1％程度と推定している。Benjamin Buchanan, "The Future of AI and Cybersecurity," *The Cipher Brief,* October 30, 2019, www.thecipherbrief. com/column_article/the-future-of-ai-and-cybersecurity (accessed March 10, 2019.

9 US Department of Defence, "Summary of the 2018 Department of Defense Artificial Intelligence Strategy," February 2019, https://media.defense.gov/2019/Feb/12/2002088963/-1/-1/1/SUMMARY-OF-DOD-AI-STRATEGY.PDF (accessed September 10, 2019).

10 Savia Lobo, "The US DoD wants to dominate Russia and China in Artificial Intelligence. Last week gave us a glimpse into that vision," *Packt,* March 18, 2019, https://hub.packtpub.com/the-u-s-dod-wants-to-dominate-russia- and-china-in-artificial-intelligence-last-week-gave-us-a-glimpse-into-that-vision/ (accessed September 10, 2019).

11 David F. Rudgers, "The Origins of Covert Action," *Journal of Contemporary History,* 35, 2 (April 2000), pp. 249–262 を参照。

12 Noah Shachtman, "Exclusive: Computer Virus Hits US Drone Fleet," *Wired,* October 7, 2011, www.wired.com/2011/10/virus-hits-drone-fleet/ (accessed September 10, 2019).

13 Tim Maurer, *Cyber Mercenaries: The State, Hackers, and Power* (Cambridge: Cambridge University Press, 2017), pp. 53–54.

14 Robert Jervis, "Some Thoughts on Deterrence in the Cyber Era," *Journal of Information Warfare* 15, 2 (2016), pp. 66–73.

15 サイバー抑止は核抑止と異なり、攻撃を仕掛けられたことが、ただちに失敗を意味するわけではない。Wyatt Hoffman, "Is Cyber Strategy Possible?" *The Washington Quarterly,* 42, 1 (2019), p. 143.

16 複数の学者が、戦略的レベルの紛争における攻撃的サイバー能力の使用は作戦上困難であるか、敵対者の抑止に成功することが条件であると主張している。その結果、サイバー攻撃は「グレーゾーン」または低レベルの強度の武力行使において最も効果的であると考えられている。Slayton, "What is Cyber Offense–Defense Balance?" pp. 72–109; Jon R. Lindsay and Erik Gartzke,

"Thermonuclear cyberwar," *Journal of Cybersecurity,* 3, 1 (2017), pp. 37–48; and Marti Libicki, *Cyberspace in Peace and War* (Annapolis: Naval Institute Press, 2016)を参照。

17 サイバースペースやデジタル・ネットワークに関連する断片的で拡散した情報の脆弱性は、先制攻撃の誘因となる可能性が低いという反論がある。Thomas Rid, *Cyber War Will Not Take Place* (New York: Oxford University Press, 2013)を参照。

18 James S. Johnson, "The AI-Cyber Nexus: Implications for Military Escalation, Deterrence, and Strategic Stability," *Journal of Cyber Policy,* 4, 3 (2019), pp. 442–460.

19 Patricia Lewis and Beyza Unal, *Cybersecurity of Nuclear Weapons Systems: Threats, Vulnerabilities and Consequences* (London: Chatham House Report,Royal Institute of International Affairs, 2018).

20 最近、デュアルユースの早期警戒システムに対するサイバー攻撃が成功したという報告があり、これらの主張が信用できることを暗示している。

21 中国とロシアはすでに報復担任部隊の警戒態勢を強化する措置をとっており、自国の核抑止力に対するアメリカからのサイバー攻撃を恐れ、できるだけ多くの核兵器を即時警戒態勢に置く取り組みを加速させる可能性がある。Gregory Kulacki, "China's Military Calls for Putting Its Nuclear Forces on Alert," *Union of Concerned Scientists,* January 2016, www.ucsusa.org/sites/default/files/attach/2016/02/China-Hair- Trigger-full-report.pdf (accessed September 10, 2019)を参照。

22 この潜在的脅威を認識し、2020会計年度のアメリカ議会国防権限法の草案では国防総省に対し、誤算や不注意による核戦争を避けるため、アメリカの敵対国（中国やロシアなど）のネットワークに対するサイバー攻撃などの禁止を交渉する可能性を含め、核C3Iシステムの復元力を確保するための計画の策定を求めている。Theresa Hitchens, "HASC Adds NC3 Funds; Wants Talks with Russia and China," *Breaking Defense,* June 10, 2019, https://break ingdefense.com/2019/06/hasc-adds-nc3-funds-wants-talkswith-russia-china/ (accessed March 10, 2020).

23 悪意のある文書を作成するために使用されるツールのコストは、マルウェアがシステム内に残り、アンチウイルス・ソフトウェアによる検出を逃れることができるかどうかに大きく依存する。"Hack at All Cost: Putting a Price on APT attacks," August 22, 2019, www.ptsecurity.com/ww-en/analytics/advanced-persistent-threat-apt-attack- cost-report/ (accessed September 10, 2019).

24 Joseph F. Dunford, speech quoted at Jim Garamone, "Dunford: Speed of Military Decision-Making Must Exceed Speed of War," US Department of Defense, January 31, 2017, www.jcs.mil/Media/News/News-Display/Article/1067479/ dunford-speed-of-military-decision-making-must-exceed-speed-of-war/ (accessed September 10, 2019).

25 Paul Ingram, "Hacking UK Trident: A Growing Threat," *BASIC,* May 31, 2017,

www.basicint.org/wp-content/uploads/2018/06/HACKING_UK_TRIDENT. pdf (accessed September 10, 2019).

26 AI マシンラーニング・システムは、アルゴリズムをトレーニングするために高品質のデータセットに依存している。したがって、いわゆる「汚染された」データをこれらのトレーニング・セットに注入すると、これらのシステムは潜在的に検出不可能な方法で動作する可能性がある。

27 Eugene Bagdasaryan et al., "How to Backdoor Federated Learning," *arXiv,* August 6, 2018, https://arxiv.org/pdf/1807.00459.pdf (accessed February 8, 2021).

28 「モノのインターネット」とは、スマートフォンや家電製品などの物理的なモノがインターネットを介して相互に接続され、データを収集・共有できるようになることを指す。

29 最近の調査では、70%の IoT デバイスに初歩的なセキュリティ対策が施されていないことが報告されている。Michael Chui, Markus Löffler, and Roger Roberts, "The Internet of Things," *McKinsey Quarterly,* March 2010, www.mckinsey.com/industries/ technology-media-and-telecommunications/our-insights/the-internet-of-things (accessed December 10, 2019).

30 James R. Clapper, Director of National Intelligence, "Statement for the Record Worldwide Threat Assessment of the US Intelligence Community Senate Armed Services Committee," *US Office of the Director of National Intelligence,* February 6, 2016, www.armed-services.senate.gov/imo/media/doc/Clapper_02-09-16.pdf (accessed December 10, 2019).

31 たとえば 2003 年のイラク侵攻の際、パトリオット・ミサイルがイギリスのジェット戦闘機を撃墜し、乗員 2 名が死亡した事件は、マシンによる誤った自動発射の判断をループ内にいた人間が矯正できなかったことが原因であった。

32 James Johnson and Eleanor Krabill, "AI, Cyberspace, and Nuclear Weapons," *War on the Rocks,* January 31, 2020, https://warontherocks.com/2020/01/ai-cyberspace-and-nuclear-weapons/ (accessed March 10, 2020).

33 この架空のシナリオでは、国家 A が国家 B の所有する民間の標的を軍事目標であると決めつけ、国家 B のシステムを意図的にハッキングした場合、国家 A の唯一のもっともらしい理由は、エスカレーションを引き起こすことである。この場合のエスカレーションはイニシエーター（国家 A）側の意図的なものであったことになる。

34 この点に関する分析は、Martin Libicki, "A hacker way of warfare," in Nicholas D. Wright (ed.), *AI, China, Russia, and the Global Order: Technological, Political, Global, and Creative Perspectives,* Strategic Multilayer Assessment Periodic Publication (Washington, DC: Department of Defense, December 2018), pp. 128–132 を参照。

35 AI の専門家は、AI 画像認識ソフトウェアが正確に見えるデータであっても、これらのシステムはしばしば存在しない物体を「幻覚」してしまうことを証明している。Anna Rohrbach et al., "Object Hallucination in Image Captioning," *ariv.org,* https:// arxiv.org/abs/1809.02156 (accessed December 10, 2019).

36 この架空の説明は、人間とマシンの協働シナリオにおいて、AI を搭載した兵

器システムに対して悪意ある操作を行なった場合に起こり得る（そして最悪のケース）結果を示している。別の結果としては、検知アルゴリズムとセンサー技術の進歩により、軍事力が行使される前に人間のオペレータが危機を回避することが考えられる。また、他の安全メカニズム（回路遮断器やシステムに組み込まれた冗長性など）により、この状況が悪化することを防げるかもしれない。

37 Stephen J. Cimbala, *Nuclear Weapons in the Information Age* (New York: Continuum International Publishing, 2012); and Andrew Futter, *Hacking the Bomb: Cyber Threats and Nuclear Weapons* (Washington, DC: Georgetown University Press, 2018).

38 「説明能力」とは、多くの AI システムが解を導き出すまでの道筋を説明することなく結果のみを導き出している状況を指して、AI の専門家たちが使っている言葉である。

39 たとえば独立して統合された AI プラットフォームが、領域横断的な戦場環境において、どのように相互作用しているかは定かではない。Technology for Global Security and Center for Global Security Research, "AI and the Military: Forever Altering Strategic Stability," *Technology for Global Security,* www.tech4gs.org/ai-and-the-military-forever-altering-strategic-stability.html,p.12 (accessed December 10, 2019).

40 Daniel S. Hoadley and Nathan J. Lucas, *Artificial Intelligence and National Security* (Washington, DC: Congressional Research Service, 2017), https://fas. org/sgp/crs/natsec/R45178.pdf, p. 2 (accessed August 10, 2019).

41 このような問題群が、兵器システム分野における AI ML の利用がこれまで実験的な研究にとどまっていた主な理由の1つである。Heather Roff and P.W. Singer, "The next president, will decide the fate of killer robots and the future of war," *Wired,* September 6, 2016, www.wired.com/2016/09/ next-president-will-decide-fate-killer-robots-future-war/ (accessed December 10, 2019).

42 このパラドックスは、国家の能力が敵対者に利用されたりコントロールされたりする依存的資源（マンパワーやデータセットなど）である場合、双方が先制攻撃のインセンティブをもつことを示唆している。Jacquelyn Schneider, The Capability/Vulnerability Paradox and Military Revolutions: Implications for Computing, Cyber, and the Onset of War," *Journal of Strategic Studies,* 42, 6 (2019), pp. 841–863.

43 たとえば冷戦期における米ソ間の活発な対兵力技術の拡大によるエスカレーション・リスクの高まりは、米ソ双方の核ドクトリンの変化（相互確証破壊からの脱却）を反映しており、これらの技術の追求が原因なのではない。Austin Long and Brendan Rittenhouse Green, "Stalking the Secure Second Strike: Intelligence, Counterforce, and Nuclear Strategy," *Journal of Strategic Studies,* 38, 1–2 (2014), pp. 38–73.

44 Kris Osborn, "Navy Cyber War Breakthrough–AI Finds Malware in Encrypted Traffic," *Warrior Maven,* November 30, 2018, https://defensemaven.io/warriormaven/cyber/navy-cyber-warbreakthrough-ai-finds-malware-in-encrypted-

traffic-K_tLobkkJkqadxDT9wPtaw/ (accessed January 5, 2019).

45 Libicki, *Cyberspace in Peace and War.*

46 サイバースペースやデジタル・ネットワークに関連する断片的で拡散した情報の脆弱性は、先制攻撃のような不安定化誘因を引き起こす可能性が低いという反論がある。Rid, *Cyber War Will Not Take Place* を参照。

47 この脆弱性は、AI 技術のデュアルユース性を考慮すると、特に懸念される。

48 Paul Ingram, "Hacking UK Trident: A Growing Threat," *BASIC,* May 31, 2017, https://basicint.org/publications/stanislav-abaimov-paul-ingram-executive-director/2017/hacking-uk-trident-growing-threat (accessed December 10, 2019).

49 国家が比較的容易な対策（ソフトウェアのパッチやアップデートなど）以外に、サイバースペースにおける自らの意図（攻撃的か防御的か）を相手側に伝えることは困難かもしれない。Austin Long, "A Cyber SIOP? Operational considerations for strategic offensive cyber planning," in Herbert Lin and Amy Zegart (eds), *Bytes, Bombs, and Spies: The Strategic Dimensions of Offensive Cyber Operations* (Washington, DC: Brookings Institution Press, 2019), pp. 105–132 を参照。

50 ハッカーが交通量の多い高速道路でジープを停止させ、そのステアリング・システムに介入して加速させたとき、この脆弱性をはっきりと確認することができる。Andy Greenberg, "The Jeep Hackers are Back to Prove Car Hacking Can Get Much Worse," *Wired,* August 1, 2016, www.wired.com/2016/08/jeep-hackers- return-high-speed-steering-acceleration-hacks/ (accessed December 10, 2019).

51 「発射段階の阻止作戦」とは、核弾道ミサイルが打ち上げられる前に、その脅威を取り除くことを目的としたサイバー攻勢作戦のことである。最近、アメリカでは、北朝鮮の核戦力に対して「発射段階で阻止」するためのサイバー攻撃を使用する可能性が議論されている。その狙いは、アメリカがこれらの能力を使って核攻撃の脅威を無効化できることを北朝鮮の指導者に示すことである。William Broad and David Sanger, "US Strategy to Hobble North Korea Was Hidden in Plain Sight," *New York Times,* March 4, 2017, www.nytimes.com/2017/03/04/world/asia/left-of-launch-missile-defense. html (accessed December 10, 2019)を参照。

52 このトピックの詳細については、Ben Buchanan, *The Cybersecurity Dilemma* (New York: Oxford University Press, 2017); and Ben Buchanan and Taylor Miller, "Machine Learning for Policymakers," Paper, *Cyber Security Project,* Belfer Center, 2017, www.belfercenter.org/sites/default/files/files/publication/MachineLearningforPolicymakers.pdf (accessed December 10, 2019)を参照。

53 攻撃的なサイバー能力を強化する方法として、ターゲット空間を一覧表に列挙すること、検出を回避するためにマルウェアを再パッケージ化することなどがある。

54 Herbert Lin, "Reflections on the New Department of Defense Cyber Strategy: What It Says, What It Doesn't Say," *Georgetown Journal of International Affairs,* 17,

3 (2016), pp. 5–13.

55 Johnson and Krabill, “AI, Cyberspace, and Nuclear Weapons.”

56 DoD, “Summary: Department of Defense Cyber Strategy 2018,” September 2018, https://media.defense.gov/2018/Sep/18/2002041658/-1/1/1/CYBER_STRATEGY_SUMMARY_FINAL.PDF (accessed December 10, 2019).

57 James M. Acton (ed.), with Li Bin, Alexey Arbatov, Petr Topychkanov, and Zhao Tong, *Entanglement: Russian and Chinese Perspectives on Non-Nuclear Weapons and Nuclear Risks* (Washington, DC: Carnegie Endowment for International Peace, 2017), p. 81.

58 Ibid.

59 James D. Fearon, “Rationalist Explanations for War,” *International Organization*, 49, 3 (1995), pp. 379–414.

60 The White House, *National Security Strategy of the United States of America*, December 2017, www.whitehouse.gov/wp-content/uploads/2017/12/NSS- Final-12-18-2017-0905.pdf (accessed December 10, 2019).

61 たとえば2012年、アメリカとトルコとの間で2007年に締結された情報共有協定に基づき、アメリカ軍はプレデター無人機からのターゲット情報をトルコ軍と共有し、トルコ軍は輸送船団に空爆を行ない、34人の民間人が死亡した。Adam Entous and Joe Parkinson, “Turkey's Attack on Civilians Tied to US Military Drone,” *The Wall Street Journal*, May 16, 2012, www.wsj.com/articles/SB10001424052702303877604577380480677575646 (accessed December 10, 2019).

62 欺瞞や能力に関する文献は、国家にはしばしば自国の軍事力を明らかにしたり、シグナリングのために利用するのではなく、隠蔽したり、嘘をつき、誇張したりする政治的動機があることを示している。Barton Whaley, “Covert Rearmament in Germany, 1919–1939: Deception and Misperception,” *Journal of Strategic Studies*, 5, 1 (March 1982), pp. 3–39; John J. Mearsheimer, *Why Leaders Lie: The Truth about Lying in International Politics* (Oxford: Oxford University Press, 2013); and Robert L. Jervis, *The Logic of Images in International Relations* (New York: Columbia University Press, 1989)を参照。

63 Thomas C. Schelling and Morton Halperin, *Strategy and Arms Control* (New York: The Twentieth Century Fund 1961), p. 30.

64 Martin C. Libicki, *Cyber Deterrence and Cyberwar* (Santa Monica, CA: RAND, 2009), p. 44を参照。

65 たとえば攻撃で検出されたマルウェアが諜報活動しかできないものであったとしても、被攻撃国は起動後に早期警戒システムを無効にする「キル・スイッチ」が内蔵されていることを恐れるかもしれない。

66 敵対的生成ネットワークは、2つの人工ニューラルネットワーク・システムが互いにスパーリングしながら、これまでマシンがうまくできなかったリアルなオリジナル画像、音声、映像コンテンツを作り出す新しいアプローチである。Karen Hao, “Inside the World of AI that Forges Beautiful Art and Terrifying Deepfakes,” *MIT Technology Review*, January 4, 2019, www.technologyreview.com

/s/612501/inside-the-world-of-ai-that-for ges-beautiful-art-and-terrifying-deep fakes/ (accessed December 10, 2019).

67 先の架空の事例研究と同様に、この最悪のシナリオの結果に対する代替案も考えられる。最も基本的なレベルでは、破局を招いたエスカレーション・ラダーの梯子（すなわちGANの発生源）とその後の破壊的な戦術を発見し、その結果、危機を回避することができたかもしれないのである。また、この事例では、この攻勢作戦の被害者が互いを敵対視し、危機の際に相手の意図に強い疑念を抱いていたことが想定される。もし、どちらか一方が共感を示したり、自制心を発揮することができれば、このようなエスカレートした結果を避けることができたかもしれない。

68「対AI」には、AIを妨害や操作から守るためのAIシステム内のセキュリティ対策や、悪意あるAI利用を抑止・防御するための取り組みまで幅広く含まれる。「対AI」分野の研究はまだ始まったばかりであるが、アナリストたちは、マシンラーニング型AIソフトウェアに潜む脆弱性を特定する方法として、ネットワーク上の異常な挙動を検出することに取り組んでいる。Scott Rosenberg, "Firewalls Don't Stop Hackers, AI Might," *Wired,* August 27, 2017, www.wired.com/story/firewalls- dont-stop-hackers-ai-might/ (accessed December 10, 2019).

69 Richard Fontaine and Kara Frederick, "The Autocrat's New Tool Kit," *The Wall Street Journal,* March 15, 2019, www.wsj.com/articles/the-autocrats-new-tool-kit-11552662637 (accessed December 10, 2019).

70 その対策として考えられるのは、それぞれのAIシステムを少しずつ異なる方法でトレーニングし、軍事作戦全体の崩壊につながるようなエクスプロイテーションによるシステム障害の発生を封じることである。Libicki, "A Hacker Way of Warfare," pp. 128–132.

71 サイバー能力に加えて極超音速兵器（第6章参照）のような他の先進兵器システムも、核兵器の脆弱性を減らすために警報即発射や先制攻撃政策を採用するよう国家を促す可能性がある。

72 一般に、環境の予測が困難であるほど環境のモデル化が難しくなり、その結果、効果的で安全かつ信頼性の高いシステム内の自律的能力を作り出すことが難しくなる。Kimberly A. Barchard and Larry A. Pace, "Preventing Human Error: The Impact of Data Entry Methods on Data Accuracy and Statistical Results," *Computers in Human Behavior* 27 (2011), pp. 1834–1839 を参照。

73 George Dvorsky, "Hackers Have Already Started to Weaponize Artificial Intelligence," *Gizmodo,* November 9, 2017, https://gizmodo.com/hackers-have-already-started-to-weaponize-artificial-in-1797688425 (accessed December 10, 2019).

第8章

1 本章は *Journal of Strategic Studies* 誌に掲載された論文 *Journal of Strategic Studies,* April 30, 2020, copyright Taylor & Francis, availableonline: https://doi.org/

10.1080/01402390.2020.1759038 (accessed March10, 2020)の一部を引用している。

2 2011年、ロシア戦略ロケット軍総司令官S・カラカエフ将軍は、ロシア主要紙のインタビューで「ペリメター」(別名「ロシアのデッドハンド終末兵器」)が存在し、今も戦闘任務に就いていることを認めた。しかし、このシステムの特徴や能力は不明である。Eric Schlosser, *Command and Control (New York: Penguin Group, 2014); Richard Rhodes,* Arsenals of Folly: The Making of the Nuclear Arms Race (London: Simon & Schuster, 2008); and Ryabikhin Leonid, "Russia's NC3 and Early Warning Systems," *Tech4GS,* July 11, 2019, www.tech4gs.org/nc3-systems-and-strategic-stabil ity-a-global-overview.html (accessed December 10, 2019)を参照。

3 1950年代、ソ連の爆撃機はアメリカに到達するのに何時間もかかっていた。しかし、ミサイル時代になると、地上発射の大陸間弾道ミサイルなら約30分、潜水艦発射の弾道ミサイルなら約15分へと短縮された。"US DoD Strategic Command, US Strategic Command & US Northern Command SASC Testimony," March 1, 2019, www.stratcom. mil/Media/Speeches/Article/1771903/us-strategic-command-and-us-northern- command-sasc-testimony/ (accessed December 10, 2019).

4 Geoffrey Forden, Pavel Podvig, and Theodore A. Postol, "False Alarm, Nuclear Danger," *IEEE Spectrum,* 37, 3 (2000), pp. 31–39.

5 現代のNC3システムには、①早期警戒衛星、レーダー、センサー、②早期警戒情報を収集・解釈するための水中音響観測所、地震計施設、③固定およびモバイルネットワーク化された司令部、④地上回線、衛星リンク、レーダー、無線、地上局および攻撃機搭載の受信端末などの通信インフラ〔丸数字は訳者〕が含まれる。Amy Woolf, *Defense Primer: Command and Control of Nuclear Forces* (Washington, DC: Congressional Research Service), December 11, 2018, p. 1を参照。

6 たとえばDARPAのProfessional, Educated, Trained, and Empowered AI対応バーチャル・アシスタントは、情報収集や照合だけでなく、指揮官との連絡や命令の実行も行なう。Peter W. Singer, *Wired for War: The Robotics Revolution and Conflict in the 21st Century* (New York: Penguin Group, 2009), p. 359.

7 Jon R. Lindsay, "Cyber Operations and Nuclear Weapons," *Tech4GS Special Reports,* June 20, 2019, https://nautilus.org/napsnet/napsnet-special-reports/ cyber-operations-and-nuclear-weapons/ (accessed December 10, 2019).

8 Jeffrey Larsen, "Nuclear Command, Control, and Communications: US Country Profile," *Tech4GS Special Reports,* August 22, 2019, https://nautilus. org/napsnet/napsnet-special-reports/nuclear-command-control-and-communi cations-us-country-profile/ (accessed December 10, 2019).

9 Bruce Blair, *Strategic Command and Control: Redefining the Nuclear Threat* (Washington DC: Brookings Institution, 1985); Shaun Gregory, *The Hidden Cost of Deterrence: Nuclear Weapons Accidents* (London: Brassey's, 1990); Scott D. Sagan, *The Limits of Safety: Organizations, Accidents, and Nuclear Weapons* (Princeton, NJ: Princeton University Press, 1995); and Eric Schlosser, *Command and Control: Nuclear Weapons, the Damascus*

Accident,and the Illusion of Safety (New York: Penguin, 2014)を参照。

10 「認知革命」（認知科学の関連分野）は、心の哲学、神経科学、AIなど、豊富な学術分野を包含している。Douglas R. Hofstadter and Daniel C. Dennett, *The Mind's I* (New York: Basic Books, 2001)を参照。

11 Wendell Wallach and Colin Allen, *Moral Machines* (New York: Oxford University Press, 2009), p. 40.

12 ディープマインド社のAlphaStarの勝利は、次のような技術面でのマイルストーンを示したといえる。(1) 境界を継続的に改善・拡大する方法を見つけ出すため、ゲーム理論の論理を用いていること、(2) チェスや囲碁などのゲームとは異なり、不完備情報の状況で操作すること、(3) リアルタイムで長期計画を行なうこと、(4) 組み合わせ空間の可能性（つまり、数百のユニット、人員、建物）をもつ大規模かつ複雑な可能性をリアルタイムで制御できること。AlphaStar Team, "Alphastar: Mastering the Real-Time Strategy Game StarCraft II," *DeepMind Blog,* January 24, 2019, https://deepmind.com/ blog/article/alphastar-mastering-real-time-strategy-game-starcraft-ii (accessed March 10, 2020).

13 Cade Metz, "In Two Moves, AlphaGo and Lee Sedol Redefined the Future," *Wired,* March 16, 2016, www.wired.com/2016/03/two-moves-alphago-lee-sedol-redefined-future/ (accessed December 10, 2019).

14 しかし、仮想環境におけるAIの技術面でのマイルストーンは、NC3のような確率論的（ランダムに決定される）かつ複雑なシステムでは再現されにくい。AlphaStar Team, "Alphastar: Mastering the Real-Time Strategy Game StarCraft II," *DeepMind Blog* を参照。

15 「心の理論」は状況や行動に対して、他の人間が自分の信じていることとは異なる意図や信念をもっている可能性があることを人間が理解することを可能にする。それによって、人間は他者の行動や意図について予測することができるようになる。Brittany N. Thompson, "Theory of Mind: Understanding Others in a Social World," *Psychology Today,* July 3, 2017, www.psychology today.com/us/blog/socioemotional-success/201707/theory-mind-understand ing-others-in-social-world (accessed December 10, 2019).

16 Kareem Ayoub and Kenneth Payne, "Strategy in the age of Artificial Intelligence," *Journal of Strategic Studies* 39, 5–6 (2016), pp. 793–819, p. 814; and James Johnson, "Delegating Strategic Decision-Making to Machines: Dr. Strangelove Redux?" *Journal of Strategic Studies* (2020), www.tandfonline.com/doi/abs/10.1080/01402390.2020.1759038 (accessed February 5, 2021)を参照。

17 Carl von Clausewitz, *On War,* trans. Michael Howard and Peter Paret (Princeton, NJ: Princeton University Press, 1976), p. 140.

18 Vincent Boulanin (ed.), *The Impact of Artificial Intelligence on Strategic Stability and Nuclear Risk Vol. I Euro-Atlantic Perspectives* (Stockholm: SIPRI Publications, May 2019), p. 56.

19 たとえばLinda J. Skitka, Kathleen L. Mosier, and Mark Burdick, "Does

Automation Bias Decision-Making?" *International Journal of Human- Computer Studies,* 51, 5 (1999), pp. 991–1006; and Mary L. Cummings, "Automation Bias in Intelligent Time-Critical Decision Support Systems,"を参照。*AIAA 1st Intelligent Systems Technical Conference* (2004), pp. 557–562.

20 Edward Geist and Andrew Lohn, *How Might Artificial Intelligence Affect the Risk of Nuclear War?* (Santa Monica, CA: RAND Corporation, 2018), p. 17.

21 David Watson, "The Rhetoric and Reality of Anthropomorphism in Artificial Intelligence," *Minds and Machines* 29 (2019), pp. 417–440, p. 434.

22 Marilynn B. Brewer and William D. Crano, *Social Psychology* (New York: West Publishing Co. 1994)を参照。

23 Clifford Nass, B.J. Fogg, and Youngme Moon, "Can Computers be Teammates?" *International Journal of Human-Computer Studies* 45 (1996), pp. 669–678.

24 システムの監視作業や意思決定機能をマシンと共有することは、人間が同様の作業を共有することと心理的に類似している可能性がある。心理学の研究によると、人は集団で作業するとき、1人で作業するときよりも少ない労力で済ませようとする傾向がある。Steven J. Karau and Kipling D. Williams, "Social Loafing: A Meta-Analytic Review and Theoretical Integration," *Journal of Personality and Social Psychology,* 65 (1993) pp. 681–706.

25 自動化バイアスとエラーに関する最近の研究から、自動化バイアスについて明示的に認識させ、トレーニングを受けた参加者は、特定のエラーを起こしにくくなることが明らかになっている。Linda J. Skitka, Kathleen L. Mosier, and Mark Burdick, "Does Automation Bias Decision-Making?" *International Journal of Human-Computer Studies* 51, 5 (1999), pp. 991–1006.

26 Parasuraman, Raja, and Victor Riley, "Complacency and bias in human use of automation: An attentional integration," *Human Factors,* 52, 3 (2010), pp. 381–410.

27 Ibid.

28 Raja Parasuraman and Victor Riley, "Humans and Automation: Use, Misuse, Disuse, Abuse," *Human Factors,* 39, 2 (June 1997), pp. 230–253 を参照。

29 たとえば冷戦時代、ソビエトはアメリカの先制核攻撃をモスクワの指導部に知らせるために、VRYAN（ロシア語で「奇襲による核ミサイル攻撃」の頭文字）と呼ばれるコンピュータ・プログラムを開発した。しかし、このプログラムに使用されるデータはしばしば偏りがあり、そのためフィードバック・ループが発生し、アメリカが先制攻撃の優位性を追求しているというクレムリンの恐怖心を高めてしまった。President's Foreign Intelligence Advisory Board, "The Soviet 'War Scare,'" February 15, 1990, vi, 24 et seq, https://nsarchive2.gwu.edu/ nukevault/ebb533-The-Able-Archer-War-Scare-Declassified-PFIAB-Report- Released/ (accessed March 10, 2020).

30 John J. Mearsheimer, "The Gathering Storm: China's Challenge to US Power in Asia," *The Chinese Journal of International Politics,* 3, 4 (Winter 2010), pp. 381–396.

31 Keren Yarhi-Milo, *Knowing the Adversary* (Princeton, NJ: Princeton University Press, 2014), p. 250.

32 たとえば Yuan Yi, "The Development of Military Intelligentization Calls for Related International Rules," *PLA Daily,* October 16, 2019, http:// military.workercn.cn/32824/201910/16/191016085645085.shtml (accessed March 10, 2020) を参照。

33 Brian W. Everstine, "DOD AI Leader Wants Closer Collaboration With NATO," *Airforce Magazine,* January 15, 2020, www.airforcemag.com/dod-ai-leader-wants-closer-collaboration-with-nato/ (accessed January 17, 2020).

34 "Generating Actionable Understanding of Real-World Phenomena with AI," *DARPA,* January 4, 2019, www.darpa.mil/news-events/2019-01-04 (accessed December 10, 2019).

35 The US, for instance, does not field communication satellites exclusively for nuclear operations. Curtis Peebles, *High Frontier: The US Air Force and the Military Space Program* (Washington, DC: Air Force Historical Studies Office, January 1997), pp. 44–52.

36 NC3 システムは、抑止力にとって重要な「絶対に許されない（always never）」という基準を満たさなければならない。核兵器は任務が遂行されれば常に作動する状態を維持する一方で、不慮の事故や適切な許可なく発射されることは決してあってはならない。さらに NC3 システムは、いかなる状況でも合法的な核戦力行使の命令（「ポジティブ・コントロール」と呼ばれる）を実行できなければならない。同時に、NC3 は、偶発的または非合法な権力者による核戦力の行使（「ネガティブ・コントロール」と呼ばれる）を決して許してはならない。Larsen, "Nuclear Command, Control, and Communications: US Country Profile," pp. 10–11.

37 歴史的な記録は、人間の戦略家が特定の戦略的な道を追求することによって何を達成しようとするのか、さらにその目標をどのように実現するのか、最初から明確な考えをもっていることはほとんどないことを示している。Kenneth Payne, "Fighting on Emotion and Conflict Termination," *Cambridge Review of International Affairs* 28/3 (August 2015), pp. 480–497.

38 Peter Hayes, Binoy Kampmark, Philip Reiner, and Deborah Gordon, "Synthesis Report, NC3 Systems, and Strategic Stability: A Global Overview," *Tech4GS Special Reports,* May 6, 2019, www.tech4gs.org/nc3-systems-and-strategic-stability-a-global-overview.html (accessed December 10, 2019).

39 Kenneth Payne, *Strategy, Evolution, and War: From Apes to Artificial Intelligence* (Washington, DC: Georgetown University Press), p. 183.

40 Ibid.

41 US Department of Defense, *Nuclear Posture Review* (Washington DC: US Department of Defense, February 2018), pp. 57–58.

42 たとえば今日、ビッグデータによって、人々の政治的態度、活動、暴力的傾向などを確率的に予測することがすでに可能になっている。Jakob Bæk Kristensen et al., "Parsimonious Data: How a Single Facebook Like Predicts Voting Behavior in Multiparty Systems," *PLOS One* 12, 9 (2017); Petter Bae Brandtzaeg,

"Facebook is No 'Great Equalizer': A Big Data Approach to Gender Differences in Civic Engagement Across Countries," *Social Science Computer Review* 35, 1 (2017), pp. 103–125; and Andrea Pailing, Julian Boon, and Vincent Egan, "Personality, the Dark Triad and Violence," *Personality and Individual Differences* 67 (September 2014), pp. 81–86 を参照。

43 Jia Daojin and Zhou Hongmei, "The Future 20–30 Years Will Initiate Military Transformation," *China Military Online,* June 2, 2016, www.81. cn/jmywyl/2016-06/02/content_7083964.htm (accessed December 10, 2019); and Yang Feilong and Li Shijiang "Cognitive Warfare: Dominating the Era of Intelligence," *PLA Daily,* March 19, 2020, www.81.cn/theory/2020-03/19/ content_9772502.htm (accessed December 10, 2019).

44 "Evidence Reasoning and Artificial Intelligence Summit Forum," December 26, 2017, http://xxxy.hainnu.edu.cn/html/2018/xyxw_0111/1003.html (accessed December 10, 2019).

45 たとえば "Chinese Commercial Space Start-Ups Launch Two AI Satellites in a Hundred Days," *Global Times,* November 26, 2018, http:// smart.huanqiu.com/ai/2018-11/13645096.html?agt=15422 (accessed March 10, 2020) を参照。

46 公開された情報からは、中国が NC3 システムを強化するために AI を保有していること、あるいは近い将来に利用する予定であることを示す明確な証拠は出てきていない。

47 Wendell Wallach and Colin Allen, *Moral Machines* (New York: Oxford University Press, 2009), chapters 3 and 4.

48 コンピュータ・プログラム、シミュレーション、データ解析は、すでに人間の国防計画立案者に情報を提供するために利用されているが、超人的なスピードで動作し、ますます複雑なタスクを実行する AI は、今や有名な Google の AlphaGo が囲碁の世界チャンピオンを打ち負かしたことで証明されたように、この傾向を加速させる可能性がある。Darrell Etherington, "Google's AlphaGo AI Beats the World's Best Human Go Player," *TechCrunch,* May 23, 2017. As of August 15, 2017: https://tech crunch.com/2017/05/23/googles-alphago-ai-beats-the-worldsbest-human-go- player/ (accessed December 10, 2019).

49 Yuna Huh Wong et al., *Deterrence in the Age of Thinking Machines* (Santa Monica, CA: RAND Corporation, 2020), www.rand.org/pubs/research_ reports/RR2797.html (accessed March 10, 2020).

50 戦時中のシグナリングは、特に異なる戦略文化の間で困難な綱渡りを強いられる。たとえばヴェトナム戦争では、戦略的ゲーム理論がアメリカの爆撃の意思決定に影響を与えたが、このアプローチは戦時中の不確実性と予測不可能な人間心理の役割を過小評価していた。Singer, *Wired for War,* pp. 305–306.

51 「不合理の合理性」とは、抑止を高めるため不合理な行動──または不合理な行動の期待──から生み出される合理的な利点が存在することを意味し、駆け引き、交渉戦術、エスカレーション・シナリオなどで生起する。Herman Kahn, *On Escalation: Metaphors and Scenarios* (New York: Praeger, 1965), pp. 57–58.

52 Thomas C. Schelling, *Arms and Influence* (New Haven, CT: Yale University Press, 1966), pp. 115–116.

53 心理学者によると、人は一般的に曖昧さを嫌うため、曖昧な状況に置かれることを避けるために、より小さな利得を受け入れようとする。Stefan T. Trautmann and Gijs van de Kuilen, "Ambiguity attitudes," in *The Wiley Blackwell Handbook of Judgment and Decision Making,* ed. Gideon Keren and George Wu (Chichester: John Wiley & Sons, 2015)を参照。

54 Mary L. Cummings, "Automation Bias in Intelligent Time-Critical Decision Support Systems," *AIAA 1st Intelligent Systems Technical Conference,* 2004, pp. 557–562 https://arc.aiaa.org/doi/abs/10.2514/6.2004-6313 (accessed March 10, 2020).

55 当面の間、敵の意図を予測するために使用される AI ML、特にディープラーニングのサブセットは、過去のパターンに関する人間が蓄積したデータ、および選択したモデリング手法のパラメータに依存する、高度な相関性と工学的要素の影響を受ける。Benjamin M. Jensen, Christopher Whyte, and Scott Cuomo, "Algorithms at War: The Promise, Peril, and Limits of Artificial Intelligence," *International Studies Review* (June 2019), pp. 526–550, p. 15.

56 David Whetham and Kenneth Payne, "AI: In Defence of Uncertainty," *Defence in Depth,* December 9, 2019, https://defenceindepth.co/2019/12/09/ai-in- defence-of-uncertainty/ (accessed March 10, 2020).

57 Lora Saalman, "Lora Saalman on How Artificial Intelligence Will Impact China's Nuclear Strategy," *The Diplomat,* November 7, 2018, https://thediplomat.com/2018/11/lora-saalman-on-how-artificial-intelligence-will-impact-chinas-nuclear-strategy/ (accessed March 10, 2020).

58 国家が敵の能力を誇張し、その戦略的意図を誤認するリスクについては Robert L. Jervis, *The Logic of Images in International Relations* (New York: Columbia University Press, 1989); Barton Whaley, "Covert Rearmament in Germany, 1919–1939: Deception and Misperception," *Journal of Strategic Studies,* 5, 1 (March 1982), pp. 3–39; and Keren Yarhi-Milo, "In the Eye of the Beholder: How Leaders and Intelligence Communities Assess the Intentions of Adversaries," *International Security,* 38, 1 (Summer 2013), pp. 7–51 を参照。

59 AI システムを妨害する方法はさまざまであり、AI サイバー防御がいまだ萌芽期にあることを考えると、当面は、この領域では攻撃側が優位に立つ可能性が高い。Hyrum S. Anderson et al., "Evading Machine Learning Malware Detection," *blackhat.com,* July 20, 2017, www. blackhat.com/docs/us-17/thursday/us-17-Anderson-Bot-Vs-Bot-Evading- Machine-Learning-Malware-Detection-wp.pdf (accessed December 10, 2019); and Battista Biggio, Blaine Nelson, and Pavel Laskov, "Poisoning Attacks Against Support Vector Machines," *Proceedings of the 29th International Conference on Machine Learning,* July 2012, pp. 1467–1474 https://arxiv.org/pdf/1206.6389.pdf (accessed December 10, 2019).

60 James Johnson, "The AI-Cyber Nexus: Implications for Military Escalation, Deterrence and Strategic Stability," *Journal of Cyber Policy,* 4, 3 (2019), pp. 442–460.

61 Nicolas Papernot, Patrick McDaniel, and Ian Goodfellow, "Transferability in Machine Learning: From Phenomena to Black-Box Attacks Using Adversarial Samples," *arXiv,* May 24, 2016, https://arxiv.org/abs/1605.07277 (accessed March 10, 2020).

62 ロシアの最新の軍事ドクトリンの策定時、戦略家たちはロシアの早期警戒システムに対する攻撃は核攻撃の兆候と解釈することを提案した。しかし、この提案は最終案には盛り込まれなかった。Ryabikhin Leonid, "Russia's NC3 and Early Warning Systems," *Tech4GS* www.tech4gs.org/ uploads/1/1/1/5/11152 1085/russia_nc3_tech4gs_july_11-2019_3.pdf p. 10 (accessed December 10, 2019).

63 衛星や OTH レーダーによる誤警報・誤警告の実例は、過去の記録に数多く残っている。Andrew Futter, *Hacking the Bomb: Cyber Threats and Nuclear Weapons* (Washington DC: Georgetown University Press, 2018), chapter 2 を参照。

64 Johnson, "Delegating Strategic Decision-Making to Machines: Dr. Strangelove Redux?"

65 Clausewitz, *On War,* pp. 112–117.

66「ミッション・コマンド」とは、特にイギリス軍とアメリカ軍で普及している近代的な軍事概念で、指揮官の意図を実現するため、部下の創造力、直感力、専門性に依存するものである。Col. (Ret.) James D. Sharpe Jr. and Lt. Col. (Ret.) Thomas E. Creviston, "Understanding mission command," *US Army,* July 10, 2013, www.army. mil/article/106872/understanding_mission_command (accessed December 10, 2019)を参照。

67「ミッション・コマンド」の失敗例としては、1962 年のキューバ危機の最中、アメリカのバンデンバーグ空軍基地でタイミング悪く行なわれた ICBM 実験が有名である。Stephen J. Cimbala, *The Dead Volcano: The Background and Effects of Nuclear War Complacency* (New York: Praeger, 2002), p. 66. これらの議論の詳細については、Stephen D. Biddle, *Military Power: Victory and Defeat in Modern Warfare* (Princeton, Princeton University Press, 2004). Peter W. Singer, "Robots and the Rise of Tactical Generals," *Brookings,* March 9, 2009, www.brookings. edu/articles/robots-and-the-rise-of-tactical-generals/ (accessed December 10, 2019)を参照。

68 これまで 180 種類以上の人間の認知の偏りや限界（ワーキングメモリー、注意、確証バイアス、損失回避など）が研究により実証されている。Buster Benson, "Cognitive Bias Cheat Sheet," *Better Humans,* September 1, 2016, https:// medium.com/better-humans/cognitive-bias-cheat-sheet-55a4724 76b18 (accessed December 10, 2019).

69 2004 年から 2008 年にかけて行なわれた RAID の初期テストでは、人間のプランナーよりも高い精度とスピードでパフォーマンスを発揮した。Alexander Kott and Michael Ownby, "Tools for Real-Time Anticipation of Enemy Actions in Tactical Ground Operations," *Defense Technical Information Center,* June 2005 https://apps.dtic.mil/dtic/tr/fulltext/u2/a460912.pdf (accessed December 10, 2019).

70 Sandra Erwin, "BAE wins DARPA Contract to Develop Machine Learning Technology for Space Operations," *Spacenews,* August 13, 2019, https:// space news.com/bae-wins-darpa-contract-to-develop-machine-learning-techno logy-for-space-operations/ (accessed December 10, 2019).

71 投票や消費者行動といった比較的構造化された制度的意思決定の場とは対照的に、紛争状況は相互に作用する大きなアクター集団を包含している。"Predicting Armed Conflict: Time to Adjust Our Expectations?" Lars-Erik Cederman, *Science,* 355 (2017), pp. 474–476 を参照。

72 AIを活用した犯罪取り締まりのための予測は、すでに犯罪撲滅のための顕著な成果をあげている。たとえばロサンゼルスでは、AIを活用した予測型の取り締まりにより強盗が33%、暴力犯罪が21%減少したと警察は発表しており、シカゴでは、犯罪を起こす可能性が高いと思われる人物をアルゴリズムで抽出したリストを作成している。また、イギリスではPredPolという予測型の取り締まりプラットフォームが、匿名化された被害者報告のデータセットに基づき、将来どこで犯罪が発生しそうかを予測できるように設計されている。同様に、日本、シンガポール、そして最も注目すべきは中国でも同様のシステムが導入されている。Keith Dear, "Artificial Intelligence and Decision-Making," *The RUSI Journal,* 164, 5–6 (2019), pp. 18–25; and Yang Feilong and Li Shijiang "Cognitive Warfare: Dominating the Era of Intelligence," *PLA Daily,* March 19, 2020, www.81.cn/theory/2020-03/19/content_9772502.htm (accessed April 10, 2020).

73 たとえば1983年、ソ連の早期警戒システムの誤作動により、存在しないアメリカの攻撃を「探知」してしまったことがある。

74 専門家は、ディープフェイクが普及すると、特定の投稿やサイトの真偽や出所を判断するのに、人間が関与するだけでは十分ではなくなる可能性があると考えている。Nautilus Institute, Technology for Global Security, Preventive Defense Project, "Social Media Storms and Nuclear Early Warning Systems: A Deep Dive and Speed Scenario Workshop," *NAPSNet Special Reports,* January 8, 2019, https://nautilus.org/napsnet/napsnet-special-reports/social-media- storms-and-nuclear-early-warning-systems-a-deep-dive-and-speed-scenarios- workshop-report/ (accessed December 10, 2019).

75 Paige Gasser, Rafael Loss, and Andrew Reddie, "Assessing the Strategic Effects of Artificial Intelligence – Workshop Summary," Center for Global Security Research (Livermore, CA: Lawrence Livermore National Laboratory), September 2018, p. 9. https://cgsr.llnl.gov/content/assets/docs/Final_AI_Wo rkshop_Summary.pdf (accessed December 10, 2019).

76 英国のシンクタンクIISSが最近主催したワークショップでは、早期警戒システムが受け取る入力データを操作すると、特定の状況下でAIシステムの出力を覆すだけでなく、アルゴリズム・ネットワーク環境全体の信頼性も損なわれる可能性があることが示された。特に、こうしたプログラム（パターン認識や情報収集・分析ソフトウェアなど）の「トレーニング」段階で攻撃が実行された場合、その信頼性が損なわれる可能性がある。Mark Fitzpatrick, "Artificial

Intelligence and Nuclear Command and Control," *Survival,* 61, 3 (2019), pp. 81–92.

77 たとえば2019年には、非国家主体がAIの音声模倣ソフトを使ってイギリスのエネルギー担当幹部の虚偽の録音を生成し、世界で初めてAIを悪用した窃盗事件として報告されている。Drew Harwell, "An Artificial-Intelligence First: Voice-Mimicking Software Reportedly Used in a Major Theft," *Washington Post,* September 4, 2019, www.washingtonpost.com/technology/2019/09/04/an-artificial-intelligence-first-voice-mimicking-software-reportedly-used-major-theft/ (accessed December 10, 2019).

78 欺瞞と誤情報による偽情報キャンペーンは、戦争では馴染み深い要素である。おそらく最も有名なのは、第二次世界大戦中の1944年にDデイ侵攻の場所について枢軸国を欺くために連合国が行なった「ボディガード作戦」であろう。Jamie Rubin, "Deception: The Other 'D' in D-Day," NBC News, June 5, 2004, www. nbcnews.com/id/5139053/ns/msnbc-the_abrams_report/t/deception-other-d-dday/#.WvQt5NMvyT8 (accessed December 10, 2019).

79 ロシア、パキスタン、そしておそらく中国が、敗北しつつある通常戦争を終結させるために限定核攻撃を行なう可能性を示唆していると伝えられている。Michael C. Horowitz, Paul Scharre, and Alexander Velez-Green, "A Stable Nuclear Future? The Impact of Autonomous Systems and Artificial Intelligence," December 2019, *arXix,* https://arxiv.org/pdf/1912.05291.pdf, pp. 32–33 (accessed March 10, 2020).

80 たとえば攻撃で検出されたマルウェアが諜報活動しかできないものであったとしても、被攻撃国は起動後に早期警戒システムを無効にする「キル・スイッチ」が内蔵されていることを恐れるかもしれない。

81 Saalman, "Fear of False Negatives: AI and China's Nuclear Posture."

82 核兵器と非核兵器が混在する国家のシステムは、その不確実性と曖昧性により、誤検知や検出漏れを引き起こす可能性がある。情報が不完備な（あるいは操作された）状況で、情報機関が曖昧な能力を誤って解釈すると、事態を悪化させる可能性がある。たとえばキューバ危機の際、アメリカはソビエトの複数の曖昧な兵器システムに直面し、その評価を裏付ける証拠がほとんどないにもかかわらず、2種類の航空機が核武装していると判断した。James M. Acton, *Is this a Nuke? Pre-Launch Ambiguity and Inadvertent Escalation* (New York: Carnegie Endowment for International Peace, 2020), p. 3を参照。

83 "Is Launch Under Attack Feasible?" *Nuclear Threat Initiative,* August 4, 2016, www.nti.org/newsroom/news/new-interactive-launch-under-attack-feasible/ (accessed December 10, 2019).

84 Charles Perrow, *Normal Accidents: Living with High-Risk Technologies* (Princeton, NJ: Princeton University Press, 1999), p. 259.

85 Thomas C. Schelling, *Arms and Influence* (New Haven, CT: Yale University Press, 1966), p. 234.

86 たとえば中国航空宇宙科学工業公司は、量子通信のためのデュアルユース・ネットワークの開発に積極的に取り組んでいる。これは戦闘中に指揮統制セン

ターと部隊との間で軍事機密情報を伝送するために使用される可能性がある。Raymond Wang, "Quantum Communications and Chinese SSBN Strategy," *The Diplomat,* November 4, 2017, https://thediplomat.com/2017/11/quantu mcommunications-and-chinese-ssbn-strategy/ (accessed March 10, 2020).

87 Gasser, Loss, and Reddie, "Assessing the Strategic Effects of Artificial Intelligence–Workshop Summary," p. 10.

88 2017年8月から2018年1月までの間、アジア太平洋地域だけで6件のソーシャルメディアが絡んだ紛争が起きている。Nautilus Institute, Technology for Global Security, Preventive Defense Project,"Social Media Storms and Nuclear Early Warning Systems," p. 1を参照。

89 Adrian Chen, "The Agency," *New York Times Magazine,* June 2, 2015, www.nytimes.com/2015/06/07/magazine/the-agency.html (accessed December 10, 2019).

90 Danielle K. Citron and Robert Chesney, "Deep Fakes: A Looming Challenge for Privacy, Democracy, and National Security," 107 *California Law Review* 1753 (2019), https://papers.ssrn.com/sol3/papers.cfm?abstract_id=32 13954 (accessed December 10, 2019).

91 Robert Jervis, *How Statesmen Think: The Psychology of International Politics* (Princeton, NJ: Princeton University Press, 2017), p. 222.

92 Dan Lamothe, "US Families Got Fake Orders to Leave South Korea. Now Counterintelligence is Involved," *The Washington Post,* September 22, 2017, www.washingtonpost.com/news/checkpoint/wp/2017/09/22/u-s-families-got-fake-orders-to-leave-south-korea-now-counterintelligence-is-involved/ (accessed December 10, 2019).

93 AIシステムは、個人またはグループのオンライン上の習慣、知識、選好を追跡し、その個人（またはグループ）への影響力を最大化し、この情報が疑われるリスクを最小化するように特定のメッセージ（すなわちプロパガンダ）を調整することができる。この情報はAIシステムがリアルタイムでメッセージの影響力を判断するために使用することができ、その結果、特定のタスクでより一層効果的になるように学習することができる。Stuart Russell, *Human Compatible: Artificial Intelligence and the Problem of Control* (New York: Viking Press, 2019), p. 105.

94 Alina Polyakova, "Weapons of the Weak: Russia and AI-Driven Asymmetric Warfare," *Brookings,* November 15, 2018, www.brookings.edu/research/weapons-of-the-weak-russia-and-ai-driven-asymmetric-warfare/ (accessed December 10, 2019).

95 敵対国間の偽情報、偽信、精巧なスプーフィングを利用することは、まったく新しい現象ではない。たとえば第二次世界大戦中、日本はアメリカに偽の無線信号を送り、艦隊が日本本土近海で作戦行動を展開しているように見せかけた。また日本軍の司令官は中国を目標とした偽の戦争計画を送り、それを直前に変更して南東方面に部隊を展開した。Roberta Wohlstetter, *Pearl Harbor: Warning and Decision* (Palo Alto, CA: Stanford University Press, 1962), pp. 393–394.

96 情報が錯綜する環境では、早期警戒システムや意思決定プロセスにおけるエラーは、データの不足、曖昧な指標、混信、相反するセンサーデータの入力に

よって特徴づけられる。このような複雑さと曖昧さの中で、誤信号が頻繁に発生する（そしてそれが予想される）。特に、センサーシステムが相互に確認できるように較正されていない場合があるからである。Nautilus Institute, Technology for Global Security, Preventive Defense Project, "Social Media Storms and Nuclear Early Warning Systems," p. 12.

97 Jervis, *Perception and Misperception in International Politics,* pp. 117–202.

98 Michela Del Vicario et al., "Modeling Confirmation Bias and Polarization," *Sci Rep* (2017), www.nature.com/articles/srep40391 (accessed February 5,2021).

99 Nassim N. Taleb, *Fooled by Randomness: The Hidden Role of Chance in Lifeand the Markets,* 2nd ed. (London: Penguin, 2004).

100 Cordelia Fine, *A Mind of Its Own: How Your Brain Distorts and Deceives* (New York: W. W. Norton & Company, 2008).

101 北朝鮮、パキスタン、インドといった核保有国は、アメリカよりもはるかに能力の低い早期警戒システムしか保有しておらず、使用する衛星の数も少なく、レーダーのような遠距離センサーも限られた範囲でしか使用していない。たとえば北朝鮮は長距離センサーシステムを保有していない。Nautilus Institute, Technology for Global Security, Preventive Defense Project, "Social Media Storms and Nuclear Early Warning Systems," p. 6.

102 Robert Jervis and Mira Rapp-Hooper, "Perception and Misperception on the Korean Peninsula," *Foreign Affairs,* April 5, 2018, www.foreignaffairs. com/articles/north-korea/2018-04-05/perceptionand-misperception-korean- peninsula (accessed December 10, 2019).

103 インテリジェンス面から見ると、固体燃料式の核ミサイルや TEL の導入により、発射準備の兆候を探知する ISR システムの能力は低下している。さらに、固体燃料はミサイルの発射速度を上げ、作戦を支援するための支援車両の数を減らすことができる。

104 第７章で示したように、この架空のシナリオから別の結果が生まれる可能性がある。たとえば「対 AI」システムによって深刻な被害を受ける前に、リーク元やその虚偽性を発見できるかもしれない。また国家 A は、バックチャネルや正式な外交コミュニケーションを通じて、国家 B にこの虚偽性を伝達することができる。ソーシャルメディア・プラットフォームは、ユーザーが操作的で危険なキャンペーンを組織化する能力を制限することに一定の成功を収めているが、こうした操作（ディープフェイクやボットなど）がいったん流行してしまうと、それを制御する能力は人間にとってもマシンにとっても厄介な問題になることは避けられない。

105 同様にエスカレートすると考えられる大量破壊兵器に関連する情報としては、液体燃料ミサイルの発射準備のために液体燃料を運搬する支援車両の動きに関する情報、放射線レベルの急上昇、化学兵器の検出などがある。

106 Herbert Lin, "Escalation Dynamics and Conflict Termination in Cyberspace," *Strategic Studies Quarterly,* 6, 3 (Fall, 2012), pp. 46–70 を参照。

107 これに対して心理学者は、人間とマシンの相互作用は主にマシンが特定のタ

スクを遂行する能力によって決まるのであって、人間対人間の相互作用における善意や誠実さといった属性ではないため、信頼はよりストレートなものであると主張している。Kevin A. Hoff and Masooda N. Bashir, "Trust in Automation: Integrating Empirical Evidence on Factors that Influence Trust," *Human Factors,* 57, 3 (2015), pp. 407–434 を参照。

108 Remarks by NATO Deputy Secretary General Rose Gottemoeller at the Xiangshan Forum in Beijing, China, October 25, 2018, NATO Newsroom, Speeches & Transcripts Section, www.nato.int/cps/en/natohq/opinions_16 0121.htm (accessed December 10, 2019).

109 Roger C. Mayer et al., "An Integrative Model of Organizational Trust," *Academy of Management Review,* 20, 3 (1995), pp. 709–734; and Berkeley Dietvorst et al., "Algorithm Aversion: People Erroneously Avoid Algorithms After Seeing Them Err," *Journal of Experimental Psychology,* 144, 1 (2014), pp. 114–126.

110 Nautilus Institute, Technology for Global Security, Preventive Defense Proj ect, "Social Media Storms and Nuclear Early Warning Systems," p. 30.

111 Stephen D. Biddle and Robert Zirkle, "Technology, Civil–Military Relations, and Warfare in the Developing World," *Journal of Strategic Studies,* 19, 2 (1996), pp. 171–212; and Johnson, "Delegating Strategic Decision- Making to Machines: Dr. Strangelove Redux?"を参照。

112 政治心理学の文献によると、人間は認知的・機能的な理由から、複雑で曖昧な道徳的・倫理的選択をともなうトレードオフを回避する傾向があることが示されている。Jervis, *Perception and Misperception in International Politics,* pp. 128–142; and Alan Fiske and Philip Tetlock, "Taboo Trade-Offs: Reactions to Transactions that Transgress the Spheres of Justice," *Political Psychology* 18 (June 1997), pp. 255–297 を参照。

113 Watson, "The Rhetoric and Reality of Anthropomorphism in Artificial Intelligence," pp. 434–435.

114 1980年代のソビエトの経験は、その方向に進む可能性を否定するものではないことを示唆している。Pavel Podvig, "History and the Current Status of the Russian Early-Warning System," *Science and Global Security,* 10, 1 (2002), pp. 21–60 を参照。

115 ロシアは「ポセイドン」または「ステータス6」と呼ばれる、長期間の水中無人核運搬艇の使用を考えている。これは、軍事的（通常型または核）劣勢に対する国家の恐怖が、より大きな自律性を追求する動機として現れることを示すものである。Horowitz et al., "A Stable Nuclear Future?" p. 18.

116 たとえば1999年にアメリカがベオグラードの中国大使館を破壊したことは、軍事分野での事故がより広範で長期的な地政学的・地戦略的影響をもつことを物語っている。

117 US Department of Defense, *Nuclear Posture Review.*

最終章

1 James S. Johnson, "Artificial Intelligence: A Threat to Strategic Stability," *Strategic Studies Quarterly,* 14, 1 (2020), pp. 16–39 を参照。
2 Keir A. Lieber and Daryl G. Press, "Why States Won't Give Nuclear Weapons to Terrorists," *International Security,* 38, 1 (Summer 2013), pp. 80–104.
3 たとえば中国がAIを搭載した自律型兵器の開発を精力的に追求する一方で、その配備には慎重な態度をとるという一見矛盾した状況について、一部のアナリストは、自動化兵器の使用に関する論争に世論が敏感であると考えられている他の軍隊（特にアメリカ）に対して圧力をかけようとする北京の試みであると説明している。Elsa B. Kania, "China's Embrace of AI: Enthusiasm and Challenges," *European Council on Foreign Relations,* November 6, 2018, www.ecfr.eu/article/commentary_chinas_embrace_of_ai_enthusiasm_and_chal lenges (accessed December 10, 2019).
4 「非対称性」という概念は、軍備管理の分野でまったく新しいというわけではない。Richard K. Betts, "Systems for Peace or Causes for War? Collective Security, Arms Control, and the New Europe," *International Security,* 17, 1 (Summer 1992), pp. 5–43 を参照。
5 James Johnson, "Delegating Strategic Decision-Making to Machines: Dr. Strangelove Redux?" *Journal of Strategic Studies* (2020), www.tandfonline.com/doi/abs/10.1080/01402390.2020.1759038 (accessed February 5, 2021).
6 US Department of Defense, *Nuclear Posture Review* (Washington DC: US Department of Defense, February 2018), pp. 57–58.
7 Johnson, "Delegating Strategic Decision-Making to Machines: Dr. Strangelove Redux?" を参照。
8 Center for a New American Security, University of Oxford, University of Cambridge, Future of Humanity Institute, OpenAI & Future of Humanity Institute, *The Malicious Use of Artificial Intelligence: Forecasting, Prevention, and Mitigation* (Oxford: Oxford University, February 2018), pp. 51–55.
9 新興技術（特に致死性自律型兵器）がもたらす安全保障上のリスクと、人間による制御を維持することへの懸念から、赤十字国際委員会、ロボット兵器管理国際委員会、国連軍縮研究所による報告、国連の特定通常兵器使用禁止制限条約の枠組みおよび指針となる原則の採択など、さまざまなイニシアティブ、報告書、その他の研究の取り組みが行なわれている。
10 2011年の信頼安全醸成措置に関するウィーン文書は、依然として透明性を確保するための土台の1つであり、AIや自律型兵器を取り込むために更新することができる。たとえば遠隔操作または無人戦闘航空機は、戦闘機やヘリコプターとともにウィーン文書の第3附属書に含めることができる。この文書にある他の透明性に関する措置で、致死性自律型兵器に関連するものとしては、空軍基地の視察、新型の主要兵器システムの実演展示、特定の軍事活動の事前通知と視察がある。*Vienna Document 2011 on Confidence-and Security-Building Measures*

(Vienna: Organization for Security and Co-operation in Europe, 2011), www.osce.org/ fsc/86597?download=true (accessed December 10, 2019).

11 Matthew U. Scherer, "Regulating Artificial Intelligence Systems: Risks, Challenges, Competencies, and Strategies," *Harvard Journal of Law and Technology*, 29, 2 (2016), pp. 354–400.

12 Jacob Turner, *Robot Rules: Regulating Artificial Intelligence* (London: Palgrave Macmillan, 2019).

13 冷戦時代、核抑止が大体において機能したのは、ソビエトとアメリカがともに相手を破壊する核兵器を保有していることを知っていたからであり、相手からの先制攻撃に対する自国の対応能力の完全性に自信をもっていたからである。

14 たとえば1968年のガルミッシュでのNATO会議では、ソフトウェアシステムがもたらすリスクの高まりについてコンセンサスが得られ、1975年のアシロマでの国立衛生研究所会議では、組み換えDNA研究がもたらすリスクについて強調された。Peter Naur and Brian Randell (eds), "Software Engineering: Report on a Conference Sponsored by the NATO Science Committee" (Garmisch, Germany, October 7–11, 1968); Sheldon Krimsky, *Genetic Alchemy: The Social History of the Recombinant DNA Controversy* (Cambridge, MA: MIT Press, 1962).

15 たとえばDima Adamsky, "Cross-Domain Coercion: The Current Russian Art of Strategy," *IFRI Proliferation Paper* 54 (2015), pp. 1–43を参照。

16 AI関連の研究成果は、知的財産権や国家安全保障上の懸念に関する理由から、公開されないことが多い。

17 2018年8月、2019会計年度ジョン・S・マケイン国防授権法第1051条に基づき、「アメリカの国家安全保障および国防のニーズに包括的に対応するとともに、人工知能、マシンラーニングおよび関連技術の開発を進めるための必要な方法と手段を検討するため」独立委員会として人工知能に関する国家安全保障委員会が設立された。www.nscai.gov/about/ about (accessed December 10, 2019).

18 多くの世論調査では、自律型兵器やAIの概念に対して全体的に非常に否定的な見解が示されているが、他の調査では、否定の度合いが質問の仕方によって大きく異なることが証明されている。また、コンピュータ、ビデオデッキ、電話など、過去に登場した技術に見られるように、世論は時間の経過とともに劇的に変化する可能性がある。このテーマに関する調査でも、世論の変わりやすさが指摘されている。地域や文化によって適応能力が異なること（技術リテラシー、文化規範、経済システムなど）を認識することが重要であり、それらは社会全体でセキュリティ政策を実施していくうえで課題となる可能性がある。Rob Sparrow, "Ethics as a Source of Law: The Martens Clause and Autonomous Weapons," *ICRC Blog*, November 14, 2017, https://blogs.icrc.org/law-and-policy/2017/11/14/ethics-source-law-martens- clause-autonomous-weapons/ (accessed March 10, 2020)を参照。

19 ホワイトハウス主催の2016年「AIに関するパートナーシップ」の一連のワークショップ、2017年のアシロマ〔アメリカのカリフォルニア州〕における「Beneficial AI」会議、「AI Now」などの一連の会議は、この種の共同研究の好例

である。

20 たとえば「説明能力」の問題を解決するために、アメリカのDARPAは5年間の研究イニシアティブ「説明可能な人工知能（XAI）プログラム」を実施し、説明可能なAIアプリケーションを制作して、その仕組みについて理解を深めている。具体的にXAIプログラムでは、AIシステムの推論を人間が理解できる言葉で説明する方法を開発することで、人間とAIシステムとの間の信頼と協働を向上させることを目指している。David Gunning, "Explainable AI Program Description," *DARPA,* November 4, 2017, www.darpa.mil/attachments/XAIIndustryDay_Final.pptx (accessed December 10, 2019).

21 Greg Allen and Taniel Chan, *Artificial Intelligence and National Security* (Cambridge, MA: Belfer Center for Science and International Affairs, 2017).

22 Karim K. Shehadeh, "The Wassenaar Arrangement and Encryption Exports: An Ineffective Export Control Regime that Compromises United States' Economic Interests," *American University of International Law Review,* 15, 1 (1999), pp. 271–319.

23 AI研究者は最近、MLアルゴリズムに関する情報を公開することで、MLが攻撃に対してより脆弱になることを実証した。Reza Shokri, Martin Strobel, and Yair Zick, "Privacy Risks of Explaining Machine Learning Models," *arXiv,* December 4, 2019, https://arxiv.org/pdf/1907.00164.pdf (accessed March 10, 2020)を参照。

24 2020年初めまでに、アメリカ、中国、韓国、シンガポール、日本、UAE、イギリス、フランス、メキシコ、ドイツ、オーストラリアなど、少なくとも20カ国の政府が、さまざまなAI政策、イニシアティブ、戦略を積極的に検討してきた。さらに、政府間協力に向けた数多くの取り組みも生まれている。たとえば2018年6月、G7サミットの指導者たちは、AIの軍備競争に歯止めをかけるため「AIの未来のためのシャルルボワ（Charlevoix）共通ビジョン」を採択した。www.international.gc.ca/world-monde/ international_relations-relations_internationales/g7/documents/2018-06-09-ar tificial-intelligence-artificielle.aspx?lang=eng(accessed December 10, 2019).

25 この考え方に関する代表的な著作として、Eliot A. Cohen and John Gooch, *Military Misfortunes: The Anatomy of Failure in War* (New York: Vintage Books, 1990); and Stephen Rosen, *Winning the Next War: Innovation and the Modern Military* (Ithaca, NY: Cornell University Press, 1994)を参照。

26 AIの軍事化を防止・抑制するための努力と弊害に関する最近の研究として、Matthijs M. Maas, "How Viable is International Arms Control for Military Artificial Intelligence? Three Lessons from Nuclear Weapons," *Contemporary Security Policy,* 40, 3 (2019), pp. 285–311 を参照。

27 軍備管理は、次の3つの方法で軍拡競争の安定化に貢献できる。(1) 能力に制限を設ける、(2) 敵対国の能力の透明性を高める、(3) 軍事冒険主義が成功する可能性を低下させる。Thomas C. Schelling and Morton H. Halperin, *Strategy and Arms Control* (New York: Twentieth Century Fund 1961).

28 Keir A. Lieber and Daryl G. Press, "The New Era of Counterforce: Technological

Change and the Future of Nuclear Deterrence," *International Security,* 41, 4 (2017), pp. 9–49.

29 Heather Williams, "Asymmetric Arms Control and Strategic Stability: Scenarios for Limiting Hypersonic Glide Vehicles," *Journal of Strategic Studies,* 42, 6 (2019), pp. 789–813.

30 AIの「制御問題」とは、ある条件下ではAIシステムが予期しない直感的な方法で学習し、必ずしもエンジニアやオペレータが目指す目標に沿わないという問題である。Stuart Russell, *Human Compatible: Artificial Intelligence and the Problem of Control* (New York: Viking Press, 2019), p. 251; and Joel Lehman et al., "The Surprising Creativity of Digital Evolution," *arXiv,* August 14, 2018, https://arxiv.org/pdf/1803.03453. pdf (accessed March 10, 2020)を参照。

31 Dylan Hadfield-Menell et al., "Cooperative Inverse Reinforcement Learning," 30th Conference on Neural Information Processing Systems (2016), Barcelona, Spain, https://arxiv.org/pdf/1606.03137.pdf (accessed March 10, 2020).

32 Jan Leike et al., "AI Safety Gridlocks," *arXiv,* November 27, 2017, https://arxiv.org/abs/1711.09883 (accessed April 10, 2018).

33 Kathleen Fisher, "Using Formal Methods to Enable More Secure Vehicles: DARPA's HACMS program," ICFP 2014: Proceedings of the 19th ACM SIG PLAN International Conference on Functional Programming.

34 Sandeep Neema, "Assured Autonomy," *DARPA,* 2017, www.darpa.mil/prog ram/assured-autonomy (accessed December 10, 2019).

35 核兵器を含むさまざまな軍事領域を横断する非対称的な交渉や関与の歴史的事例は比較的限られている。例外はINF条約の交渉中にそのような円滑化のためのオプションがあったが、最終的に放棄された。Jack Snyder, "Limiting Offensive Conventional Forces: Soviet Proposals and Western Options," *International Security,* 12, 4 (1988), pp. 48–77, pp. 65–66 を参照。

36 US Department of Defense, *Nuclear Posture Review* (Washington, DC: US Department of Defense, February 2018), p. 14.

37 Joshua New, "Why the United States Needs a National Artificial Intelligence Strategy and What it Should Look Like," ITIF December 4, 2018, https://itif.org/publications/2018/12/04/why-united-states-needs-national-artificial-intelli gence-strategy-and-what (accessed March 10, 2020) を参照。

38 たとえば Matt Turek, "Semantic Forensics (SemaFor) Proposers Day," *Defense Advanced Research Projects Agency,* August 28, 2019 を参照。

39 "NATO Takes Aim at Disinformation Campaigns," *NPR Morning Edition,* May 10, 2017, www.npr.org/2017/05/10/527720078/nato-takes-aim-at-disin formation-campaigns (accessed December 10, 2019).

40 Will Knight, "The US Military is Funding an Effort to Catch Deepfakes and Other AI Trickery," *MIT Technology Review,* May 23, 2018, www.technolo gyreview.com/s/611146/the-usmilitary-is-funding-an-effort-to-catch-deepfakes- and-other-ai-trickery (accessed December 10, 2019).

41 Louise Matsakis, "The FTC is Officially Investigating Facebook's Data Practices," *Wired,* March 26, 2018, www.wired.com/story/ftc-facebook-data- privacy-investigation (accessed April 10, 2018)を参照。

42 中国国内の議論では、AIや自律性が軍拡競争に火をつけたり、意図しないエスカレーションを引き起こしたりする危険性が検討されてきた。しかし、政治レベルでは、軍用AIの使用を国際的に規制しようとする努力は、プロパガンダの一種と見なされてきた。たとえばYuan Yi, "The Development of Military Intelligentization Calls for Related International Rules," *PLA Daily,* October 16, 2019, http://military.workercn.cn/32824/201910/16/191016085645085. shtml (accessed December 10, 2019)を参照。

43 たとえばMichael O. Wheeler, "Track 1.5/2 Security Dialogues with China: Nuclear Lessons Learned," No. IDA-P-5135, *Institute for Defense Analyses,* 2014, https://apps.dtic.mil/dtic/tr/fulltext/u2/a622481.pdf (accessed April 10, 2018); and "Track 1.5 US–China Cyber Security Dialogue," *CSIS,* www.csis.org/programs/technology-policyprogram/cybersecurity-and-governance/other-projects-cybersecurity/track-1 (accessed December 10, 2019)を参照。

44 中国のAI関連の取り組みの多くは、社会の安定に与える影響と、政権の正統性に対する潜在的な内部脅威に対する安全保障に焦点があてられている。中国政府は、多くの公式の声明に反して、日常的に国民に関する膨大な情報を収集していることが知られている。Gregory C. Allen, "Understanding China's AI Strategy," Center for a New American Security, February 6, 2019, www.cnas.org/publications/reports/understanding-chinas-ai- strategy (accessed March 10, 2020).

45 The State Council Information Office of the People's Republic of China, "State Council Notice on the Issuance of the New Generation AI Development Plan," July 20, 2017, www.gov.cn/zhengce/content/2017-07/20/content_5211996.htm (accessed March 10, 2020).

46 グローバル・ヘルスや気候変動などの分野で、米中両国が継続的かつ長期的に科学技術協力に取り組んでいることは、相互に有益な政策問題で協力できる可能性を示している。Jennifer Bouey, "Implications of US–China Collaborations on Global Health Issues," Testimony presented before the US–China Economic and Security Review Commission, July 31, 2019, www.uscc.gov/sites/default/files/Bouey%20Written%20Statement.pdf (accessed December 10, 2019)を参照。

47 Russell, *Human Compatible,* p. 183.

48 Robert E. Berls and Leon Ratz, "Rising Nuclear Dangers: Steps to Reduce Risks in the Euro-Atlantic Region," NTI Paper, Nuclear Threat Initiative, December 2016, https://media.nti.org/documents/NTI_Rising_Nuclear_Dan gers_Paper_FINAL_12-5-16.pdf (accessed March 10, 2020); Page O. Stoutland and Samantha Pitts-Kiefer, "Nuclear Weapons in the New Cyber Age: Report of the Cyber-Nuclear Weapons Study Group," *Nuclear Threat Initiative,* September 2018,

https://media.nti.org/documents/Cyber_report_finalsmall.pdf (accessed March 10, 2020)を参照。

49 National Security Commission on Artificial Intelligence Interim Report to Congress, November 2019, www.nscai.gov/reports, p. 46 (accessed December10, 2019).

50 UN General Assembly, "Group of Governmental Experts on Developments in the Field of Information and Telecommunications in the Context of International Security: Note by the Secretary-General," A/68/98, June 24, 2013, https://digitallibrary.un.org/record/799853?ln=en (accessed March 10, 2020).

51 UN General Assembly, "Group of Governmental Experts on Developments in the Field of Information and Telecommunications in the Context of International Security: Note by the Secretary-General," A/70/174, July 22, 2015, https://digitallibrary.un.org/record/799853?ln=en (accessed December 10, 2019).

52 このようなハイレベルな協定の前例となり得るのは、知的財産の窃取にサイバースペースを利用することを禁止した2015年の米中協定である。中国の協定遵守をめぐる論争はあったものの、その直後にはアメリカにおける中国のサイバー諜報活動は沈静化したと一般に受け止められている。Adam Segal, "Is China Still Stealing Western Intellectual Property?" *Council on Foreign Relations,* September 26, 2018, www.cfr.org/ blog/china-still-stealing-western-intellectual-property (accessed December 10, 2019).

53 IHLは軍事力行使の指針となる中核的な目的として、戦闘員と文民を区別すること、軍事的必要性のみに基づくこと、つまり軍事的利益と文民の犠牲との間で比例原則が成り立っているか、などを挙げている。また、IHLは悲劇を回避するために、あらゆる実用的な予防策を講じている。

54 Sparrow, "Ethics as a Source of Law: The Martens Clause and Autonomous Weapons."

55 116th Congress, 1st Session, S. 2065 "Deepfake Report Act of 2019," United States Government Publishing Office, October 24, 2019, www.congress.gov/116/bills/s2065/BILLS-116s2065es.pdf. p. 2 (accessed December 10, 2019).

56 The Deepfake Detection Challenge, *Facebook,* 2019, https://deepfakedetectionchallenge.ai (accessed March 10, 2020).

57 Hyrum Anderson, Jonathan Woodbridge, and Bobby Filar, "DeepDGA: Adversarially-Tuned Domain Generation and Detection," *arXiv*, October 6, 2016, https://arxiv.org/abs/1610.01969 (accessed December 10, 2019)を参照。

58 サイバーセキュリティの規範に関する社会科学文献の最近の詳細なレビューについては、Martha Finnemore, and Duncan B. Hollis, "Constructing Norms for Global Cybersecurity," *American Journal of International Law,* 110, 3 (2016), pp. 425–479を参照。

59 またAIに関連するセキュリティ強化のためのハードウェアやソフトウェアの技術的・実用的な可能性についても、プログラマーやユーザーによって検討される必要がある。

60 監査法人や規制当局がAIの導入を評価するために使用する検証方法には、データサイエンス法、アルゴリズム設計、ロボット工学のハードウェアなどが含まれる。たとえば Aleksandra Mojsilovic, "Introducing AI Fairness 360," September 19, 2018, www.research.ibm.com/artificial-intelli gence/trusted-ai/ (accessed December 10, 2019)を参照。

61 Center for a New American Security, University of Oxford, University of Cambridge, Future of Humanity Institute, OpenAI & Future of Humanity Institute, *The Malicious Use of Artificial Intelligence: Forecasting, Prevention, and Mitigation,* pp. 53–54.

62 非線形検証の新しい革新的な取り組みの例として、Chongli Qin et al., "Verification of Non-Linear Specifications for Neural Networks," *arXiv,* February 25, 2019, https://arxiv.org/pdf/1902.09592.pdf (accessed March 10, 2020)を参照。

63 検証、妥当性の確認、試験、評価をトータルに組み合わせると、AI技術やAI対応システムの認証や認定に重要な意味をもつ。Danielle C. Tarraf et al., *The Department of Defense Posture for Artificial Intelligence: Assessment and Recommendations* (Santa Monica, CA: RAND Corporation, 2019), www.rand.org/pubs/research_reports/RR4229.html, p. 36 (accessed December 10, 2019).

64 Ibid.

65 しかし、サイバースペースはジュネーブ条約と完全に類似しているわけではない。ジュネーブ条約は戦時規則に適用されるが、サイバースペースでは平時にも基準、規制、規範が必要である。

66 Ronald Arkin et al., "Autonomous Weapon Systems: A Road-mapping Exercise," *IEEE Spectrum,* September 9, 2019, www.cc.gatech.edu/ai/robot- lab/online-publica tions/AWS.pdf (accessed December 10, 2019).

67 アメリカの消費者を守るため、アメリカの上院は最近、企業にMLシステムに「偏りや差別」がないかを監査し、そのような問題が確認された場合は速やかに是正措置をとることを義務づける新法案を提出した。116th Congress, 1st Session, S. 2065 "The Algorithmic Accountability Act of 2019," United States Government Publishing Office, April 10, 2019, www. wyden.senate.gov/imo/media/doc/Algorithmic%20Accountability%20Act%20 of%202019%20Bill%20Text.pdf?utm_campaign=the_algorithm.unpaid. engagement&utm_source=hs_email&utm_medium=email&_hsenc=p2ANqtz-_QLmnG4HQ1A-IfP95UcTpIXuMGTCsRP6yF2OjyXHH-66cuuwpXO 5teWKx1dOdk-xB0b9 (accessed December 10, 2019).

68 Center for a New American Security, University of Oxford, University of Cambridge, Future of Humanity Institute, OpenAI & Future of Humanity Institute, *The Malicious Use of Artificial Intelligence: Forecasting, Prevention, and Mitigation,* p. 86.

69 歴史的に見ると、いくつかの新しい技術（軽水炉の普及やリモート・センシング手法など）は、原子力エネルギー開発事業者に対し、開発の動機を明らかにし、平和への取り組みを検証する動機を与え、紛争のリスクを下げることによって軍拡競争の誘因を減らしてきた。Tristan A. Volpe, "Dual-Use

Distinguishability: How 3D-Printing Shapes the Security Dilemma for Nuclear Programs," *Journal of Strategic Studies*, 42, 6 (2019), pp. 814–840, p. 816.

70 Gideon Lichfield, "Tech Journalism shouldn't just explain the technology, but seek to make it more of a force for good – Letter from the Editor," *MIT Technology Review*, June 27, 2018, www.technologyreview.com/s/611476/ mit-technology-reviews-new-design-and-new-mission/ (accessed December 10, 2019).

71 Fu Wanjuan, Yang Wenzhe, and Xu Chunlei "Intelligent Warfare, Where Does it Not Change?" *PLA Daily*, January 14, 2020, www.81.cn/jfjbmap/ content/2020-01/14/content_252163.htm (accessed December 10, 2019).

72 Paige Gasser, Rafael Loss, and Andrew Reddie, "Assessing the Strategic Effects of Artificial Intelligence – Workshop Summary," Center for Global Security Research (Livermore, CA: Lawrence Livermore National Laboratory), September 2018, https://cgsr.llnl.gov/content/assets/docs/Final_AI_Workshop_Summary.pdf (accessed December 10, 2019).

73 Stuart Russell and Peter Norvig, *Artificial Intelligence: A Modern Approach*, 3rd ed. (Harlow: Pearson Education, 2014), p. 1067 から引用。